环境工程技术创新与实践丛书

# 固体废物与污染土壤处置及利用技术

主　编　李铭铭
副主编　李广涛　曹丽华　韩　雪
李凌宇　李小龙　肖　迪

中国建筑工业出版社

**图书在版编目（CIP）数据**

固体废物与污染土壤处置及利用技术 / 李铭铭主编；李广涛等副主编．— 北京：中国建筑工业出版社，2023.4

（环境工程技术创新与实践丛书）

ISBN 978-7-112-28547-1

Ⅰ．①固… Ⅱ．①李… ②李… Ⅲ．①固体废物处理②固体废物利用③污染土壤—修复④污染土壤—利用 Ⅳ．①X705②X53

中国国家版本馆 CIP 数据核字（2023）第 054027 号

本书从新时期国家对于固废及污染土壤治理出台的相关政策出发，以综合处置、无害化处置、资源化利用为目标，结合该领域新技术、新工艺，综合阐述了技术原理、工程应用等各项实施环节，并通过工程实例深入浅出地向读者阐释了各项技术的实际应用条件与流程。全书共分为6章，包括固体废物及污染土壤概述、相关政策法规及管理体系、固体废物处置及利用技术、污染土壤的修复技术、生物技术在污染土壤及固废处置中的应用、危险废物（含危废类污染土壤）的处置技术。

本书适合从事固体废物处置、污染土壤处置的人员及相关领域的科研工作者以及高等院校相关专业师生参考。

责任编辑：杨　允　刘婷婷
责任校对：张　颖

环境工程技术创新与实践丛书

**固体废物与污染土壤处置及利用技术**

主　编　李铭铭
副主编　李广涛　曹丽华　韩　雪
　　　　李凌宇　李小龙　肖　迪

*

中国建筑工业出版社出版、发行（北京海淀三里河路9号）
各地新华书店、建筑书店经销
北京光大印艺文化发展有限公司制版
建工社（河北）印刷有限公司印刷

*

开本：787毫米×1092毫米　1/16　印张：15　字数：288千字
2023年7月第一版　2023年7月第一次印刷
定价：60.00元

ISBN 978-7-112-28547-1
（41007）

# 前 言

近 40 年来，随着我国工业化、城市化、农业高度集约化的快速发展，土壤环境污染日益加剧，并呈现出多样化的特点。我国土壤污染点位在增加，污染范围在扩大，污染物种类在增多，出现了复合型、混合型的高风险区域，呈现出城郊向农村延伸、局部向流域及区域蔓延的趋势，形成了点源与面源污染共存，工矿企业排放、农药污染、种植养殖业污染与生活污染叠加，多种污染物相互复合、混合的态势。

与此同时，固体废物尤其是城市垃圾、危险固体废物的处理处置问题已成为政府有关部门、环境保护和环境卫生管理部门、设计单位、科研院所、大专院校和产业界等所密切关心的热点，并迫切需要了解国内外有效的固体废物管理经验和先进适用的无害化、减量化和资源化技术。

作者在完成日常工作及所在单位中央级公益性科研院所科研创新基金项目（TKS20200305）的过程中，发现固废、污染土壤的处置及再利用等问题颇有相通之处，因此萌生了编写本书的想法。在通过大量参考文献、专著后，结合自身工作经验，本书从固体废物及污染土壤概述、相关政策法规及管理体系等六个章节进行了讲述，谨供环境工程类科研人员参考。

本书在编写中引用了大量同行的教学及科研成果，在此谨向各位专家及参考文献资料的原创作者表示感谢！鉴于本书内容涉及面广，相关政策、标准、技术等发展迅速，加之编者水平和能力有限，书中定有疏漏及不妥之处，恳请专家、读者批评指正，以便进一步修改完善。

# 目录

# 1　固体废物及污染土壤概述

## 1.1　固体废物的概念、来源和分类

### 1.1.1　固体废物的概念

固体废物，是指在生产、生活和其他活动中产生的丧失原有利用价值或者虽未丧失利用价值但被抛弃或者放弃的固态、半固态和置于容器中的气态的物品、物质以及法律、行政法规规定纳入固体废物管理的物品、物质。经无害化加工处理，并且符合强制性国家产品质量标准，不会危害公众健康和生态安全，或者根据固体废物鉴别标准和鉴别程序认定为不属于固体废物的除外。

这一定义是我国于2020年4月29日修订颁布的《中华人民共和国固体废物污染环境防治法》（简称《固废法》）中给出的法律定义。应当指出的是，这一定义更多的是基于表述或管理的需要，而在学术上很难对固体废物的内涵和范畴给出确切的界定，原因在于对“固体”与“废物”这两个词的诠释。

首先，从广义上讲，根据物质的形态划分，废物包括固态、液态和气态废物。在液态和气态废物中，大部分为废弃的污染物质混掺在水和空气中，直接或经处理后排入水体和大气。在我国，它们被习惯地称为废水和废气，因而纳入水环境和大气环境管理体系。其中不能排入水体的液态废物和不能排入大气置于容器中的气态废物，由于多具有较大的危害性，在我国归入固体废物管理体系。如水处理污泥、除尘器截留的飞灰，甚至包括排放废水中的悬浮物以及排放气体中的残余飘尘；而通常在典型固体废物的城市生活垃圾和工业固体废物中，也常常含有半流体和装有液体、气体的废容器等。因此在固体废物的定义中，明确规定将“半固态”包含在内，在有关危险废物的条文中还包括了液态和气态的部分物质。

其次，固体废物一词中的“废”字具有相对性或二重性。它具有鲜明的时间和空间特征。从时间方面讲，它仅仅相对于目前的科学技术和经济条件，随着科学技术的飞速发展，矿物资源的日趋枯竭，生物资源滞后于人类需求，昨天的废物势必又将成

为明天的资源；从空间角度看，废物仅仅相对于某一过程或某一方面没有使用价值，而并非在一切过程和一切方面都没有使用价值，某一过程的废物，往往是另一过程的原料，所以固体废物又有二次资源、再生资源和放错地方的资源之称。

## 1.1.2 固体废物的来源

固体废物的来源大致可分为两类：一类是生产过程中所产生的固体废物，称为生产废物；另一类是产品进入市场后在流通过程中使用和消费后产生的固体废物，称为生活废物。固体废物主要来源于人类的生产和消费活动，人们在开发资源和制造产品的过程中，必然产生废物；任何产品经过使用和消耗后，最终将变成废物。物质和能源消耗量越多，废物产生量就越大。进入经济体系中的物质，仅有 10%~15% 以建筑物、工厂、装置、器具等形式积累起来，其余都变成了废物。

人类社会的物流运动是一种特殊的循环过程，人类从自然中取用一部分资源，经过加工和使用后再将其重新返回自然。人类生产活动所使用的原料的来源可以分为三个途径：从地球直接开发的自然资源、产品制造中产生的废料以及使用过的产品的回收利用。这些废物的处理处置也存在三种途径：利用废物生产能源或作为原料返回生产过程、对使用过的产品直接回收利用、作为废物加以最终处置。

## 1.1.3 固体废物的分类

固体废物是一个极其复杂的非均质体系，为了便于管理和对不同废物实施相应的处理处置方法，需要对废物进行分类。固体废物分类的方法有很多，按照化学成分可分为有机废物和无机废物；按照其对环境与人类健康的危害程度可分为一般废物、放射性废物及其他废物等。

我国的《固废法》将固体废物分为城市生活垃圾、工业固体废物和危险废物三类进行管理。

### 1.1.3.1 城市生活垃圾

城市生活垃圾又称为城市固体废物。《固废法》将其定义为："在日常生活或者为日常生活提供服务的活动中产生的固体废物以及法律、行政法规规定视为城市生活垃圾的固体废物"。根据目前我国环卫部门的工作范围，城市生活垃圾应该包括：居民城市生活垃圾、园林废物、机关单位排放的办公垃圾等。此外，在实际收集到的城市生活垃圾中，还可能包括部分小型企业产生的工业固体废物和少量危险废物（如废打火机、废油漆、废电池、废日光灯管，甚至还有小诊所丢弃的带菌医疗垃圾等）。城市生活垃圾的主要特点是成分复杂，有机物含量高。影响城市生活垃圾成分的主要因素有居民生活水平、生活习惯、季节、气候等。还应该指出的是，随着人们生活水平的提高，越来越多的废弃家用电器如电冰箱、洗衣机、电视机、电脑等亦作为居民城市生活垃圾被丢弃，但基于它们的特殊性质、处理方法和资源化要求，实际上应归入工业固体废物类别中。

#### 1.1.3.2 工业固体废物

《固废法》将工业固体废物定义为："在工业生产活动中产生的固体废物"。工业固体废物是来自各个工业生产部门的生产和加工过程及流通中所产生的粉尘、碎屑、污泥等。废物产生的主要行业有冶金、化工、煤炭、电力、交通、轻工、石油、机械加工等，其范围包括冶炼渣、化工渣、燃煤灰渣、采矿废石、尾矿、建筑废料和其他工业固体废物。有些国家将来自矿业开采和矿石洗选过程中所产生的废石和尾砂单独列为矿山废物，而我国的《固废法》则明确将矿山废物纳入工业固体废物类加以管理。表 1–1–1 列出了工业固体废物的来源和种类。

**工业固体废物的来源和种类** **表 1–1–1**

| 发生源 | 产生的主要固体废物 |
|---|---|
| 采矿、选矿业 | 废矿石、尾矿、金属、废木、砖瓦、水泥、混凝土等建筑材料 |
| 冶金、机械、金属结构、交通工业 | 金属、废渣、砂石、模型、陶瓷、涂料、管道、粘结剂、绝热绝缘材料、污垢、废木、塑料、橡胶、布、纤维、填料、纸、烟尘、废汽车、废机床、废仪器、废电器等 |
| 建筑工业 | 金属、水泥、黏土、陶瓷、石膏、石棉、砂、石、纸、纤维等 |
| 食品工业 | 蔬菜、水果、谷物、硬果壳、金属、塑料、玻璃、烟草、玻璃瓶、罐头盒等 |
| 橡胶、皮革、塑料工业 | 橡胶、皮革、塑料、线、布、纤维、染料、金属、废渣等 |
| 石油、化学工业 | 无机和有机化学药品、金属、塑料、橡胶、玻璃、陶瓷、沥青、毡、石棉、纸、布、纤维、烟尘、污泥等 |
| 电器、仪器、仪表工业 | 金属、玻璃、废木、塑料、橡胶、化学药品、研磨废料、纤维、电器、仪器、仪表、机械等 |
| 核工业、核动力及放射性同位素应用 | 旧金属、放射性废渣、粉尘、污泥、器具等 |

#### 1.1.3.3 危险废物

我国的《固废法》定义危险废物为："列入国家危险废物名录或者根据国家规定的危险废物鉴别标准和鉴定方法认定的具有危险特性的废物"。美国《资源回收和回收法》定义为："危险废物是固体废物，由于不适当的处理、贮存、运输、处置或其他管理方面，它能引起或明显地影响各种疾病和死亡，或对人体健康或环境造成显著的威胁"。

危险废物种类繁多、来源复杂，如医院诊所产生的带有病菌、病毒的医疗垃圾，化工制药业排出的含有有毒元素的有机、无机废渣，有色金属冶炼厂排出的含有大量重金属元素的废渣，工业废物处置作业中产生的残余物等。

危险废物虽然一般只占固体废物总量的10%左右，但由于危险废物特殊的危害特性，它和一般的城市生活垃圾及工业固体废物无论是在管理方法还是在处理处置上都有较大的差异，大部分国家都对其制定了特殊的鉴别标准、管理方法和处置规范。危险废物的主要特征并不在于它们的相态，而是在于它们的危险特性，即毒性、易燃性、易爆性、腐蚀性、反应性、漫出毒性和感染性。所以危险废物可以包括固态、油状、液体废物及具有外包装的气体等。

#### 1.1.3.4 其他废物

固体废物的分类除以上三者之外，还有来自农业生产、畜禽饲养、农副产品加工以及农村居民生活所产生的废物，如农作物秸秆，人、畜、禽排泄物等农林业固体废物。这些废物多产于城市郊区和农村，一般多就地加以综合利用，或作沤肥处理，或做燃料焚化。在我国的《固废法》中，对此未单独列项作出规定，而仅对其中农用薄膜的污染问题作出了规定。但是，农林业废物的管理也应尽快列入议事日程。

在《固废法》中，也没有关于医疗废物的具体规定，这类废物在大多数国家被列为危险废物。我国虽然制定了有关的管理条例，但为了加强其管理，也应在《固废法》中增加有关内容。

此外，由于放射性废物在管理方法和处置技术等方面与其他废物有着明显的差异，大多数国家都不将其包含在危险废物范围内。我国的《固废法》也没有涉及放射性废物的污染控制问题。关于放射性废物的管理，在《电离辐射防护与辐射源安全基本标准》GB 18871–2002 中规定，凡放射性核素含量超过国家规定限值的固体、液体和气体废物，统称为放射性废物。从处理和处置的角度，按放射性活度和半衰期将放射性废物分为高放长寿命、中放长寿命、低放长寿命、中放短寿命和低放短寿命五类。

## 1.2 固体废物污染的现状

固体废物处理的问题从人类社会形成之初就已经存在，只不过在早期由于人口少、资源消耗低、环境的自净能力远远大于废物的污染负荷，其所造成的环境污染问题并没有呈现出来。到了近代，随着社会经济和工业生产的迅速发展，人们生活水平的提高，固体废物的环境污染问题日益突出、愈加严重，固体废物污染的控制问题已经成为我国环境保护领域面临的突出问题之一。

## 1.2.1 数量与日俱增

### 1.2.1.1 工业固体废物

根据《2021年中国生态环境状况公报》，2020年我国工业固体废物产生量达36.8亿t。

国家生态环境部、国家统计局和农业农村部于2020年联合发布的《第二次全国污染源普查公报》，广东、浙江、江苏、山东和河北是我国工业污染源最集中的5大地区，其工业污染源数量约占全国的62.61%。

虽然我国工业废物的产生量逐年增加，但工业废物治理设施的建设相对滞后，尤其是危险废物仍未实现全部安全贮存和处理，仍与保障环境安全和人民健康的要求存在较大差距。截至目前，全国国家级综合性危险废物集中处理基地（简称危废中心）建设实施进度不一，仅有北京、天津、上海、重庆、安徽、福建、山东、浙江、广东和宁夏等地的危废中心建设实施进度较快，进入全面运营或试运行阶段。未来我国仍需要建设大量的危废中心，工业废物处理的市场容量相当可观。

### 1.2.1.2 危险废物

对危险废物的统计从1995年才开始，1995年产生危险废物2618.4万吨，其中45.5%得到综合利用，9.8%得到安全处置，28.9%处于贮存状态，15.8%被排放至环境中。产生量最大的危险废物为废碱溶液或固态碱、废酸溶液或固态酸、无机氟化合物、含铜废物和无机氧化合物废物，所占比例分别为17.20%、13.25%、12.33%、8.11%和7.69%。产生危险废物的主要行业有化学原料及化学制品制造业、有色金属矿采选业、有色金属冶炼及延压加工业、造纸及纸制品业和电器机械及器材制造业，所占比例分别为40.1%、16.3%、8.6%、6.4%和3.5%。我国危险废物处理设施建设近年来出现突破性进展，从1995年在深圳建成第一座符合国际通行标准的危险废物填埋场起，全国各地开始认识到危险废物的潜在威胁，将危险废物处理处置设施的建设提到日程上来，一批危险废物安全处理设施陆续立项、设计、建设并投入使用。

### 1.2.1.3 城市生活垃圾

近十几年来，我国城市生活垃圾增长速度很快，年增长率约4.2%。2020年全国垃圾清运量已超过2.35亿t，比2010年增加52%。2020年我国城市生活垃圾无害化处理率为99.7%，主要方法是卫生填埋，其次是高温堆肥，焚烧比率较小。

## 1.2.2 种类日益繁多，性质日趋复杂

随着科学技术的发展和人们生活水平的提高，各种新的工业产品层出不穷，越来

越多的电子产品和家用电器进入到普通的百姓家庭。据2018年不完全统计，我国的电冰箱保有量为4.4亿台、洗衣机4.3亿台、空调5.2亿台，这些家用电器使用寿命一般为10～15年。来自国家统计局的数据显示，国内的家用电器是在20世纪80年代开始大量进入家庭，2020年全国报废家用电器1.37亿台，2021年达到1.5亿台，上一轮家电普及是2008～2011年，而家电的寿命一般为10～15年，目前已全面进入淘汰报废的高峰期。

电脑的更新则更快，更新期已由过去的3～4年缩短到1～2年。另外，制造这些电器的材料多种多样。例如制造一台家用电脑需要700余种材料；电冰箱的制冷剂、发泡剂分别由CFC–12和CFC–11制成，而这两种物质是破坏臭氧层的重要因素。此外，电脑核心部件的线路板由30%的塑料、30%的惰性氧化物和40%的金属构成，在诸多品种的金属中，含有会导致土壤和水质严重污染的重金属；荧光屏含有金属汞。近年来，世界的线路板产量年均递增8%～9%，我国线路板的年递增率则高达14.4%。这些物品在经过一段时间的使用后必然会报废或被淘汰，导致固体废物的品种和数量不断增加；而这些物品由于结构复杂、材料多种多样，难以按一般固体废物加以回收利用或无害化处理。这无疑会增加固体废物的处理难度。

综上所述，固体废物的现状是总量及品种不断上升，其中部分可通过工艺、技术的改进而减少，但必须指出的是，大多数固体废物则随着经济发展、人类需求提高而不断增加。

## 1.3 固体废物对环境的危害

### 1.3.1 固体废物的污染途径

（1）工业固体废物所含化学成分形成化学物质型污染，固体废物中化学物质污染环境和致人疾病的途径如图1–3–1所示。

（2）城市生活垃圾能形成病原体型污染，它是多种病原体微生物的滋生地，其污染环境和传播疾病途径如图1–3–2所示。

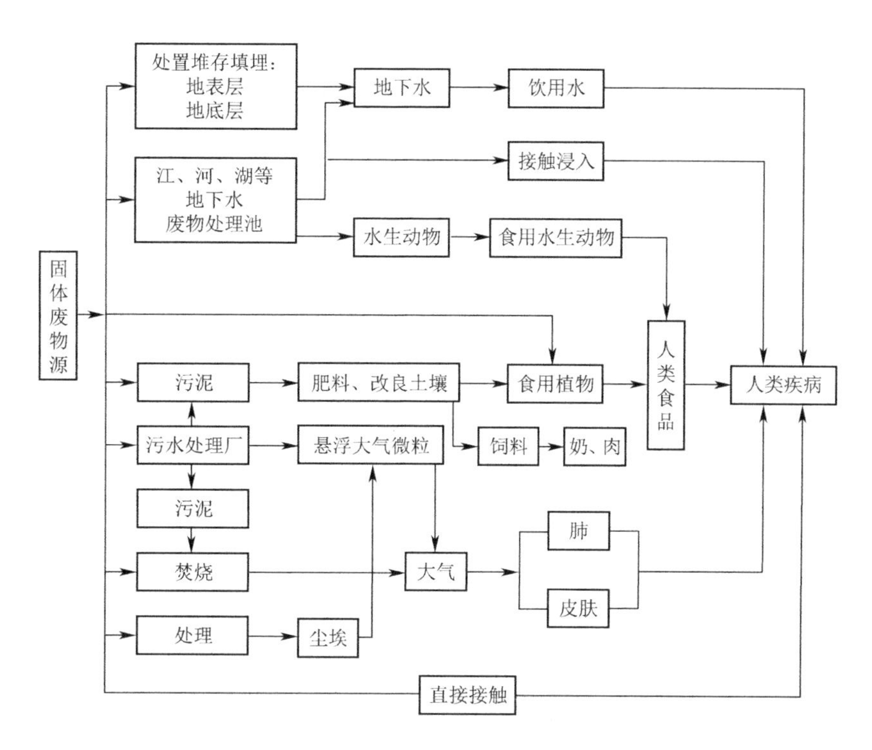


图 1-3-1　固体废物中化学物质污染环境和致人疾病的途径

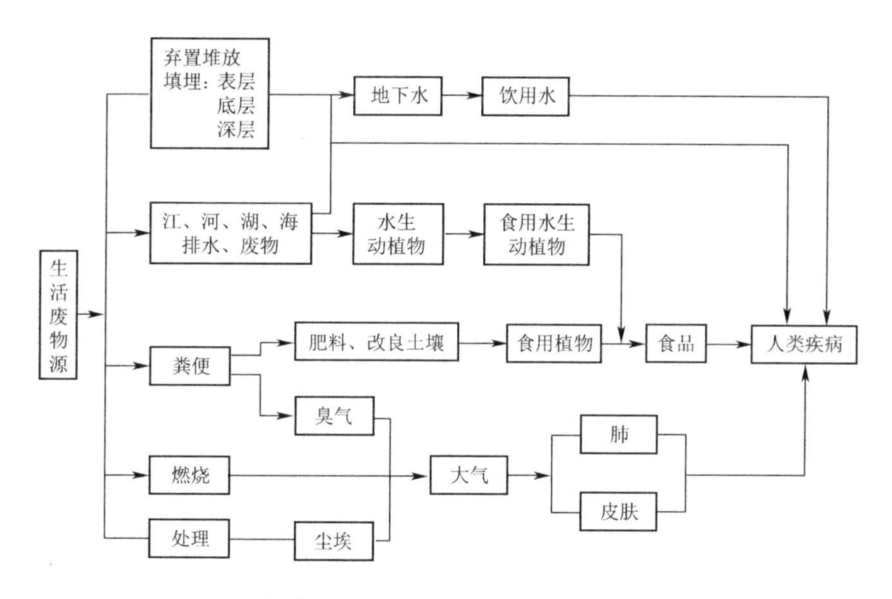


图 1-3-2　固体废物中病原体微生物污染环境和传播疾病的途径

## 1.3.2　固体废物的危害

固体废物对人类环境的危害主要表现在以下几个方面：

#### 1.3.2.1 侵占土地

固体废物产生以后，需占地堆放，堆积量越大，占地越多。据估算，每堆积 1 万 t 废渣，需占地 1 亩。

我国许多城市利用市郊设置垃圾堆场，侵占了大量农田。据不完全调查统计，固体废物堆存占地达 200 万亩。

随着生产的发展和消费的增长，垃圾占地的矛盾日益尖锐。按传统的增长方式，固体废物的产生量会越来越大，如不妥善加以解决，固体废物侵占土地的问题会变得更加严重。

#### 1.3.2.2 污染土壤

废物堆置，其中的有害成分容易污染土壤，如果直接利用来自医院、肉类制品厂、生物制品厂的废渣作为肥料施入农田，其中的病菌、寄生虫等就会污染土壤。人与污染的土壤直接接触，或生吃在此类土壤中种植的蔬菜、瓜果就会致病。当污染土壤中的病原体微生物和其他有害物质随天然降水、径流或渗流进入水体后，就可能进一步危害人类健康。

工业固体废物还会破坏土壤内的生态平衡。土壤是许多细菌、真菌等微生物聚集的场所。这些微生物形成的生态系统，在大自然的物质循环中担负着碳循环和氮循环的一部分重要任务。工业固体废物，特别是有害固体废物，经过风化、雨雪淋溶、地表径流的侵蚀，产生高温和毒水或其他反应，能杀灭土壤中的微生物，使土壤丧失腐解能力，导致草木不生。例如，我国内蒙古某尾矿的堆积量已达 1500 万 t，使尾矿坝下游一个乡的大片土地遭受污染，居民被迫搬迁。固体废物中的有害物质进入土壤后，还可能在土壤中产生积累，我国西南某市郊，因农田长期施用垃圾，土壤中的汞浓度已超过本底值 8 倍，铜、铅分别增加 87% 和 55%，从而给作物的生长带来危害。

农用地膜的使用为农业生产带来了较大的发展，但地膜使用后的碎片乱丢也对土壤造成了很大危害，薄膜碎片对土壤形成阻隔层，使耕地劣化，阻碍植物根系发育和对水分、养分的吸收，毒化土壤。

#### 1.3.2.3 污染水体

固体废物对水体的污染途径有直接污染和间接污染两种。直接污染是把水体作为固体废物的接纳体，向水体直接倾倒废物，从而导致水体的直接污染；间接污染是固体废物在堆积过程中，经过自身分解和雨水漫淋产生的渗滤液注入河流、湖泊和渗入地下水，导致地表和地下水的污染。

在世界范围内，不少国家直接将固体废物倾倒于河流、湖泊、海洋，甚至把它们当作处置固体废物的场所之一。

锦州某铁合金厂在20世纪50年代露天堆放的含有六价铅的废渣，由于自然降水的长期淋溶、渗沥，到了20世纪70年代方圆5km内的地下水受到严重污染，1000多眼井的水无法饮用，给当地居民的生活和生产带来严重威胁。

城市生活垃圾未经无害化处理任意堆放，也已造成许多城市地下水污染。20世纪90年代哈尔滨市某垃圾填埋场的地下水浊度、色度和锰、铁、酚、汞含量及细菌总数、大肠杆菌数等都大大超标，铅含量超标3倍多，汞超标20多倍，细菌总数超标4.3倍，大肠杆菌超标11倍以上。

即使无害的固体废物排入河流、湖泊，也会造成河床淤塞、水面减小、水体污染，甚至导致水利工程设施的效益减少或废弃。

此外，由于一些国家把大量的固体废物投入海洋，海洋也正面临着固体废物潜在的污染威胁。

#### 1.3.2.4 污染大气

固体废物在堆存和处置过程中会产生有害气体，如不加以妥善处理，将对大气环境造成不同程度的影响。堆放的固体废物中的细微颗粒、粉尘等可随风飞扬，从而对大气环境造成污染。据研究表明：当风力在4级以上时，在粉煤灰或尾矿堆表层的1～1.5cm的粉末将出现剥离，其飘扬高度可达20～50m。而堆积在废物中的某些物质的分解和化学反应，可在不同程度上产生毒气或恶臭，例如一些有机固体废物在适宜的温度和湿度下被微生物分解，能释放出有害气体。煤矸石自燃会散发大量的二氧化硫。据调查，部分省份的112座煤矸石堆中，自燃起火的有42座，某市由于煤矸石自燃产生的二氧化硫量，每天达37t。

采用焚烧法处理固体废物已成为有些国家大气污染的主要污染源之一。据报道，美国的几千座固体废物焚烧炉中有2/3由于缺乏烟气净化装置而污染大气。固体废物在运输和处理过程中，也能产生有害气体和粉尘。我国的某些企业，采用焚烧法处理塑料，排出大量的黑灰、氯化氢和粉尘，也造成了严重的大气污染。我国的一些钢铁企业在水淬处理高炉渣的过程中，产生的渣粉飘逸到空中，造成大气污染。此外，废物填埋场中逸出的沼气也会给大气环境造成影响。它在一定程度上消耗上层空间的氧，从而使动植物衰败。

#### 1.3.2.5 影响环境卫生

我国部分城市工业固体废物的利用率较低，生活垃圾、粪便清运能力不高，很大一部分工业废渣、垃圾堆放在城市的一些死角或周边，造成垃圾围城，严重影响市容、市貌和环境卫生，对人们的健康构成潜在威胁。

#### 1.3.2.6 影响人体健康

由图 1-3-1 和图 1-3-2 可以知道，固体废物中化学物质以及病原体微生物都会对人体健康造成直接或间接的影响。

#### 1.3.2.7 其他危害

除上述对环境的污染外，固体废物的长期堆放还会造成一些意外的污染事故。20 世纪 60 年代，英国阿伯方一座被遗弃的矿渣山倒塌，淹没山下一所小学，导致近 150 人遇难。2000 年，在菲律宾首都马尼拉发生震惊世界的“垃圾山”倒塌事件，造成 205 人死亡，并将一个贫民窟彻底掩埋。此外，由于垃圾堆场排气不畅，造成沼气爆炸等伤人事件，每年亦多有发生。

### 1.3.3 固体废物污染的特点

#### 1.3.3.1 污染的“源头”与“终态”

从上述分析中可以看到，固体废物能够污染水体、大气和土壤，是水体、大气和土壤的污染“源头”之一。同时，固体废物又是废水处理（污泥）、废气处理（粉尘）、固体废物焚烧处理（灰烬）后，蕴含许多成分的“终极状态物”。如果未对这些终极状态的固体废物进行妥善处置，它们会重返水体、大气和土壤中，对其造成新的污染。

#### 1.3.3.2 呆滞性大、扩散性小

除侵占土地外，固体废物的污染需要通过某种媒介，如水、大气或土壤，没有这些媒介，固体废物不会自行扩散，亦不会产生污染作用。

#### 1.3.3.3 危害发生的即时性、潜在性和迟缓性

固体废物的危害从时间上来看，具有即时性、潜在性和迟缓性。固体废物由于利用、处置以及排放不当，有的会很快对环境和人类健康造成危害，此为即时性。但更多地以固相形式存在的有害物质，由于向环境扩散的速率相对比较缓慢，容易造成人们的忽视，其危害要经过很长时间才能被发现，此即潜在性或迟缓性。例如，美国拉芙运河污染事件和我国锦州某铁合金厂的污染事件，都是在经过数十年之后才爆发的。

#### 1.3.3.4 危害作用的持久性与不可稀释性

与水污染和大气污染不同，固体废物的污染具有显著的持久性和不可稀释性。一旦发生了固体废物导致的污染，大多数情况下，不仅依靠自然过程无法缓解，而且具有不可稀释性，因而会造成持久的危害，甚至无法治理。

1.3.3.5 污染的全方位性

通过对固体废物污染环境途径的分析，不难看出固体废物不仅对自然环境，如大气、水体和土壤等造成严重污染，而且对人类及地球上的其他生物亦造成严重污染。这种污染的全方位性远远超过水污染和大气污染。

综上所述，固体废物与废水、废气同样会对环境造成严重的污染。同时由于其污染的特点，一方面，容易被人们所忽视；另一方面，由于固体废物的相对性、难以管理等原因，防治固体废物污染的难度往往更大，因此，必须引起人们的高度重视。否则，正如一位美国环境学者所言："不是我们把固体废物处理掉，就是我们终究会被它所埋葬。"

## 1.4 土壤污染及处置技术概述

### 1.4.1 土壤污染的定义与特点

土壤污染是指污染物通过多种途径进入土壤,其数量和速度超过了土壤自净能力，导致土壤的组成、结构和功能发生变化，微生物活动受到抑制，有害物质或其分解产物在土壤中逐渐积累，通过"土壤—植物—人体"，或通过"土壤—水—人体"间接被人体吸收，危害人体健康的现象，部分类型污染土壤亦可列为危险废物。

污染物进入土壤后，通过土壤对污染物质的物理吸附、胶体作用、化学沉淀、生物吸收等一系列过程与作用，使其不断在土壤中累积，当其含量达到一定程度时，才引起土壤污染。

国际上，土壤污染指标尚未有统一标准。目前我国采用的土壤污染指标有：土壤容量指标；土壤污染物的全量指标；土壤污染物的有效浓度指标；生化指标（土壤微生物总量减少 50%，土壤酶活性降低 25%）和土壤背景值加 3 倍标准差（$X+3S$）等。

识别土壤污染通常有以下三种方法：

（1）土壤中污染物含量超过土壤背景值的上限值；

（2）土壤中污染物含量超过《土壤环境质量 农用地土壤污染风险管控标准（试行）》GB 15618—2018 中的标准值；

（3）土壤中污染物对生物、水体、空气或人体健康产生危害。

土壤是复杂的三相共存体系。有害物质在土壤中可与土壤相结合，部分有害物质可被土壤生物分解或吸收，当土壤有害物质迁移至农作物，再通过食物链损害人畜健康时，土壤本身可能还继续保持其生产能力，这更增加了对土壤污染危害性的认识难度，以致污染危害持续发展。

土壤污染具有以下特点：

（1）隐蔽性或潜伏性

土壤污染被称作“看不见的污染”，它不像大气、水体污染一样容易被人们发现和觉察，土壤污染往往要通过对土壤样品进行分析化验和农作物的残留情况检测，甚至通过粮食、蔬菜和水果等农作物以及摄食的人或动物的健康状况才能反映出来，从遭受污染到产生“恶果”往往需要一个相当长的过程。也就是说，土壤污染从产生污染到出现问题通常会滞后较长时间，如日本的“痛痛病”经过了10～20年之后才被人们所认识。

（2）累积性与地域性

土壤对污染物进行吸附、固定，其中也包括植物吸收，从而使污染物聚集于土壤中。在进入土壤的污染物中，多数是无机污染物，特别是重金属和放射性元素都能与土壤有机质或矿物质相结合，并且长久地保存在土壤中，无论它们如何转化，也很难重新离开土壤，成为顽固的环境污染问题。污染物在土壤中并不像在大气和水体中那样容易扩散和稀释，因此容易在土壤环境中不断积累而达到很高的浓度。由于土壤性质差异较大，而且污染物在土壤中迁移慢，导致土壤中污染物分布不均匀，空间变异性较大，因此土壤污染具有很强的地域性特点。

（3）不可逆转性

积累在污染土壤中的难降解污染物很难靠稀释作用和自净作用来消除。

重金属污染物对土壤环境的污染基本上是一个不可逆转的过程，主要表现为两个方面：

①进入土壤环境后，很难通过自然过程从土壤环境中稀释或消失；②对生物体的危害和对土壤生态系统结构与功能的影响不容易恢复。例如，被某些重金属污染的农田生态系统可能需要100～200年才能恢复。

同样，许多有机化合物的土壤污染也需要较长时间才能降解，尤其是那些持久性有机污染物，在土壤环境中基本上很难降解，甚至产生毒性较大的中间产物。例如，“六六六”和滴滴涕（DDT）在中国已禁用多年，但由于有机氯农药非常难以降解，至今仍能从土壤中检出。

（4）治理难而周期长

土壤污染一旦发生，仅依靠切断污染源的方法往往很难自我恢复，必须采用各种有效的治理技术才能解决现实污染问题。但是，从目前现有的治理方法来看，仍然存在成本较高和治理周期较长的问题。因此，需要有更大的投入来探索、研究，发展更为先进、有效和经济的污染土壤修复、治理的技术与方法。

## 1.4.2 土壤污染物

### 1.4.2.1 根据污染物性质分类

根据污染物性质，可把土壤污染物大致分为无机污染物和有机污染物两大类，见表 1–4–1。

土壤主要污染物质　　表 1–4–1

| 污染物种类 | | | 主要来源 |
|---|---|---|---|
| 无机污染物 | 重金属 | 汞（Hg） | 制碱、汞化物生产等工业废水和污泥，含汞农药，金属汞蒸气 |
| | | 镉（Cd） | 冶炼、电镀、染料等工业废水、污泥和废气，肥料 |
| | | 锌（Zn） | 冶炼、镀锌、纺织等工业废水、污泥和废渣，含锌农药，磷肥 |
| | | 铅（Pb） | 颜料、冶炼等工业废水，汽油防爆燃烧排气，农药 |
| | | 镍（Ni） | 冶炼、电镀、炼油、染料等工业废水和污泥 |
| | | 铬（Cr） | 冶炼、电镀、制革、印染等工业废水和污泥 |
| | 放射元素 | 铯（Cs） | 原子能、核动力、同位素生产等工业废水和废渣，大气层核爆炸 |
| | | 锶（Sr） | |
| | 其他 | 氟（F） | 冶炼、氟硅酸钠、磷酸和磷肥等工业废气，肥料 |
| | | 盐、碱 | 纸浆、纤维、化学等工业废水 |
| | | 酸 | 硫酸、石油化工、酸洗，电镀等工业废水 |
| | | 砷（As） | 硫酸、化肥、农药、医药、玻璃等工业废水和废气 |
| | | 硒（Se） | 电子、电路、油漆、墨水等工业的排放物 |
| 有机污染物 | 有机农药 | | 农药生产和使用 |
| | 酚 | | 炼油、合成苯酚、橡胶、化肥、农药等工业废水 |
| | 氰化物 | | 电镀、冶金、印染等工业废水，肥料 |
| | 苯并芘 | | 石油、炼焦等工业废水 |
| | 石油 | | 石油开采，炼油，输油管道漏油 |
| | 有机洗涤剂 | | 城市污水，机械工业 |
| | 有害微生物 | | 厕肥 |

（1）无机污染物

污染土壤的无机物，主要有重金属（汞、镉、铅、铬、铜、锌、镍，以及类金属砷、硒等）、放射性元素（铯 –137、锶 –90 等）、氟、酸、碱、盐等。其中尤以重金属和放射性物质的污染危害最为严重，因为这些污染物都是具有潜在威胁的，一旦污染了土壤，就难以彻底消除，并较易被植物吸收，通过食物链进入人体，危及人类健康。

（2）有机污染物

污染土壤的有机物，主要有人工合成的有机农药、酚类物质、氰化物、石油、多环芳烃、洗涤剂以及有害微生物、高浓度耗氧有机物等。其中尤以有机氯农药、有机氯制剂、多环芳烃等性质稳定、不易分解的有机物为主，它们在土壤环境中易累积，污染危害大。

1.4.2.2 根据危害及出现频率大小分类

（1）重金属

土壤重金属污染是指由于人类活动将金属加入土壤中，致使土壤中重金属含量明显高于原生含量并造成生态环境质量恶化的现象。

污染土壤的重金属主要包括汞（Hg）、镉（Cd）、铅（Pb）、铬（Cr）和类金属砷（As）等生物毒性显著的元素，以及有一定毒性的锌（Zn）、铜（Cu）、镍（Ni）等元素。重金属主要来自农药、废水、污泥和大气沉降等，如汞主要来自含汞废水，镉、铅污染主要来自冶炼排放和汽车废气沉降，砷则被大量用作杀虫剂、杀菌剂、杀鼠剂和除草剂。过量重金属可引起植物生理功能紊乱、营养失调，镉、汞等元素在作物籽实中富集系数较高，即使超过食品卫生标准，也不影响作物生长、发育和产量，此外汞、砷能减弱和抑制土壤中硝化、氨化细菌活动，影响氮素供应。重金属污染物在土壤中移动性很小，不易随水淋滤，不为微生物降解，通过食物链进入人体后，潜在危害极大，应特别注意防止重金属对土壤的污染。一些矿山在开采中尚未建立石排场和尾矿库，废石和尾矿随意堆放，致使尾矿中富含难降解的重金属进入土壤，加之矿石加工后余下的金属废渣随雨水进入地下水系统，造成严重的土壤重金属污染。

土壤重金属污染的主要特征有如下两点：

①形态多变

随 pH 值、氧化还原电位、配位体不同，常有不同的价态、化合态和结合态，形态不同其毒性也不同。

②难以降解

污染元素在土壤中一般只能发生形态的转变和迁移，难以降解。

（2）石油类污染物

土壤中石油类污染物组分复杂，主要有 $C_{15}$～$C_{36}$ 的烷烃、烯烃、苯系物、多环芳烃、酯类等，其中美国规定的优先控制污染物多达 30 余种。

石油已成为人类最主要的能源之一，随着石油产品需求量的增加，大量的石油及其加工品进入土壤，给生物和人类带来危害，造成土壤的石油污染日趋严重，这已成了世界性的环境问题。全世界大规模开采石油是从20世纪初开始的，1900年全世界的消费量约2000万t，100多年来这一数量已经增加了100多倍。每年的石油总产量已经超过了22亿t，其中约18亿t是由陆地油田生产的，仅石油的开采、运输、储存以及事故性泄漏等原因造成每年约有800万～1000万t石油烃进入环境（不包括石油加工行业的损失），引起土壤、地下水、地表水和海洋环境的严重污染。我国目前是世界上第二大石油消费国，我国石油经济技术研究院发布数据显示，2022年国内原油消费量为7.19亿t左右。

在石油生产、储运、炼制、加工及使用过程中，由于事故、不正常操作及检修等原因，都会有石油烃类的溢出和排放，例如，油田开发过程中的井喷事故、输油管线和储油罐的泄漏事故、油槽车和油轮的泄漏事故、油井清蜡和油田地面设备检修、炼油和石油化工生产装置检修等。石油烃类大量溢出时，应当尽可能予以回收，但有的情况下回收很困难，即使尽力回收，仍会残留一部分，对环境（土壤、地面和地下水）造成污染。由于过去数十年间各大油田区域采油工艺相对落后、密闭性不佳，加之环境保护措施和影响评价体系相对落后、污染控制和修复技术缺乏，我国土壤石油类污染程度较高，石油污染呈逐年累积加重态势。

近年来，随着我国国民经济和各类等级公路的飞速发展以及汽车保有量的大量增加，汽车加油站数量在迅速增加的同时也给环境带来了巨大的潜在危险，加油站埋地储油罐一旦腐蚀渗漏就会污染土壤和地下水。我国加油站从20世纪80年代中期开始快速增长，截至2022年年底，全国共有加油站约11.3万座。

（3）持久性有机污染物（POPs）

最为常见的持久性有机污染物包括：多环芳烃（PAHs）、多氯联苯（CPCBs）、多氯二苯并二噁英（PCDDs）、多氯二苯并呋喃（PCDFs）以及农药残体及其代谢产物。

农药是存在于土壤环境中一类重要的有机污染物。农药的作用是对付、杀死自然界中各种昆虫、线虫、蛹、杂草、真菌病原体，在农药生产过程和农业生产使用过程中可能导致土壤污染。目前，农业上农药的使用量一般达到0.2～5.0kg/hm$^2$，而非农业目的的应用，其用量往往更高。例如，在英国，大量除草剂用于铁路或城市道路上清除杂草，其用量也在不断增加，增长率达到9%。一般来说，只有小于10%的农药达到设想的目标，其余则残留在土壤中。进入土壤中的农药，部分挥发进入大气，部分经淋溶过程进入地下水，或经排水进入水体或河流。大部分农药的水溶性大于10mg/L，因而在土壤中有淋溶的倾向。在肥沃的土壤中，许多农药的半衰期为10天～10年。因此，在许多场合足以被淋溶。如阿特拉津的半衰期为50～100天，能够引起广泛的地下水污染问题。

由于涉及的化合物种类很多，这种类型的污染物在土壤环境中的生态行为及其对植物、动物、微生物甚至人类的毒性差异很大。许多农药还有可能降解为毒性更大的衍生物，导致敏感作物的植物毒性问题。与土壤的农药污染有关的最为严重的问题是进一步导致地表水、地下水的污染以及通过作物或农业动物进入食物链。

（4）其他工业化学品

据估计，目前有 6 万 ~9 万种化学品已经进入商业使用阶段，并且以每年上千种新化学品进入日常生活的速度增加。尽管并不是所有的化学品都存在潜在毒性危害，但是有许多化学品，尤其是优先有害化学品（DDT、六六六、艾氏剂等），由于储藏过程的泄漏、废物处理以及在应用过程中进入环境，可导致土壤的污染问题。

（5）富营养废弃物

污泥（也称生物固体）是世界性的土壤污染源。随着污水处理事业的发展，我国产生越来越多的污泥。目前，污泥的处理方式主要有：农业利用（美国占 22%，英国占 43%）、抛海（英国占 30%）、土地填埋和焚烧等。

污泥是有价值的植物营养物质来源，尤其是氮、磷，还是有机质的重要来源，对土壤整体稳定性具有有益的影响。然而，它的价值有时因为含有一些潜在的有毒物质（如镉、铜、镍、铅和锌等重金属和有机污染物）而抵消。污泥中还含有一些在污水处理中没有被杀死的致病生物，可能会通过食用作物进入人体而危害健康。

施肥及动物养殖废弃物含有大量氮、磷、钾等营养物质，它们对于作物的生长具有营养价值。但与此同时，因为含有食品添加剂、饲料添加剂以及兽药，常常会导致土壤的砷、铜、锌和病菌污染。

（6）放射性核素

核事故、核试验和核电站的运行，都会导致土壤的放射性核素污染。最长期的污染问题被认为是由半衰期为 30 年的铯 –137 引起的，在土壤和生态系统中其化学行为基本上与钾接近。核武器的大气试验，导致大量半衰期为 25 年的锶 –90 扩散，其行为类似生命系统中的钙，由于储藏于骨髓中，对人体健康构成严重危害。

（7）致病生物

土壤还常常被诸如细菌、病毒、寄生虫等致病生物所污染，其污染源包括动物或病人尸体的埋葬、废物和污泥的处置与处理等。土壤被认为是这些致病生物的“仓库”，能够进一步构成对地表水和地下水的污染，通过土壤颗粒的传播，使植物受到危害，牲畜和人感染疾病。

### 1.4.3 土壤污染物的来源

土壤是一个开放系统，土壤与其他环境要素间进行着物质和能量的交换，因而造成土壤污染的物质来源极为广泛，有自然污染源，也有人为污染源。自然污染源是指某些矿床的元素和化合物的富集中心周围，由于矿物的自然分解与分化，往往形成自然扩散带，使附近土壤中某元素的含量超过一般土壤的含量。人为污染源是土壤环境污染研究的主要对象，包括工业污染源、农业污染源和生活污染源。

#### 1.4.3.1 工业污染源

由于工业污染源具备确定的空间位置并稳定排放污染物质，其造成的污染多属点源污染。工业污染源造成的污染主要有以下几种情况：

（1）采矿业对土壤的污染

对自然资源的过度开发造成多种化学元素在自然生态系统中超量循环。改革开放以来，我国采矿业发展迅猛，已成为世界第二大矿业大国。而其引发的环境污染和生态破坏也与日俱增。采矿业引发的土壤环境污染可以概括为：挤占土地、尾渣污染土壤、水质恶化。

（2）工业生产过程中产生的“三废”

工业“三废”主要是指工矿企业排放的“三废”（废水、废气、废渣），一般直接由工业“三废”引起的土壤环境污染限于工业区周围数公里范围内，工业“三废”引起的大面积土壤污染都是间接的，且是由于污染物在土壤环境中长期积累而造成的。

①废水——主要来源于城乡工矿企业废水和城市生活污水，直接利用工业废水、生活污水或用受工业废水污染的水灌溉农田，均可引起土壤及地下水污染。

②废气——工业废气中有害物质通过工矿企业的烟囱、排气管或无组织排放进入大气，以微粒、雾滴、气溶胶的形式飞扬，经重力沉降或降水淋洗沉降至地表而污染土壤。钢铁厂、冶炼厂、电厂、硫酸厂、铝厂、磷肥厂、氮肥厂、化工厂等均可通过废气排放和重金属烟尘的沉降而污染周围农田。这种污染明显地受气象条件影响，一般在常年主导风向的下风侧比较严重。

③废渣——工业废渣、选矿尾渣如不加以合理利用和进行妥善处理，任其长期堆放，不仅占用大片农田，淤塞河道，还可因风吹、雨淋而污染堆场周围的土壤及地下水。产生工业废渣的主要行业有采掘业、化学工业、金属冶炼加工业、非金属矿物加工、电力煤气生产、有色金属冶炼等。另外，很多工业原料、产品本身是环境污染物。

#### 1.4.3.2 农业污染源

在农业生产中，为了提高农产品的产量，过多地施用化学农药、化肥、有机肥，污水灌溉、施用污泥、生活垃圾以及农用地膜残留、畜禽粪便及农业固体废弃物等，都可使土壤环境不同程度地遭受污染。由于农业污染源大多无确定的空间位置、排放污染物的不确定以及无固定的排放时间，农业污染多属面源污染，更具有复杂性和隐蔽性的特点，且不容易得到有效控制。

（1）污水灌溉

未经处理的工业废水和混合型污水中含有各种各样污染物质，主要是有机污染物和无机污染物（重金属）。最常见的是引灌含盐、酸、碱的工业废水，使土壤盐化、酸化、碱化，失去或降低其生产力。另外，用含重金属污染物的工业废水灌溉，可导致土壤中重金属的累积。

（2）固废物的农业利用

固体废弃物主要来源于人类的生产和消费活动，包括有色金属冶炼工厂、矿山的尾矿废渣，污泥，城市团体生活垃圾和畜禽粪便，农作物秸秆等，这些作为肥料施用或在堆放、处理和填埋过程中，可通过大气扩散、降水淋洗等直接或间接地污染土壤。

（3）农用化学品

农用化学品主要指化学农药和化肥，化学农药中的有机氯杀虫剂及重金属类，可较长时期地残留在土壤中；化肥施用主要是增加土壤重金属含量，其中镉、汞、砷、铅、铬是化肥对土壤产生污染的主要物质。

（4）农用薄膜

农用废弃薄膜对土壤污染危害较大，薄膜残余物污染逐年累积增加。农用薄膜在生产过程中一般会添加增塑剂（如邻苯二甲酸酯类物质），这类物质有一定的毒性。

（5）畜禽饲养业

畜禽饲养业对土壤造成污染主要是通过粪便，一方面通过污染水源流经土壤，造成水源型的土壤污染；另一方面空气中的恶臭性有害气体降落到地面，造成大气沉降型的土壤污染。

#### 1.4.3.3 生活污染源

土壤生活污染源主要包括城市生活污水、屠宰加工厂污水、医院污水、生活垃圾等。

（1）城市生活污水

近10年来，我国城市生活污水排放量以每年约4%的速度递增，2021年城市生活污水排放量达600亿t，污水处理率为97.89%，比上年增加0.36个百分点，污水处理能力越来越高。但部分地区污水处理能力依旧不足，大量生活污水直接排放，造成严重的环境污染问题。

（2）医院污水

医院污水中危险性最大的是传染病医院未经消毒处理的污水和污物，主要包括肠道致病菌、肠道寄生虫、破伤风杆菌、肉毒杆菌、霉菌和病毒等。土壤中的病原体和寄生虫进入人体主要通过三个途径：一是通过食物链经消化道进入人体，如生吃被污染的蔬菜、瓜果，就容易感染寄生虫病或肝炎等疾病；二是通过破损皮肤侵入人体，如十二指肠钩虫、破伤风、气性坏疽等；三是可通过呼吸道进入人体，如土壤扬尘传播结核病、肺炭疽。

（3）城市垃圾

20世纪90年代以后，我国城市化速度进一步加快，目前城市化水平超过60%。城市数量与规模的迅速增加与扩张，带来了严重的城市垃圾污染问题。城市垃圾不仅产生量迅速增长，而且化学组成也发生了根本变化，成为土壤的重要污染源。

据统计，2021年，我国城市生活垃圾清运量为2.67亿吨。目前全世界垃圾年均增长速度为8.42%，而我国垃圾增长率达到10%以上。近年来我国生活垃圾无害化处理水平大幅提升，但部分城市生活垃圾处理场环境问题仍突出。早期的城市垃圾主要来自厨房，垃圾组成基本上也是燃煤炉灰和生物有机质，这种组成的垃圾很受农民欢迎，可用作农田肥料。现代城市垃圾的化学组成则完全不同，含有各种重金属和其他有害物质。垃圾围城成为不少城市的“心病”。

（4）粪便

土壤历来被当作粪便处理的场所。粪便中含有丰富的氮、磷、钾和有机物，是植物生长不可或缺的养料。但新鲜人畜粪便中含有大量的致病微生物和寄生虫卵，如不经无害化处理而直接用到农田，即可造成土壤的生物病原体污染，导致肠道传染病、寄生虫病、结核、炭疽等疾病的传播。

（5）公路交通污染源

随着社会的发展，家庭轿车等机动车辆剧增、运输活动越来越频繁，使得公路交通成为流动的污染源。交通运输可以产生三种污染危害：一是交通工具运行中产生的噪声污染；二是交通工具排放尾气产生的污染，如含硫化合物、含氮化合物、碳氧化合物、碳氢化合物、铅等；三是运输过程中有毒、有害物质的泄漏。据报道，美国由汽车尾气排入环境中的铅，已达到3000万t，且大部分蓄积于土壤中。研究报道，汽车尾气及扬尘可使公路两侧300～1000m范围内的土壤受到严重污染，其中主要是重金属铅和多环芳烃（PAHs）的污染。

（6）电子垃圾

电子垃圾是世界上增长最快的垃圾，这些垃圾中包含铅、汞、镉等有毒重金属和有机污染物，处理不当会造成严重的环境污染。据联合国环境规划署估计，每年有2000万～5000万t电子产品被当作废品丢弃，它们对人类健康和环境构成了严重威胁。资料显示，旧式一节一号电池污染，能使1m$^2$的土壤永久失去使用价值；一粒纽扣电池可使600t水受到污染，相当于一个人一生的饮水量。电池污染具有周期长、隐蔽性大等特点，其潜在危害相当严重，处理不当还会造成二次污染。

在为数众多的土壤污染来源中，影响大、比例高的污染来源主要包括工业污染源、农业污染源、市政污染源等。不同土壤由于其主要的生产生活等种类的不同，加之复合污染的存在，使污染场地表现出单污染源和复合污染源并存的情况，出现了更为复杂的土壤污染来源。

### 1.4.4 土壤污染典型事件

#### 1.4.4.1 美国拉夫运河事件

美国纽约州拉夫运河（The Love Canal）是为修建水电站挖成的一条运河。1942年，美国一家名为胡克的化学工业公司购买了这条大约1000m长的废弃运河，当作垃圾仓库来倾倒大量工业废弃物，持续了11年。1953年，这条充满各种有毒废弃物的运河被该公司填埋覆盖好后转赠给当地的教育机构。此后，纽约市政府在这片土地上陆续开发了房地产，盖起了大量的住宅和一所学校。从20世纪70年代开始，当地居民特别是儿童、孕妇等人群不断出现疾病征兆，孕妇流产、婴儿畸形、癌症等病症的发病率居高不下。相关资料显示，1974—1978年，拉夫运河小区出生的孩子56%有生理缺陷，孕妇流产率与入住前相比增加了300%。1978年，时任美国总统卡特宣布这一地区进入“紧急状态”，10个区的950户家庭撤离。当局随后展开调查，最终将罪魁祸首锁定在运河中倾倒的工业废弃物。调查发现，胡克公司共向运河倾倒了2万多吨含有二噁英、苯等致癌物质的工业垃圾。到1980年，美国政府花费了4500万美元用于搬迁居民、健康检查和环境研究，纽约州花费69亿美元进行污染治理和生态修复。拉夫运河事件引发美国社会对环境健康问题的深刻反思，社会舆论对政府加强污染治理和环境修复的呼声日益高涨。1980年，美国国会通过了《环境应对、赔偿和责任综合法》（CERCLA），这一事件才被盖棺定论，之前的化学工业公司和纽约州政府被认定为加害方，共赔偿受害居民经济损失和健康损失费达30亿美元。该法案因其中的环保超级基金（Super Fund）而闻名，因此，通常被称为“超级基金法”。

#### 1.4.4.2 日本“痛痛病”事件

日本的土地重金属污染曾非常严重。20世纪60、70年代，日本经历了快速经济增长期，全国各地出现了严重的环境污染事件。被称为四大公害的“痛痛病”“水俣病”“第二水俣病”“四日市哮喘病”，就有三起和重金属污染有关。

富山县位于日本中部地区。在富饶的富山平原上，流淌着一条名叫“神通川”的河流。这条河贯穿富山平原，注入富山湾，它不仅是居住在河流两岸人们世世代代的饮用水源，也灌溉着两岸肥沃的土地，是日本主要粮食基地的命脉水源。20世纪初开始，人们发现该地区的水稻普遍生长不良。1931年又出现了一种怪病，患者大多是妇女，病症表现为腰、手、脚等关节疼痛。病症持续几年后，患者全身各部位会发生神经痛、骨痛现象，行动困难，甚至呼吸都会带来难以忍受的痛苦。到了患病后期，患者骨髓软化、萎缩，四肢弯曲，脊柱变形，骨质松脆，就连咳嗽都能引起骨折。患者不能进食，疼痛无比，这种病由此得名“痛痛病”。有的人因无法忍受痛苦而自杀。医院医生和研究人员解剖了患者的尸体，进行一系列检查、化验后发现，病人喊痛、不能行动和站立，是因为骨头多处断裂，有个病人骨折竟达70多处。患者身长都缩短了20～30cm，有些未断裂的骨骼也已严重弯曲变形。临床、病理、流行病学、动物试验和分析化学的人员经过长期研究后发现，“痛痛病”是由于神通川上游的神冈矿山废水引起的镉中毒造成的。

1961年，富山县成立“富山县地方特殊病对策委员会”，开始国家级的调查研究。1967年研究小组发表联合报告，表明“痛痛病”主要是由于重金属尤其是镉中毒引起的。1968年开始，患者及其家属对金属矿业公司提出民事诉讼，1971年审判原告胜诉。被告不服上诉，1972年再次判决原告胜诉。神通川河上游分布着的矿产品冶炼厂是罪魁祸首。据记载，由于工业的发展，富山县神通川上游的神冈矿山从19世纪80年代成为日本铝矿、锌矿的生产基地。神通川流域从1913年开始炼锌。冶炼厂的废水中含有较多的镉，镉随废水流入河中，又随河水从上游流到下游，整条河都被镉污染了。用这种含镉的水浇灌农田，稻秧生长不良，生产出来的稻米成为“镉米”。河水中的镉被鱼所吸收，鱼的组织中就富含高浓度镉。这些含镉的稻米和鱼被人食用，人体中含镉量增多，发生镉中毒，因而会生“痛痛病”。“镉米”和“镉水”把神通川两岸人们带进了“痛痛病”的阴霾中。

自1913年建立了炼锌厂，到1931年出现首例病人，“痛痛病”潜伏期长达10～30年。从大量发病的1955年，到查明原因的1968年，受害者不计其数，患病的有几百人，死亡的有128人。炼锌厂的废水被迫停止排放后，发病人数仍在增加，10年后又有79人死于“痛痛病”。40年过去了，受害者仍然生活在不安中，日本社会也为此付出了巨大的经济代价，神通川盆地的镉污染农田换土工程在1979年启动，对863公顷农田镉污染土壤进行换土，于2012年完成，耗时33年，耗资407亿日元（约合3.4亿美元），然而土壤污染的阴影仍未消除。

## 1.4.5 我国土壤污染概况

近年来，我国一些地方土壤污染危害事件也时见报道，如“镉大米”“血铅”事件等见之于网络、报纸等各种媒体，引起国内外广泛关注，暴露出我国土壤污染的普遍性和严重性。

近40年来，随着我国工业化、城市化、农业高度集约化的快速发展，土壤环境污染日益加剧，并呈现出多样化的特点。我国土壤污染点位在增加，污染范围在扩大，污染物种类在增多，出现了复合型、混合型的高风险区域，呈现出城郊向农村延伸、局部向流域及区域蔓延的趋势，形成了点源与面源污染共存，工矿企业排放、化肥农药污染、种植养殖业污染与生活污染叠加，多种污染物相互复合、混合的态势。我国土壤环境污染已对粮食及食品安全、饮用水安全、区域生态安全、人居环境健康、全球气候变化以及经济社会可持续发展构成了威胁（表1-4-2）。

我国土壤污染的演变过程　表1-4-2

| 时间 / 阶段 | 污染类型 | 主要污染物 | 主要环境问题 | 特征 |
|---|---|---|---|---|
| 20世纪80年代及以前 | 矿区影响区<br>污水灌溉区<br>耕地农药残留 | 重金属<br>六六六<br>滴滴涕 | 粮食减产<br>食物链污染 | 点源<br>局部 |
| 20世纪90年代 | 工业化快速发展，各种环境污染严重，环境质量恶化加剧 | | | |
| 21世纪以后 | 矿区影响区<br>污水灌溉区<br>城市影响区<br>工厂影响区<br>公路两侧<br>集约化农业区 | 重金属<br>挥发性有机物<br>有机氯农药<br>多环芳烃类<br>多氯联苯类<br>邻苯二甲酸酯类 | 农作物生长<br>农产品质量<br>耕地资源安全<br>地下水污染<br>人居环境安全 | 点、面<br>（区域） |

我国土壤污染是在工业化发展过程中长期累积形成的。工矿业、农业生产等人类活动和自然背景值高是造成土壤污染的主要原因。调查结果表明，局域性土壤污染严重的主要原因是由工矿企业排放的污染物造成的，较大范围的耕地土壤污染主要受农业生产活动的影响，一些区域性、流域性土壤重金属严重超标则是工矿活动与自然背景叠加的结果（表1-4-3）。

我国土壤污染原因及类型　表1-4-3

| 原因 | 类型 |
|---|---|
| 土地用途 | 耕地（农用地）、污染场地（建设用地） |
| 污染源类型 | 工业、农业、生活、地质过程 |
| 污染途径 | 灌溉水（废水）、干湿沉降（废气）、<br>固废（堆放、填埋、倾倒） |

续表

| 原因 | 类型 |
| --- | --- |
| 高危区类型 | 矿区、污灌区、城市周边、重污染企业周边、规模化设施农业 |
| 污染物种类 | 重金属类、挥发性有机污染物、半挥发性有机污染物、持久性有机污染物、邻苯二甲酸酯类、稀土元素等100多种 |

2014年5月24日，国土资源部发布的我国首部《土地整治蓝皮书》显示，我国耕地受到中度、重度污染的面积约5000万亩，特别是大城市周边、交通主干线及江河沿岸的耕地重金属和有机污染物严重超标，造成食品安全等一系列问题。

#### 1.4.5.1 总体情况

2005年4月至2013年12月，当时的环保部会同国土资源部，用了近八年半时间，首次对全国土壤污染状况进行了调查。调查范围覆盖全部耕地，部分林地、草地、未利用地和建设用地，实际调查面积约630万平方公里，接近我国国土面积的2/3。调查的污染物主要包括13种无机污染物（砷、镉、钴、铬、铜、氟、汞、锰、镍、铅、硒、钒、锌）和3类有机污染物（六六六、DDT、多环芳烃）。调查采用统一的方法、标准，基本掌握了全国土壤环境质量的总体状况。

我国土壤环境状况总体不容乐观，部分地区土壤污染较重，耕地土壤环境质量堪忧，工矿业废弃地土壤环境问题突出。工矿业、农业等人为活动以及土壤环境背景值高是造成土壤污染或超标的主要原因。

全国土壤总的超标率为16.1%，其中轻微、轻度、中度和重度污染点位比例分别为11.2%、2.3%、1.5%和1.1%。污染类型以无机型为主，有机型次之，复合型污染比重较小，无机污染物超标点位数占全部超标点位的82.8%。

从污染分布情况看，南方土壤污染重于北方；长江三角洲、珠江三角洲、东北老工业基地等部分区域土壤污染问题较为突出，西南、中南地区土壤重金属超标范围较大；镉、汞、砷、铅4种无机污染物含量分布呈现从西北到东南、从东北到西南方向逐渐升高的态势。

#### 1.4.5.2 污染物超标情况

（1）无机污染物

镉、汞、砷、铜、铅、铬、锌、镍8种无机污染物点位超标率分别为7.0%、1.6%、2.7%、2.1%、1.5%、1.1%、0.9%、4.8%。

（2）有机污染物

六六六、DDT、多环芳烃3类有机污染物点位超标率分别为0.5%、1.9%、1.4%。

#### 1.4.5.3 不同土地利用类型土壤的环境质量状况

（1）耕地土壤点位超标率为19.4%，其中轻微、轻度、中度和重度污染点位比例分别为13.7%、2.8%、1.8%和1.1%，主要污染物为镉、镍、铜、砷、汞、铅、DDT和多环芳烃。

（2）林地土壤点位超标率为10.0%，其中轻微、轻度、中度和重度污染点位比例分别为5.9%、1.6%、1.2%和1.3%，主要污染物为砷、镉、六六六和DDT。

（3）草地土壤点位超标率为10.4%，其中轻微、轻度、中度和重度污染点位比例分别为7.6%、1.2%、0.9%和0.7%，主要污染物为镍、镉和砷。

（4）未利用地土壤点位超标率为11.4%，其中轻微、轻度、中度和重度污染点位比例分别为8.4%、1.1%、0.9%和1.0%，主要污染物为镍和镉。

#### 1.4.5.4 典型地块及其周边土壤污染状况

（1）重污染企业用地

在调查的690家重污染企业用地及周边的5846个土壤点位中，超标点位占36.3%，主要涉及黑色金属、有色金属、皮革制品、造纸、石油煤炭、化工医药、化纤橡塑、矿物制品、金属制品、电力等行业。

（2）工业废弃地

在调查的81块工业废弃地的775个土壤点位中，超标点位占34.9%，主要污染物为锌、汞、铅、镉、砷和多环芳烃，主要涉及化工业、矿业、冶金业等行业。

（3）工业园区

在调查的146家工业园区的2523个土壤点位中，超标点位占29.4%。其中，金属冶炼类工业园区及其周边土壤主要污染物为镉、铅、铜、砷和锌，化工类园区及周边土壤的主要污染物为多环芳烃。

（4）固体废物集中处理处置场地

在调查的188处固体废物处理处置场地的1351个土壤点位中，超标点位占21.3%，以无机污染为主，垃圾焚烧和填埋场有机污染严重。

（5）采油区

在调查的13个采油区的494个土壤点位中，超标点位占23.6%，主要污染物为石油烃和多环芳烃。

（6）采矿区

在调查的70个矿区的1672个土壤点位中，超标点位占33.4%，主要污染物为镉、铅、砷和多环芳烃。有色金属矿区周边土壤镉、砷、铅等污染较为严重。

（7）污水灌溉区

在调查的55个污水灌溉区中，有39个存在土壤污染。在1378个土壤点位中，超标点位占26.4%，主要污染物为镉、砷和多环芳烃。

（8）干线公路两侧

在调查的267条干线公路两侧的1578个土壤点位中，超标点位占20.3%，主要污染物为铅、锌、砷和多环芳烃，一般集中在公路两侧150m范围内。

目前我国已开展过的相关调查包括土壤污染状况调查、农产品产地土壤重金属污染调查等，初步掌握了我国土壤污染总体情况，但调查的精度尚难满足土壤污染防治工作需要。历时3年，继“大气十条”“水十条”之后，“土十条”正式出台。2016年5月31日下午，国务院正式向社会公开《土壤污染防治行动计划》（“土十条”）全文。“土十条”首要任务即“开展土壤污染调查，掌握土壤环境质量状况”。在现有相关调查的基础上，以农用地和重点行业企业用地为重点，开展土壤污染状况详查，2018年底前查明农用地土壤污染的面积、分布及其对农产品质量的影响；2020年底前掌握重点行业企业用地中的污染地块分布及其环境风险情况。2030年受污染耕地安全利用率达到95%以上。

## 1.5　土壤污染修复技术

### 1.5.1　土壤污染修复概述

土壤污染修复是指利用物理、化学和生物的方法转移、吸收、降解和转化土壤中的污染物，使其浓度降低到可接受水平，或将有毒有害的污染物转化为无害的物质。一般而言，土壤污染修复的原理包括改变污染物在土壤中的存在形态或同土壤结合的方式、降低土壤中有害物质的浓度，以及利用其在环境中的迁移性与生物可利用性。

欧美等发达国家已经对污染土壤的修复技术做了大量研究，建立了适合于遭受各种常见有机和无机污染物污染的土壤的修复方法，并已不同程度地应用于污染土壤修复的实践中。荷兰在20世纪80年代开始注重此项工作，并已花费约15亿美元进行土壤修复；德国1995年投资约60亿美元用于净化土壤；20世纪90年代美国在土壤修复方面投资了数百亿到上千亿美元，制订了一系列土壤污染修复计划。1994年，由美国发起并成立了“全球土壤修复网络”，标志着污染土壤的修复已经成为世界普遍关注的领域之一。在过去30年里，欧美国家纷纷制订了土壤修复计划，巨额投资研究了土壤修复技术与设备，积累了丰富的现场修复技术与工程应用经验，成立了许多土壤修复公司和网络组织，使土壤修复技术得到了快速发展。

国内在污染土壤修复技术方面的研究从20世纪70年代就已经开始，当时以农业修复措施的研究为主。随着时间的推移，其他修复技术的研究（如化学修复和物理修复技术等）也逐渐展开。到了20世纪末，污染土壤的植物修复技术研究在我国也迅速开展起来。总体而言，虽然我国在土壤修复技术研究方面取得了可喜的进展，但在修复技术研究的广泛性和深度方面与发达国家相比还有一定的差距，特别在工程修复方面的差距还比较大。

## 1.5.2 土壤污染修复技术

### 1.5.2.1 按修复位置分类

污染土壤的修复技术可以根据其位置变化与否分为原位修复技术和异位修复技术。原位修复技术指对未挖掘的土壤进行治理的过程，一般土壤没有什么扰动。这是目前欧洲最广泛采用的技术。异位修复技术指对挖掘后的土壤进行处理的过程。异位治理包括原地处理和异地处理两种。所谓原地处理，指发生在原地的对挖掘出的土壤进行处理的过程。异地处理指将挖掘出的土壤运至另一地点进行处理的过程。原位处理对土壤结构和肥力的破坏较小，需要进一步处理和弃置的残余物少，但对处理过程产生的废气和废水的控制比较困难。异位处理的优点是对处理过程条件的控制较好，与污染物的接触较好，容易控制处理过程产生的废气和废物的排放；缺点是在处理之前需要挖土和运输，会影响处理过的土壤的再使用，费用一般较高（表1-5-1）。

**原位与异位修复技术比较** **表1-5-1**

| 修复条件 | 原位修复技术 | 异位修复技术 |
|---|---|---|
| 土壤处理量 | 大 | 小 |
| 场地情况 | 污染物为石油、有机污染物、放射性废弃物等 | 污染物为高浓度油类、重金属、危险废弃物等 |
| | 污染物浓度低，分布范围广 | 污染物浓度高，分布相对集中 |
| | 安全保障相对困难 | 安全保障相对容易 |
| 处理量 | 长 | 短 |
| 费用 | 低 | 高 |
| 效率 | 低 | 高 |

### 1.5.2.2 按操作原理分类

土壤污染修复技术的种类很多，从修复原理来考虑大致可分为物理化学修复技术以及生物修复技术。

物理化学修复技术是指利用土壤和污染物之间的物理化学特性，以破坏（如改变化学性质）、分离或固化污染物的技术。主要包括土壤气相抽提、土壤淋洗、电动修复、化学氧化、溶剂萃取、固化/稳定化、热脱附、水泥窑协同处置、物理分离、阻隔填埋以及可渗透反应墙技术等。物理化学修复技术具有实施周期短、可用于处理各种污染物等优点。

生物修复技术是近20年发展起来的一项绿色环境修复技术，是指综合运用现代生物技术，破坏污染物结构，通过创造适合微生物或植物生长的环境来促进其对污染物的吸收和利用。土壤生物修复技术，包括植物修复、微生物修复、生物联合修复等技术。生物修复技术经济高效，通常不需要或很少需要后续处理，然而生物修复可能会导致土壤中残留更难降解且更高毒性的污染物，有时生物修复过程中也会生成一些毒性副产物。与物理化学修复技术相比，生物修复技术成本低、无二次污染，尤其适用于量大面广的污染土壤修复，但生物修复技术对于污染程度深的突发事件起效慢，不适宜用作突发事件的应急处理。

在修复实践中，人们很难将物理、化学和生物修复截然分开，这是因为土壤中所发生的反应十分复杂，每一种反应基本上均包含了物理、化学和生物学过程，因而上述分类仅是一种相对的划分。

目前土壤修复的各种技术都有特定的应用范围和局限性。尤其是物理化学修复技术，容易导致土壤结构破坏、土壤养分流失和生物活性下降。生物修复尤其是植物修复是目前环境友好的修复方法，但土壤污染多是复合型污染，植物修复也面临技术难题。

各种修复技术的特点及适用的污染类型见表1-5-2。虽然土壤的修复技术很多，但没有一种修复技术适用于所有污染土壤，相似的污染类型亦会因不同的土壤性质有不同的修复要求。土壤修复后作何用途等因素往往也会限制一些修复技术的使用，但大多修复技术在土壤修复后亦会或多或少带来一些副作用，并且往往因费用高、周期长而受到影响。

**各种修复技术的特点及适用的污染类型** 表1-5-2

| 类型 | 修复技术 | 优点 | 缺点 | 适用类型 |
|---|---|---|---|---|
| 生物修复 | 植物修复 | 成本低，不改变土壤性质、没有二次污染 | 耗时长，污染程度不能超过植物的正常生长范围 | 重金属，有机物污染等 |
| | 原位生物修复 | 快速、安全、费用低 | 条件严格，不宜用于治理重金属污染 | 有机物污染 |
| | 异位生物修复 | 快速、安全、费用低 | 条件严格，不宜用于治理重金属污染 | 有机物污染 |

续表

| 类型 | 修复技术 | 优点 | 缺点 | 适用类型 |
|---|---|---|---|---|
| 化学修复 | 原位化学淋洗 | 长效性、易操作、费用合理 | 治理深度受限，可能会造成二次污染 | 重金属、苯系物、石油、卤代烃、多氯联苯等 |
| | 异位化学淋洗 | 长效性、易操作、深度不受限 | 费用较高，淋洗液处理问题，二次污染 | 重金属、苯系物、石油、卤代烃、多氯联苯等 |
| | 溶剂浸提技术 | 效果好、长效性、易操作、治理深度不受限 | 费用高，需解决溶剂污染问题 | 多氯联苯等 |
| | 原位化学氧化 | 效果好、易操作、治理深度不受限 | 适用范围较窄，费用较高，可能存在氧化剂污染 | 多氯联苯等 |
| | 原位化学还原与还原脱氧 | 效果好、易操作、治理深度不受限 | 适用范围较窄，费用较高，可能存在氧化剂污染 | 有机物 |
| | 土壤性能改良 | 成本低、效果好 | 适用范围窄、稳定性差 | 重金属 |
| 物理修复 | 蒸汽浸提技术 | 效率较高 | 成本高，时间长 | 挥发性有机物（VOC） |
| | 固化修复技术 | 效率较好、时间短 | 成本高，处理后不能再农用 | 重金属等 |
| | 物理分离修复 | 设备简单、费用低、可持续处理 | 筛子可能被堵，扬尘污染、土壤颗粒组成被破坏 | 重金属等 |
| | 玻璃化修复 | 效率较好 | 成本高，处理后不能再农用 | 有机物、重金属等 |
| | 热力学修复 | 效率较好 | 成本高，处理后不能再农用 | 有机物、重金属等 |
| | 热解吸修复 | 效率较好 | 成本高 | 有机物、重金属等 |
| | 电动力学修复 | 效率较好 | 成本高 | 有机物、重金属等，低渗透性土壤 |
| | 换土法 | 效率较好 | 成本高，污染土还原处理 | 有机物、重金属等 |

#### 1.5.2.3 按功能分类

（1）污染物的破坏或改变技术

第一类技术通过热力学、生物和化学处理方法改变污染物的化学结构，可应用于污染土壤的原位或异位处理。

（2）污染物的提取或分类技术

第二类技术将污染物从环境介质中提取和分离出来，包括热解吸、土壤淋洗、溶剂萃取、土壤气相抽提等多种土壤处理技术。此类修复技术的选择与集成需基于最有效的污染物迁移机理以达成最高效的处理方案。例如，空气比水更容易在土壤中流动，因此，对于土壤中相对不溶于水的挥发性污染物，土壤气相抽提的分离效率远高于土壤淋洗或清洗。

（3）污染物的固定化技术

第三类技术包括稳定化、固定化以及安全填埋或地下连续墙等污染物固化技术。没有任何一种固化技术是永久有效的，因此需进行一定程度的后续维护。该类技术常用于重金属或其余无机物污染土壤的修复。当确定修复策略后，可供选择的具体修复技术便较为有限。

总的来说，土壤修复技术是运用异位或原位的物理、化学、生物学及其联合方法去除土壤及含水层中的污染物，是土壤功能恢复或再开发利用的综合性技术。

### 1.5.3 土壤污染修复技术的研究及应用

国际土壤污染修复技术研究历史长，工程化能力强，技术指标先进，集成度高，建立了以有机物降解与重金属钝化为核心的两大土壤污染修复技术体系。

我国土壤污染修复技术研究投入相对较少，聚焦不够，研究成果的应用与产业化程度低。核心技术机理不甚明晰，原创性不足；单项技术性能指标落后，实用性不强；技术集成度差，整体水平不高；工程化应用经验欠缺，成熟度低。在高标准、高投入、大团队进行技术研究方面，国内与国外的差距较大。

#### 1.5.3.1 土壤污染修复技术的研究

（1）欧美土壤污染修复技术的研究历程

早在20世纪50年代，欧美发达国家和地区就开始注重对有色金属和挥发性金属矿区污染土壤修复与生态恢复的研究。在经历土壤污染造成的“痛痛病”等环境事件后，国外土壤污染研究于20世纪60—70年代开始步入正轨。20世纪80年代，美国的场地治理与修复超级基金，对于污染土壤修复技术研究与工程应用起到了重要的推动作用。经过30年的研究和应用，在重金属和有机污染土壤的物理、化学、植物和微生物修复技术等方面取得了显著进展，在工程中得到应用，并已进入商业化阶段。

欧美等发达国家和地区在污染土壤及场地修复技术与设备研究、工程应用及产业化等方面均较成熟，已向复合或混合污染土壤的组合式修复、特大城市复合场地修复、多技术多设备协同的场地土壤-地下水综合集成修复、基于移动式设备的现场修复、适用于耕地土壤污染的非破坏性绿色修复等技术发展。

（2）我国土壤污染修复技术的研究历程

1949年以来，我国进行过三次土壤普查。第一次是20世纪50年代，规模及采集的数据都非常有限，资料也不完整；第二次是20世纪80年代初，规模宏大，涵盖了全国所有耕地土壤，资料齐全，其数据获得广泛应用。2022年开始进行第三次土壤普查。

土壤修复技术作为我国环境技术领域的一个重要研究方向，始于"十五"初期，对于污染场地土壤修复技术的研究则在"十一五"期间才开始。在"十一五"期间，环境保护部在全国土壤污染调查与防治专项中开展了"污染土壤修复与综合治理试点"工作，在受重金属、农药、石油腔、多氯联苯、多环芳烃及复合污染土壤治理修复方面取得了创新性和实用性技术研究成果。环境保护部对外经济合作中心（FECO）POPs履约办公室资助了多氯联苯、三氯杀螨醇、灭蚁灵、二噁英等污染场地调查、风险评估、修复技术研究，有效地支持了POPs污染场地的监管与履约工作。

自从2001年将土壤修复技术研究纳入国家高技术研究发展计划（"863"计划）资源环境技术领域以来，我国初步建立了部分重金属、持久性有机污染物、石油、农药污染土壤的修复技术体系。2009年，国家科技部设立了第一个污染场地修复技术研究项目典型工业场地污染土壤修复技术和示范，其中包括有机氯农药污染场地土壤淋洗和氧化修复技术、挥发性有机污染物污染场地土壤气提修复技术、多氯联苯污染场地土壤热脱附和生物修复技术、铬渣污染场地土壤固化稳定化和淋洗修复技术，这标志着我国工业企业污染场地土壤修复技术研究与产业化发展的开始。同期，科技部还资助开展了硝基苯污染场地和冶炼污染场地土壤及地下水污染修复技术研究与示范工作。

北京、上海、武汉、杭州、宁波、重庆、南京、沈阳、广州、兰州等地方政府开展了土壤修复技术研究与场地修复工程应用案例工作。例如，北京的染料厂、焦化厂场地修复，上海的世博会场址修复，武汉的染料厂、杭州的铬渣场及炼油厂场地修复，宁波的化工、制药厂场地修复，江苏的农药厂场地修复，重庆的化工厂场地修复，沈阳的冶炼厂场地修复，兰州的石化厂场地修复等，发展了焚烧、填埋、固化和稳定化、热脱附、生物降解等修复工程技术，为未来更多、更复杂污染场地的修复和管理提供了技术支撑和实践经验。

2014年，环保部启动建立土壤修复技术名录工作，对国内外先进的土壤修复技术进行收集、整理和筛选，为下一步建立适合我国国情的污染土壤修复技术体系打下基础。

近20年来，在国家"863"计划等项目支持下，我国土壤污染修复技术研究，于"十五"起步，"十一五"进步，"十二五"发展，"十三五"跨越，土壤修复技术应用和绿色修复产业化快速发展，在修复技术、装备及规模化应用上与先进国家的距离在加快缩短。技术支撑上，初步建立了场地土壤修复技术体系，快速、原位的土壤修复技术得到研究与应用；技术装备上，研制了能支持快速土壤修复的多种装备；技术产业上，研发的技术支撑了规模化应用及产业化运作。总体上，在农用地土壤污染管控与修复技术上，我国与发达国家并驾齐驱，有的已处领先地位；在建设用地方面，我国的土壤污染管控与修复技术水平与欧美国家相比尚有距离。

#### 1.5.3.2 土壤污染修复技术的应用

（1）欧美土壤污染修复技术的应用

根据美国国家环境保护局（EPA）的数据，2002—2005年EPA土壤修复项目中，原位修复技术的应用占优势地位，土壤气相抽提和生物修复技术应用最频繁。多相抽提被应用的次数逐渐增多，在4年使用技术中排名第三，76项中占了13项。化学处理技术的应用次数也有所增长，占2002—2005年原位修复技术中的12项。一些其他技术，包括焚烧（非现场）、热脱附，但选择较少。

在2005—2008年EPA土壤修复项目中，采用异位处理技术的修复项目约占65%，略多于采用原位处理技术的项目。相对而言，异位修复技术中又以物理分离和固化/稳定化较为常用，占异位修复项目的40%；原位修复技术中以土壤气相抽提最为常用，占原位修复项目的21%，其次为化学处理和固化/稳定化。固化/稳定化和土壤气相抽提可以分别有效处理土壤中的重金属污染和挥发性有机污染而被广泛采用。

2009—2011年EPA土壤修复项目中技术选择基本一致，但原位修复技术中化学处理的应用呈上升趋势，从7%上升到14%；异位修复技术中物理分离的应用有所增长，从21%增长到28%，固化/稳定化应用有所下降，从19%下降到13%。

整体而言，在2004年前修复项目中采用原位修复的比例逐年增加，且趋势明显，但在2004年后异位修复技术使用比例又开始显著上升。造成这种变化的原因主要有以下三点。

①作为全世界最先进行土壤修复的项目，可供参考的技术和经验相对较少，异位修复中焚烧以及固化稳定化技术因去除效率高及修复周期短而成为最简单易行的解决方案。随着技术及经验的积累，超级基金项目开始寻求更为经济的原位修复技术，其中土壤气相抽提技术得到长足发展，并在2004年前后达到顶峰。土壤气相抽提技术可以有效修复易挥发性有机污染场地，但对其他类型污染物效果有限，因此在易挥发性污染场地的修复项目基本完成后，原位修复技术采用比例开始下降。

② 2000年左右，一种新的经济有效的异位修复技术物理分离开始兴起，其被选用比例逐年提高。物理分离旨在将富集高浓度污染物的介质与无污染介质分离，大大减少待修复的土方量。

③相对而言，修复项目采用原位技术具有较大风险。从美国 1982—2005 年的土壤修复工程情况看，采用主流原位修复技术的项目完成率仅为 41%，而采用主流异位修复技术的完成率高达 80%。场地地层以及地质结构的不确定性导致原位修复技术的效果具有较大的不确定性，且需要更长的修复周期，甚至因为各种原因而无法达到修复目标。这些因素都导致原位修复技术被采用的比例在 2004 年后逐年下降。

欧洲各国根据国情，所采用的土壤修复技术存在明显差异。欧洲运用原位和异位热脱附、原位和异位生物处理、原位和异位物理化学处理技术修复污染场地的项目占所有统计项目的 69.17%。其中原位热脱附、原位生物处理和原位物理化学处理修复技术占 35.00%，异位热脱附、异位生物处理和异位物理化学处理修复技术占 34.17%，二者比重相当，其他修复技术占 30.83%。实际工程实施中，生物处理技术运用得最多，占到总数的 35.00%，其中原位生物处理占 18.33%，异位生物处理占 16.67%。土壤作为废弃物而不作为再生资源处理（包括挖掘处理技术、污染场地管制等）的工程项目在欧洲仍然占有较大比率（37%）。

（2）我国土壤污染修复技术的工程应用

土壤修复工程在我国的实施与发展也就在近十五年。土壤修复工程都是针对工业废弃地和油田，涵盖了化工、石化、电力、焦化、制药、电镀，以及钢铁和有色金属等行业。上海世博园区的土壤修复完成于 2008 年年底，共处理了 30 万 $m^3$ 污染土壤，是当时中国最大的土壤修复工程项目。该项目直接催生了中国第一部场地土壤质量评价标准和技术导则，开创了中国城市土地可持续发展的新纪元。

我国的土壤修复工程具有很明显的地域性，南方地区的土壤修复工程数量明显多于北方地区。江浙一带的土壤修复工程集中在化工企业废弃地，主要针对有机污染物。重金属污染土壤修复主要集中在我国矿业大省湖南、湖北两省。

表 1–5–3 对我国土壤修复工程使用到的技术方法做出统计。在这些工程项目中，多种处理方法联用的修复工程占到 44.2%，反映出我国土壤污染的复杂性，大量场地同时存在有机污染物和重金属。目前的技术手段中还没有哪一种能同时对这两类污染物都达到满意的处理效果，这也解释了我国土壤修复工程难度大、周期长、处理费用不菲的原因。

**我国土壤修复工程技术统计** **表 1–5–3**

| 处理方法 | 所占比例（%） | 处理方法 | 所占比例（%） |
|---|---|---|---|
| 固化 / 稳定化 | 20.6 | 气相抽提（SVE） | 7.4 |
| 水泥窑协同处置 | 19.1 | 淋洗技术 | 4.4 |

续表

| 处理方法 | 所占比例（%） | 处理方法 | 所占比例（%） |
| --- | --- | --- | --- |
| 热脱附／热解析 | 16.2 | 生物法 | 4.4 |
| 化学氧化 | 13.2 | 单一方法处理 | 55.8 |
| 填埋 | 11.8 | 多种方法连用 | 44.2 |

纵观我国土壤修复工程的技术方法，以物理化学法为主，生物处理技术的使用比例只占到4.4%，大多数情况下都是将污染土壤当作传统的固废进行处理。而在欧洲的土壤修复工程中，生物技术的应用比例已经占到35%。造成这种现状的主要原因如下：

①我国土壤修复的技术水平和工程经验都很有限，与此同时，国外先进技术还没有打开国内市场。尽管我国各类实验室报道出的土壤修复技术近百种，但这其中经得起推敲并能满足工程应用的却寥寥无几。

②我国的城镇化速度较快，对土地资源依赖重、需求大，很多修复工程需要在短期内完成，而污染场地的修复周期与修复难度和工程费用通常是相互制约的，因此限制了很多原位处理技术和生物修复技术的应用。

③我国的土壤修复工程投资都很高，少则几千万元，多则好几亿元，而这其中挖土方的费用占到了总投资的很大一部分，对于追求经济利益的乙方，更愿意选择技术简单、工期短且投资额大的方案。当处理重金属污染的场地时，最频繁使用到的是固化／稳定化和水泥窑协同处理。

### 1.5.4　土壤污染修复技术的发展趋势

目前，世界各国对土壤污染修复技术进行了广泛研究，取得了可喜的进展。采用单纯物理、化学方法修复污染严重的土壤具有一定的局限性，难以大规模处理污染土壤，并可能导致土壤结构破坏、生物活性下降和土壤肥力退化等问题。农业生态措施存在周期长、效果不显著的缺点。因此，各技术的联用已变成一种发展趋势，为克服各自弱点、发挥各自优势、提高整体修复效果提供了可能性。

（1）微生物－动物－植物联合修复技术

微生物（细菌、真菌）、动物（蚯蚓）与植物联合修复是土壤生物修复技术研究的新内容。筛选有较强降解能力的菌根真菌和适宜的共生植物是菌根生物修复的关键。种植紫花苜蓿可以大幅度降低土壤中多氯联苯浓度，根瘤菌和菌根真菌双接种能强化紫花苜蓿对多氯联苯的降解作用。利用能促进植物生长的根际细菌或真菌，发展植物与降解菌群协同修复技术、动物与微生物协同修复技术以及根际强化技术，促进重金属和有机污染物的吸收、代谢和降解，是生物修复技术新的研究方向。

（2）化学－生物联合修复技术

发挥化学或物理化学修复快速的优势，结合非破坏性的生物修复特点，发展化学－生物修复技术，是最具应用潜力的污染土壤修复方法之一。化学淋洗与生物联合修复是基于化学淋溶作用，通过增加污染物的生物可利用性而提高生物修复效率。利用有机配合剂的配位溶出，增加土壤溶液中重金属浓度，提高植物有效性，从而实现强化诱导植物吸收修复。化学预氧化与生物降解联合及臭氧氧化与生物降解联合等技术已经应用于污染土壤中多环芳烃的修复。

（3）电动力学－微生物联合修复技术

电动力学－微生物联合修复技术可以克服单独的电动技术或生物修复技术的缺点，在不破坏土壤质量的前提下，加快土壤修复进程。此联合技术已用来去除污染黏土矿物中的菲。硫氧化细菌与电动综合修复技术可用于强化污染土壤中铜的去除效果。应用光降解与生物联合修复技术可以提高石油中 PAHs 的去除效率。但目前来说，这些技术多处于室内研究阶段。

（4）物理－化学联合修复技术

土壤物理－化学联合修复技术多适用于污染土壤异位处理。其中，溶剂萃取与光降解联合修复技术是利用有机溶剂或表面活性剂提取有机污染物后进行光解的一项新的物理化学联合修复技术。例如，可以利用环已烷和乙醇将污染土壤中的多环芳烃提取出来后进行光催化降解。此外，可以利用 Pd、Rh 支持的催化与热脱附联合技术或微波热解与活性炭吸附技术修复多氯联苯污染土壤，也可利用光调节的 $TiO_2$ 催化修复受农药污染的土壤。

（5）植物－微生物联合修复技术

应用植物、微生物二者的联合作用对 PAHs 污染土壤的修复研究已有许多报道。该技术可以将植物修复与微生物修复两种方法的优点相结合，从而强化根际有机污染物的降解。一方面植物的生长为微生物的活动提供了更好的条件，特别是根际环境的各种生态因素能促进微生物的生长代谢，可形成特别的根际微生物群落；另一方面植物本身与环境污染物产生直接作用（如根系的吸收）和间接作用（如体外酶等生物活性物质的分泌等）。研究表明，用苜蓿草修复多环芳烃和矿物油污染的土壤时，投加特殊降解真菌，可不同程度地提高土壤 PAHs 降解率。

（6）化学－生物（生态化学）联合修复技术

化学－生物（生态化学）联合修复技术是近年来兴起的一种新技术，其中表面活性剂和环糊精等增溶试剂在化学与生物联合修复中具有重要作用，因此增效生物修复（EBR）是化学法与生物法相结合进行土壤修复的主要研究内容，也是土壤修复研究的前沿课题之一，有望成为土壤有机污染修复的实用技术，并被有关专家认为是21世纪污染土壤修复技术的创新和发展方向。该技术大致可分为两大类：一是利用土壤和蓄水层中的黏土，在现场注入季铵盐阳离子表面活性剂，使其形成有机土矿物，用来吸附和固定主要污染物，然后利用现场的微生物降解、富集吸附区的污染物，实现化学与微生物的联合修复；二是利用表面活性剂的增幅作用，增大水中疏水性有机污染物的溶解度，有机物被分配到表面活性剂胶束相中，使有机物被微生物吸收代谢。因此化学与微生物联合修复技术可加快有机污染物的降解。也有人将化学清洗法与微生物法相结合，对土壤中的油类污染的净化取得了较好的效果。在污染土壤的化学与生物联合修复中，有机污染物的增溶洗脱是前提，微生物降解或植物吸收积累是关键。

生态化学修复实质上是微生物修复、植物修复和化学修复技术的综合，与其他现有污染土壤修复技术相比，具有以下优势：

①生态影响小。生态化学修复注意与土壤的自然生态过程相协调，其最终产物为二氧化碳、水和脂肪酸，不会形成二次污染。

②费用低。生态化学修复技术吸取了生物修复的优点，因而其费用低于生物修复。与市场结合紧密，一旦投入市场，易被大众接受，基本不存在市场风险。

③应用范围广。可以应用于其他方法不适用的场地，同时还可处理受污染的地下水，一举两得。

④尽管生态化学修复在技术构成上复杂，但在工艺上相对简单，容易操作，便于推广。

总之，上述多种修复技术都可应用于污染场地的土壤修复，但是，目前没有一种技术可适用所有污染场地的修复。对污染物特性等重要参数合理的总结分析，有助于在特定场地选择和实施最合适的技术或方法。应根据场地条件、污染物类型、污染物来源、污染源头控制措施以及修复措施可能产生的影响，来确定整治战略和修复技术。

# 2 相关政策法规及管理体系

## 2.1 土壤污染政策法规标准

### 2.1.1 政策概况

目前，我国涉及土壤保护的法律法规主要有《中华人民共和国土壤污染防治法》《中华人民共和国环境保护法》《中华人民共和国刑法》《土地管理法》《土地管理法实施条例》《水土保持法》《土地复垦条例》《基本农田保护法》《农药安全使用标准》《农用污泥中污染物控制标准》《农田灌溉水质标准》和《土壤环境质量标准》。

近些年来，针对我国已污染场地数量巨大、亟待修复的问题，国家及有关部门相继出台了有关污染场地治理的政策。

2004 年，国家环保总局印发的《关于切实做好企业搬迁过程中环境污染防治工作的通知》，规定所有产生危险废物的工业企业、实验室和生产经营危险废物的单位，改变原土地使用性质时，必须对原址土壤和地下水进行监测分析和评价，并据此确定土壤功能修复实施方案。

2005 年，《国务院关于落实科学发展观加强环境保护的决定》颁布，要求对污染企业搬迁后的原址进行土壤风险评估和修复。

2007 年，国务院印发了国家环境保护“十一五”规划，将“重点防治土壤污染”列入重点领域，明确提出要“开展全国土壤污染现状调查，建立土壤环境质量评价和监测制度，开展污染土壤修复示范”，对土壤修复提出更加明确的要求及任务。

2011 年 12 月 15 日，国务院下发了《国家环境保护“十二五”规划》，将加强土壤环境保护纳入“十二五”期间需要切实解决的突出环境问题，要求强化土壤环境监管，加强重点行业和区域重金属污染防治，开展污染场地再利用的环境风险评估，将场地环境风险评估纳入建设项目环境影响评价，禁止未经评估和无害化治理的污染场地进行土地流转和开发利用。同时要求，到 2015 年，重点区域的重点重金属污染排放量要比 2007 年减少 15%，非重点区域的重点重金属污染排放量不超过 2007 年的水平。第一次将重金属排放作为约束性指标，同时限定总量排放。

2013 年 1 月 23 日，国务院办公厅印发了《近期土壤环境保护和综合治理工作安排》，指出要“加大环境执法和污染治理力度，确保企业达标排放；严格环境准入，防止新建项目对土壤造成新的污染。定期对排放重金属、有机污染物的工矿企业以及污水、垃圾、危险废物等处理设施周边土壤进行监测，造成污染的要限期予以治理”“以大中城市周边、重污染工矿企业、集中污染治理设施周边、重金属污染防治重点区域、集中式饮用水水源地周边、废弃物堆存场地等为重点，开展土壤污染治理与修复试点示范”“实施土壤环境基础调查、耕地土壤环境保护、历史遗留工矿污染整治、土壤污染治理与修复和土壤环境监管能力建设等重点工程”。

2014 年 2 月，环保部发布了《场地环境调查技术导则》HJ 25.1–2014 等 5 项污染场地系列环保标准，为污染场地治理提供技术指导和支持。这 5 项标准均为首次推出的国家性技术导则，构成了场地环境保护标准体系的总体框架。

2014 年 3 月，环保部常务会议通过《土壤污染防治行动计划》，选择 6 个重污染地区作为土壤保护和污染治理的示范区。预计单个示范区用于土壤保护和污染治理的财政投入在 10 亿～15 亿元之间。该计划的发布有利于推动我国土壤环保产业进一步发展，进入较大规模土壤修复实施阶段。

2014 年 10 月，环保部发布了《2014 年污染场地修复技术目录（第一批）》，共 15 项技术，进一步贯彻落实了《国务院关于加强环境保护重点工作的意见》，推进土壤和地下水污染防治技术普及，引导污染场地修复产业健康发展。

2014 年 12 月，环保部发布了《地下水环境状况调查评价工作指南》《地下水污染模拟预测评估工作指南》《地下水污染健康风险评估工作指南》《地下水污染防治区划分工作指南》《地下水污染修复（防控）工作指南》《全国地下水污染防治规划（2011—2020 年）实施情况评估工作指南》（以下简称《指南》）6 个文件。《指南》的印发试行实施，将进一步指导、推动各地开展地下水调查评估、污染修复、划分防治区、规划评估四个方面的地下水环境保护工作，健全我国地下水环境保护制度，对促进全国地下水污染防治规划落实和水污染防治行动计划编制实施，防治地下水污染，保障地下水环境安全具有重要意义。

2015 年 1 月我国环保部向媒体通报，《土壤环境质量标准》GB 15618–1995 的修订草案《农用地土壤环境质量标准》与《建设用地土壤污染风险筛选指导值》已完成征求意见稿，向社会公开征求意见。2015 年 5 月为贯彻落实《水污染防治行动计划》，推进《全国地下水污染防治规划（2011—2020 年）》《华北平原地下水污染防治工作方案》以及《财政部环境保护部关于推进水污染防治领域政府和社会资本合作的实施意见》的实施，加强对地下水环境保护工作的技术指导，促进地方有效开展地下水环境保护工作，环保部在全国地下水基础环境状况调查评估等相关工作成果基础上，组织编制了《地下水环境保护项目实施方案编制指南（征求意见稿）》。

2015年全国首个土壤污染防治地方法规《湖北省土壤污染防治条例（草案）》首次审议，并于2016年初表决通过。

2016年5月，国务院印发《土壤污染防治行动计划》（“土十条”），为土壤污染防治工作任务划定时间表。“土十条”明确，到2020年，全国土壤污染加重趋势得到初步遏制，土壤环境质量总体保持稳定，到2030年土壤环境风险得到全面管控；到21世纪中叶，土壤环境质量全面改善，生态系统实现良性循环。而在污染防治方面，浙江台州、湖北黄石、湖南常德、广东韶关、广西河池、贵州铜仁6市将建设土壤污染综合防治先行区，并已列入国家“十三五”规划纲要。“土十条”还特别明确了“谁污染，谁治理”的原则，造成土壤污染的单位或个人要承担治理与修复的主体责任。

### 2.1.2 土壤污染法律法规

环境污染问题随着社会和经济的发展日益突出。欧美国家已投入大量人力、物力对污染土壤进行治理：荷兰在20世纪80年代就投入15亿美元进行土壤的修复技术研究和应用试验；德国在1995年投资60多亿美元进行土壤修复；美国投入100多亿美元用于土壤修复技术开发研究。我国土壤污染的总体形势严峻，人多地少且土壤污染事件频发，对粮食安全、生态环境、人民身体健康和农业可持续发展构成严重威胁。土壤污染主要是由自然活动产生及不科学的人类改造引起，对大自然活动引起的土壤污染我们无能为力。但是，对于人为的不科学的活动造成的土壤污染，可以通过制定法律法规来引导人类的活动，对其加以干涉缓解。我国土壤污染的类型多样、污染途径多、原因复杂、控制难度大，修复技术的研究必然重要，但更重要的是增强全社会的防范治理意识，完善法律法规。

#### 2.1.2.1 土壤污染防治法律制度的概念

土壤污染防治法也称土壤污染控制法、土壤污染预防法，是指由调整土壤环境社会关系的一系列法律规范所组成的相对完整的规则体系，即国家对产生或可能产生土壤污染的原因及其活动（包括各种对土壤不利的人为活动）实施控制，达到保护土壤，进而保护人体健康和财产安全而制定的法律规范的总称。

#### 2.1.2.2 国外土壤污染防治法律

19世纪70年代初，欧美等发达国家就开始着眼于土壤污染问题，并开始研究土壤污染防治的立法工作。他们立法明确，有较为先进的法律制度，在土壤污染防治方面取得了一定的成效，美国、日本和德国的一些法律制度具有理论和实践上的指导意义。

（1）美国土壤污染防治法律制度体系

美国于20世纪中叶开始研究土壤污染有关立法和法律制度，走在世界的前列。伴随美国经济迅猛发展的还有环境污染事件，如美国中西部大草原的“黑风暴”现象，给当时的美国敲响了警钟，也引起了美国政府对于土壤污染的重视。

1935年，美国国会通过了《土壤保护法》，确立了土壤保护是国家的一项基本政策。此外，他们通过行政手段加以调整，在农业部中增设土壤保护局（现为自然资源保护局），国会也相继通过了一系列涉及建立土壤保持区、农田保护土地利用等法令。

1976年，美国国会针对固体废物对土壤的污染，制定了《固体废物处置法》（又称《资源保护和回收法》）。该法规定了固废污染物和其他危险物质的控制及相关预防措施。

20世纪70年代，由于缺乏有效的固体废物控制填埋管理，导致土壤“二噁英类物质”造成严重的污染事故，即“拉夫运河污染事件”。美国国会出台了具有重大意义的《环境应对、赔偿和责任综合法》。该部法律是美国在污染防治中一部重要的法律，尤其土壤信托基金为该法的实施提供资金支持。

20世纪90年代，大量工厂搬迁遗留的污染土壤的治理和恢复问题，再一次引起美国大众的关注。按照法律规定，这些污染的地块必须被修复后才能使用，但大多数棕色地块的污染是由以前的使用者造成，不应由后来的开发者承担治理污染的责任和费用。于是美国政府便相继出台了《纳税人减税法》和《小型企业责任免除和棕色地块振兴法》对《超级基金法》做出了相关的修改和补充，从而解决了由于工厂搬迁遗留的污染土壤的治理问题。

除此之外，美国政府还在土壤保护的其他方面实施了一系列的相关措施。如：对农民进行土壤保护的宣传，对农业的生产给予先进的技术指导，实时采集相关的数据，及时掌握土壤变化情况。通过这些措施的实施，加强了对土壤的保护工作，使污染防治工作取得了一定的效果。

纵观美国联邦政府在土壤保护中的有关立法，美国政府没有对土壤污染进行专门的立法。而是为了满足土壤污染防治的需要，对以《超级基金法》为核心的几部法律进行修订，规定了土壤污染的治理责任和赔偿的标准和依据。例如：为了有效治理工厂搬迁遗留的土壤污染问题，通过《小型企业责任免除和棕色地块振兴法》从而对《超级基金法》进行了相应的修正，规定免除了部分小规模企业的赔偿责任，从而推动了土壤污染风险管理和受污染土壤的再开发利用。除此之外，美国的《固体废物处置法》

《清洁水法》《安全饮用水法》《清洁空气法》《有毒物质控制法》等诸多的法律中对土壤污染防治都进行了相应的规定，从而形成了较为完备统一的土壤污染保护和土壤污染治理的法律制度体系（表 2-1-1）。

美国有关土壤污染防治的法律　　表 2-1-1

| 序号 | 法律名称 | 发布日期 | 主要内容 |
|---|---|---|---|
| 1 | 《土壤保护法》 | 1935 年颁布 | 美国关于土地保护的第一部法律 |
| 2 | 《固体废物处置法》 | 1976 年制定<br>1984 年修正 | 一部全面控制固体废物对土地污染的法律，重在预防固体废物危害人体健康和环境，修正案增补地下储存罐管理专章 |
| 3 | 《危险废物设施所有者和运营人条例》 | 1980 年颁布 | 详细规范了危险废物处理、储存和后续管理等各个环节，控制固体废物处置对土地的危害 |
| 4 | 《环境应对、赔偿和责任综合法》 | 1980 年颁布 | 对包括土地、厂房、设施等在内不动产的污染者、所有者和使用者以追究既往的方式规定了法律上的连带严格无限责任 |
| 5 | 《超级基金修订和补充法案》 | 1986 年颁布 | 针对环境问题发展过程中出现的新情况，美国政府颁布的一些修正和补充法案 |
| 6 | 《纳税人减税法》 | 1997 年颁布 | 政府从税收优惠方面完善了《超级基金法》 |
| 7 | 《小企业责任减免与棕色地带振兴法》 | 2001 年颁布 | 该法案中阐明了责任人和非责任人的界限，给小企业免除了一定的责任，并制定了适用于该法的区域评估制度，保护了无辜的土地所有者或使用者的权利 |

（2）日本土壤污染防治法律制度

日本具有全面系统的土壤污染防治方面的法律制度，为其他国家在土壤污染防治方面提供了先进的经验。

日本由于大力发展经济，遭受了严重的环境污染反噬，公害事件频发，特别是在 20 世纪 50—60 年代发生的由于土壤污染造成的“痛痛病”事件，使日本政府开始了在土壤污染防治方面的法律制度建设工作。

20 世纪 70 年代，日本制定出台了《农业用地土壤污染防治法》，该法主要针对农业用地土壤污染防治问题，使日本农用地的土壤污染得到了治理和改善。《农业用地土壤污染防治法》规定了“土壤污染区域制度”，要求都、道、府、县知事对于其管辖区域内的一定区域，根据农用地土壤及生产的农作物中所含特定有害物质的种类和数量，一旦确认该土壤生产的农作物可能会损害人的健康，或者该土壤所含有害物质影响和显然会影响农作物生长发育，且这些影响显然符合总理府令的诸要件时，都、道、府、县知事即可将该区域指定为有必要采取相应措施的对策区域。

其次，规定了“土壤污染对策计划制度”。包含如下主要内容：第一，对农用地特定有害物质受污染状况按地域进行划分，并分别就各自的利用制定相应的方针政策；第二，防止有关的农业设施发生变动，从而不利于污染的防控，并应当除去农用地土壤中的特定有害物质以及合理利用污染农用地而进行的名称变更等；第三，要加强农用地土壤中特定有害物质污染变化情况的监测和控制；第四，其他重要的相关事项。

《农业用地土壤污染防治法》还规定了“严格的污染物排放标准”，各都、道、府、县知事可以考虑本辖区内农用地土壤污染及造成污染的有害物质，并在污染物的数量和种类及其他方面制定较为严格的污染物排放标准。

工业用地的土壤污染问题，随着经济的发展和城市化进程的加快日益突出，为了解决城市和工业用地的土壤污染问题，2003 年又制定出台了《土壤污染对策法》。该法针对城市土壤污染防治的问题做出了详尽的规定，并设立诸如污染调查、污染治理措施等比较完善的土壤污染防治的法律制度。

《土壤污染对策法》是日本进行土壤污染防治工作主要的法律依据，代表着在土壤污染防治工作中的新成就。土壤污染调查从民间自发组织到依据法律法规的明文要求开展实施，在推动土壤污染防治过程中起着举足轻重的作用。在这部法律之中对土壤污染调查中的超标地域的划定、地域范围、调查机构、报告和监测制度等方面进行详细的规定，从而形成了以土壤污染调查制度为核心，以信息公开、中小企业污染调查免责和污染调查基金等制度为保障的土壤污染防治法律制度体系，使日本的土壤污染防治工作达到了一个更高的层次。

可以看到，日本在土壤污染方面主要是分别对农业和工业所造成的污染加以规定。除《农用地土壤污染防治法》和《土壤污染对策法》为主的法律之外，在日本还有许多与之相配套的法律法规，在这些法律之中对土壤污染防治问题进行了详细规定，逐步形成了交叉立体的防治体系，规定了较为全面的污染防治和保护的法律制度，构成了较为完备的土壤污染防治法律制度体系，从而利于土壤污染防治的开展，推动了日本土壤污染防治事业的科学发展。

（3）德国土壤污染防治法律制度

德国在土壤污染防治方面有关的各项法律制度和实践操作都有着较为先进的经验，对其他国家土壤污染防治影响很大。

德国涉及土壤污染防治方面的法律法规主要有 1999 年 3 月实施的《联邦土壤保护法》《联邦土壤保护与污染地条例》和《建设条例》等。《联邦土壤保护法》提供了土壤污染清除计划和修复条例；《联邦土壤保护与污染地条例》是德国实施土壤保护法律方面的主要举措；《建设条例》则涵盖了土地开发、限制绿色地带（green field，指未被污染、可开发利用的土地）开发方面的法规，并制定了土壤处理细则方面的基本指南。

《联邦土壤保护法》是德国第一部在土壤污染防治方面比较系统全面的法律，对于其他土壤污染防治法律具有指导意义。

首先，详细规定了在调整对象上其他有关土壤污染防治法律中尚未涉及的内容，具有一定的补充作用。如果关于其他问题的法律仅仅做出了一般性规定，那么土壤保护法必定会对这些条款的解释产生影响。现实中，这将意味着污染防治法中的土壤保护条款属于联邦污染防治法的一个组成部分，但却须用联邦土壤保护法中的条款进行充实和解释。如果关于其他问题的法律没有明确规定适用于某一具体领域，则土壤保护法全面适用于该领域。其次，规定了污染防治的义务主体，规定了每个土地使用者或所有者有防止土壤污染和清除土壤污染的义务。也规定了政府的责任，要求政府部门要根据土壤的价值有关要求制定和出台相关的法律法规，从而达到防止土壤污染发生有害变化，并要求行政部门全面负责土壤的监测工作，行政机关可以要求土地所有者采取一定的自我监控措施，并应当按照相关要求将监测结果告知行政机构。此外，还规定了农业用地利用的相关内容。“农业中良好的专业工作的特征是持续保持土壤的肥沃性和土壤作为自然资源的生产能力。”这些规定在一定程度上体现了防止土壤污染的要求。

《联邦土壤保护与污染地条例》是德国在具体实施土壤保护方面重要的法律，在制定法律的同时也规定了相应的实体性附件，从而具有更强的实践操作性。该条例规定了污染的可疑地点、污染地和土壤退化的调查和评估，规定了抽样、分析与质保的要求。同时，条例还规定了通过保护和限制、消除污染、防止污染物质泄漏等具体措施来防范危险的发生，并对于土壤的治理调查和整治计划都做出了一定的补充规定。该条例还对防止土壤退化的要求进行了相关规定，最后，详细规定了启动值、行动值、风险预防值以及可允许的附加污染额度。

德国政府在土壤污染防治过程中不断地将这两部法律与其他法律进行整合，从而使德国的土壤保护在可能造成土壤污染或土壤退化方面的相关规定更加的具体，使其具有更强的实践性和可操作性。

### 2.1.3 我国现行土壤污染防治法律制度

面对日益严重的环境污染，应看到法律在环境保护和污染防治方面的重要作用，采取法律手段进行保护和防治。首先，法律手段具有稳定性的特点。环境的污染是一个长期的问题，相对稳定的法律可以使那些守法者减少投机的心理，更主动地保护环境。其次，法律具有强制性，可直接对违法者进行罚款等相应的处罚；同时对该违法者产生负面的评价，使违法者能够认识到自身形象的重要性，从而做到很好的守法。

1. 有关土壤污染防治的综合性法律法规

我国土壤污染防治事业起步较早，在“六五”时期就已被提出，但随后发展比较缓慢。为达到保护环境的目的，我国已经制定出台了一系列的法律法规来指引和规范公众的行为。陆续出台了《大气污染防治法》《水污染防治法》《固体废弃物污染防治法》等专门的污染防治法律。这些法律规范从不同角度、不同途径对我国当前的土壤污染防治起到了一定的积极性效果。但土壤作为重要的一个环境要素，没有制定专门的污染防治法律，相关的法律规定和法律制度没有形成统一的系统。

综合性环境保护法律法规是对整体环境以及合理开发、利用和保护、改善环境资源等重大问题做出规定的法律法规（表 2-1-2）。目前我国的综合性法律中涉及土壤污染防治的内容包括，《宪法》第二十六条第一款规定：“国家保护和改善生活环境和生态环境，防治污染和其他公害。”因此从这一层面来讲，国家根据宪法的有关规定有义务和责任来对土壤的污染进行防治。《环境保护法》第一条规定：“为保护和改善环境，防治污染和其他公害，保障公众健康，推进生态文明建设，促进经济社会可持续发展，制定本法”，该条作为《环境保护法》制定的目的，同时也说明了要进行“污染的防治”，而在第三十三条中明确规定：“各级人民政府应当保护和防治农业环境中的土壤污染”。

**有关土壤污染防治的综合性法律　　表 2-1-2**

| 序号 | 法律名称 | 发布日期 | 土壤防治相关法条 | 土壤防治相关法条主要内容 | 相关行政主体 | 法律责任的规定 |
|---|---|---|---|---|---|---|
| 1 | 宪法 | 1982 年 12 月 4 日 | 第 9、10、26 条 | 合理利用土地，保护改善环境 | 国家资源保护相关部门 | 无 |
| 2 | 环境保护法 | 1989 年 12 月 26 日（2014 年 4 月 24 日修正） | 第 18~34 条（第 28~52 条） | 对包括土壤在内的环境因素综合性立法保护 | 各级环境保护主管部门、各级人民政府相关主管部门 | 行政处罚、民事责任、刑事责任 |
| 3 | 刑法 | 1979 年 7 月 1 日（2020 年 12 月 26 日修正） | 第 338、346 条 | 破坏环境资源罪 | 司法机关 | 刑事责任 |

2. 有关土壤污染防治的单行法律规定

随着污染形势的日益严峻，相关单行法律中也越来越多地涉及土壤污染防治。

单行法中直接对土壤起到保护作用的主要有农业环境保护方面和污染防治方面的法律。

（1）在农业环境保护方面，《农业法》第五十八条规定："农民和农业生产经营组织应当保养耕地，合理使用化肥、农药、农用薄膜，增加使用有机肥料，采用先进技术，保护和提高地力，防止农用地的污染、破坏和地力衰退。"该条中提到在农业的生产劳动中应当注意化肥和农药的使用，从而达到防止土壤污染和破坏的目的。

《基本农田保护条例》第十九条规定："国家提倡和鼓励农业生产者对其经营的基本农田施用有机肥料，合理施用化肥和农药。利用基本农田从事农业生产的单位和个人应当保持和培肥地力。"第二十三条："县级以上人民政府农业行政主管部门应当会同同级环境保护行政主管部门对基本农田环境污染进行监测和评价，并定期向本级人民政府提出环境质量与发展趋势的报告。"规定了有关的行政部门应当作出环境质量报告。同时也对城市垃圾向农村转移作出了规定，在第二十五条中规定："向基本农田保护区提供肥料和作为肥料的城市垃圾、污泥的，应当符合国家有关标准。"

《土地管理法》第三十五条规定："各级人民政府应当采取措施，维护排灌工程设施，改良土壤，提高地力，防止土地荒漠化、盐渍化、水土流失和污染土地。"

在环境污染防治的法律中也有相关的规定。《水污染防治法》第五十一条："向农田灌溉渠道排放工业废水和城镇污水，应当保证其下游最近的灌溉取水点的水质符合农田灌溉水质标准。利用工业废水和城镇污水进行灌溉，应当防止污染土壤、地下水和农产品。"《固体废物污染环境防治法》第十八条规定："国家鼓励科研、生产单位研究、生产易回收利用、易处置或者在环境中易消纳的农用薄膜。使用农用薄膜的单位和个人，应当采取回收利用等措施，防止或者减少农用薄膜对环境的污染。"

（2）2019年，《中华人民共和国土壤污染防治法》（简称《土壤污染防治法》）正式实施，这是我国首次为规范防治土壤污染而专门制定的法律。《土壤污染防治法》在以预防为主、保护优先、风险管控、分类管理、污染担责、公众参与原则的基础上，明确了土壤污染防治规划，土壤污染风险管控标准，土壤污染状况普查和监测，土壤污染预防、保护、风险管控和修复等方面的基本制度和规则。

## 2.2 固体废物的管理体系与方法

### 2.2.1 防治固体废物污染的基本对策

#### 2.2.1.1 防治固体废物污染的战略

树立以可持续发展理念为核心的科学发展观，推行循环经济发展模式，构建节约型社会，实施“3C战略”：避免产生（Clean）、综合利用（Cycle）、妥善处置（Control）。

循环经济是以可持续发展理念为核心并在其指导下，按照清洁生产的方式，对能源及其废物实行综合利用的生产活动过程。它要求把经济活动组成一个“资源—产品—再生资源”的反馈式流程。与传统经济相比，循环经济的不同之处在于：传统经济是一种由“资源—产品—污染排放”所构成的物质单向流动的经济。在这种经济中，人们以越来越高的强度把地球上的物质和能源开发出来，在生产加工和消费过程中又把污染和废物大量地排放到环境中去，对资源的利用常常是粗放的和一次性的，通过把资源持续不断地变成废物来实现经济的数量型增长，导致了许多自然资源的短缺与枯竭，并酿成了灾难性的环境污染。与此不同，循环经济倡导的是一种建立在物质不断循环利用基础上的经济发展模式。它要求把经济活动按照自然生态系统的模式组织成一个“资源—产品—再生资源”的物质反复循环流动的过程，使得整个经济系统以及生产和消费的过程基本上不产生或者只产生很少的废物，实现自然资源的低投入、高利用和废物的低排放，从而从根本上消解了长期以来环境与发展之间所形成的尖锐冲突。

简言之，循环经济是按照生态规律利用自然资源和环境容量，实现经济活动的生态化转向。它是遵循科学发展观、实施可持续发展战略的必然选择和重要保证。实施这一战略，防治和消除固体废物对环境的污染已是我国当务之急。

面对包括固体废物污染在内的严重环境危机，我们必须从可持续发展的战略高度，传承“人与自然和谐”这一中国传统文明的核心内涵，把防治和消除包括固体废物污染在内的环境问题不仅作为一个亟待解决的专业技术问题，而且上升到一个政治问题的高度，彻底摒弃扭曲的发展观。

除宏观和政策层面的因素外，还必须强调的是防治固体废物的污染不仅是技术范畴的问题，而且在相当大的程度上取决于人们的观念、认识和态度。因此，更新观念、增强人们的环保意识，树立“构建节约型社会、人人有责”的风尚，是从思想观念上确保防治固体废物污染战略实施的关键所在。

#### 2.2.1.2 战略基本点

1. 改变污染控制战略，由末端控制转向前端控制

彻底摒弃“先污染后治理”的传统防治理念。尽最大努力避免或减少固体废物的产生；而对已产生的固体废物则尽最大可能综合利用；对那些无法利用的废物进行无害化处理处置，使其最终合理地还原于自然之中。

2. 实施污染防治“三化”

我国的技术政策主要是“三化”，即资源化、无害化、减量化，并在相当长的时

间内以无害化为主。我国技术政策的发展趋势是：从无害化走向资源化，资源化是以无害化为前提的，无害化和减量化则应以资源化为条件。

（1）减量化

减量化是指采取措施减少固体废物的产生量和排放量。由减量化的概念可以看出减量化分为两个层次：一是减少产生量，二是减少排放量。减量化技术的目标是对已产生的废物进行处理。其目的是减少最终处置的数量和体积，减轻对于处理所需场地的巨大压力和对环境的潜在污染威胁。图 2-2-1 为固体废物减量化的途径。

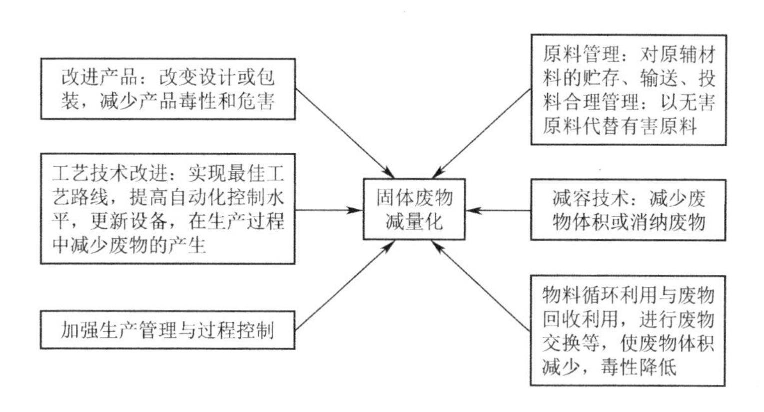


图 2-2-1　固体废物减量化途径

①城市生活垃圾的减量化。对城市生活垃圾，主要通过提倡绿色消费来实现减少其产生量。对于已经产生的城市生活垃圾，则主要采用焚烧、堆肥等方法来达到减少其排放量的目的。

②工业固体废物的减量化。减少工业固体废物产生量主要通过清洁生产来实现，已经产生的工业固体废物，绝大部分是废渣，基本上可以采取较好的减量措施，得到较好的综合利用。工业固体废物减量化技术主要是分选、破碎、压实、浓缩、脱水等工艺。

③危险废物的减量化。危险废物和工业固体废物相似，减少其产生量的方法是清洁生产。清洁生产是随着技术的进步而发展的，对产生的危险废物进行处理的分选、破碎、压实、浓缩、脱水等方法也已经成熟，但危险废物减量化效果最好的焚烧技术，目前依然是薄弱环节，亟待改进。此外，焚烧亦是实现固体废物减量化、资源化和无害化最有效和最重要的方法之一。

（2）无害化

无害化是指对已产生但无法或暂时尚不能进行综合利用的固体废物，进行消除和降低环境危害的安全处理处置，以减轻这些固体废物的污染影响。无害化技术主要包括稳定化/固化技术和填埋处置技术。无害化技术主要针对危险废物而言，其中也包括城市生活垃圾中的特殊危险废物，危险废物不能或暂时不能资源化综合利用或减量化处置时，就要使用无害化技术使其稳定化并进行安全填埋，以保证环境和人类健康的安全。

（3）资源化

资源化是指对已经产生的固体废物进行回收、加工、循环利用和其他再利用。大部分固体废物实际上是"被放错地方的资源"，具有资源和能源利用的价值。以冶金工业废渣为例，它是冶炼过程的必然产物，富集了炉料经冶炼提取某种金属后剩余的多种有价元素。这些元素对冶金产品可能是有害的，但对另外一种产品则可能是重要的原料（资源）。因此在使固体废物得到无害化处理的同时，努力实现其资源的再生利用已经成为当代废物处理的方向。尤其是实施循环经济发展模式更需如此。资源化利用是实现固体废物资源化、减量化的最重要手段之一，在废物进入环境之前，对其加以回收、利用，可以大大减轻后续处理的负荷。因此，在固体废物处理处置技术体系的建立过程中，应该把资源化原则放在首要位置，并按照资源化要求设计和采取必要的工艺、处理措施，千方百计地去实现固体废物的资源化。

①城市生活垃圾的资源化。城市生活垃圾中可以回收、再利用的废物较多，如废纸、废塑料、废玻璃、废橡胶、废电池、废旧金属等。我国物资回收部门设置了大量的废品回收网点，城市生活垃圾中绝大部分的有用物质得到了回收和利用，有效地控制了城市生活垃圾的增长。此外，垃圾中的可降解有机废物，包括厨房废物、庭院废物和农贸市场废物等，是生产有机肥料的上好原料。回收、利用垃圾中的这些废弃资源，不但可以减少最终需要无害化处置的垃圾量，减轻对环境的污染，而且能够节约资源和能源，并减少垃圾的处理处置费用。所以垃圾资源化是解决城市生活垃圾问题的一个重要途径。图 2-2-2 为城市生活垃圾物流图。

②工业固体废物的资源化。工业固体废物绝大部分是废渣，我国目前工业固体废物资源化综合利用的途径和应用技术，大部分停留在回填、农用、生产建筑材料、筑路材料等较低层次，在科技进步和产业发展进程中，对于量大面广的废物，如粉煤灰、煤矸石、高炉渣、钢渣等高附加值、深加工的资源化技术和产品，开始出现并得到较好的推广。

③危险废物的资源化。危险废物的资源化一是通过新的清洁生产工艺，尽可能在工艺中利用；二是通过现代技术手段实现废物资源化和能源的回收；三是通过分散收集，集中处置，利用其中的有用成分，如化学工业中的铬渣，在经过回收利用后已经能够生产铬渣砖、铬渣铸石、钙镁磷肥、彩色水泥、钙铁粉等多种产品。

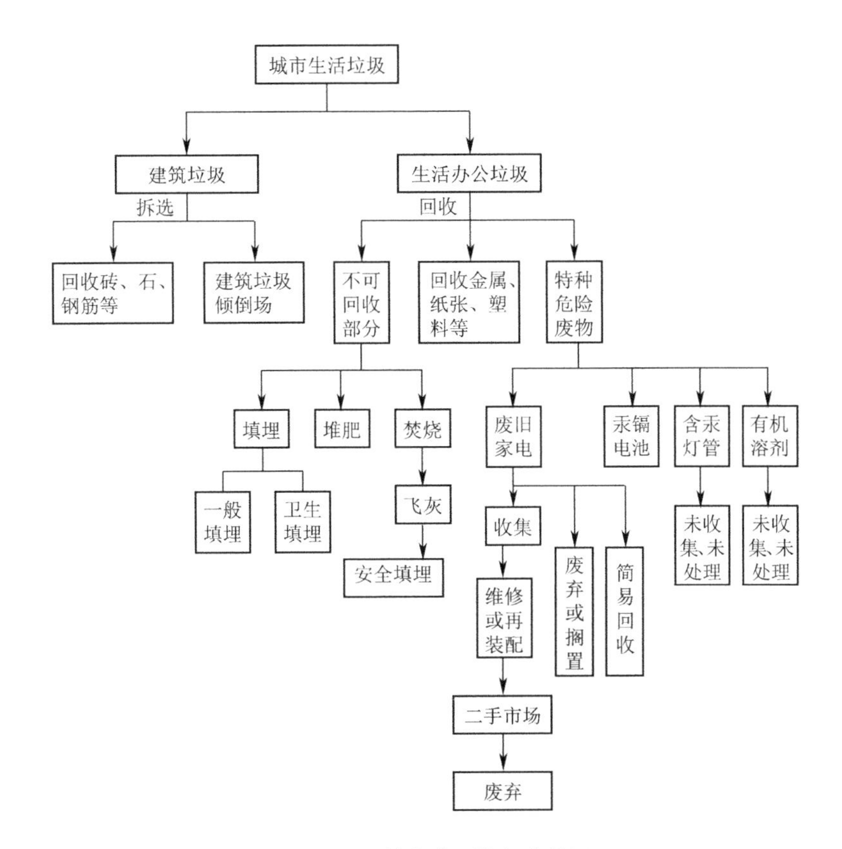


图 2-2-2　城市生活垃圾物流图

## 2.2.2　固体废物的管理体系

### 2.2.2.1　固体废物管理体系

该体系以环境保护主管部门为主，结合有关的工业主管部门以及城市建设主管部门，共同对固体废物实行全过程管理。固体废物的管理包括固体废物的产生、收集、运输、贮存、处理和最终处置等全过程的管理，即在每一个环节都将其当作污染源进行严格控制。图 2-2-3 表示的是固体废物管理过程。

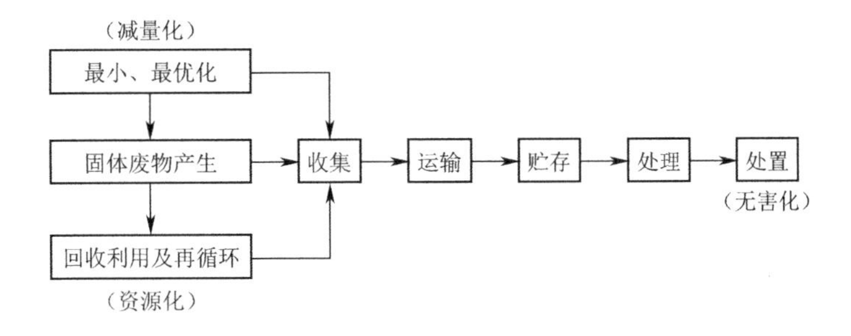


图 2-2-3　固体废物管理过程

#### 2.2.2.2 固体废物管理程序及管理内容

（1）产生

对固体废物的产生者，要求其按照有关规定将所产生的废物分类，并用符合法定标准的容器包装，做好标记，进行登记，建立废物清单，待收集运输者运出。

（2）容器

对不同的固体废物要求采用不同容器包装。为了防止暂存过程中产生污染，容器的质量、材质、形状应能满足所装废物的标准要求。

（3）贮存

贮存是指将固体废物临时置于特定设施或者场所中的活动。贮存管理是指对固体废物进行处理处置前的贮存过程实行严格控制。

（4）收集运输

收集管理是指对各厂家的收集实行管理。运输管理是指对收集过程中的运输和收集后运送到中间贮存处或处理处置场（厂）的过程实行控制。

（5）综合利用

综合利用是指从固体废物中提取物质作为原材料或者燃料的活动。综合利用管理包括农业、建材工业、回收资源和能源过程中对于废物污染的控制。

（6）处理处置

处理处置是指将固体废物焚烧和用其他改变固体废物的物理、化学、生物特性的方法，达到减少已产生的固体废物数量、缩小固体废物体积、减少或者消除其危险成分的活动，或者将固体废物最终置于符合环境保护规定要求的填埋场的活动。处理处置管理包括有控堆放、卫生填埋、安全填埋、深地层处置、海洋投弃、焚烧、生化解毒和物化解毒等。

#### 2.2.2.3 固体废物管理的基本原则

在经历了众多污染事故与沉痛教训之后，人们越来越意识到对固体废物实行严格管理的重要性，于是出现了“从摇篮到坟墓”（Cradle to Grave）的固体废物管理全过程的新概念。

这里必须指出的是，固体废物的管理是十分复杂的，实现比较完善的管理任务还是十分艰巨的。其原因有三：一是固体废物的种类繁多、性质复杂，而且数量还在不断增加。不管是发达国家还是发展中国家，都难以通过比较完善的分类管理方式实现固体废物的管理。二是不断产生的新类别固体废物，有的难以通过经济和技术手段来达到资源化、减量化和无害化的目的；有的则是以现有的科学技术水平，还难以掌握和了解其危害的潜在性和持久性，其处理处置行为更无从谈起。三是固体废物来源广泛，产生于人类活动的各个方面，难以用传统分类管理的方法实现比较完善的管理。

### 2.2.3 固体废物的管理方法

我国固体废物的管理至少应包括以下两个方面：一是划分有害固体废物和非有害固体废物的种类和范围；二是完善《固废法》和加大执法力度。

#### 2.2.3.1 建章立制，依法管理

我国全面开展环境立法的工作始于20世纪70年代末期。在1978年的宪法中，首次提出“国家保护环境和自然资源，防治污染和其他公害”的规定。1979年公布了《中华人民共和国环境保护法》，这是我国环境保护的基本法，对我国环境保护工作起着重要的指导作用。此后，《中华人民共和国水污染防治法》《中华人民共和国大气污染防治法》等相继颁布。我国于1985年开始组织人力制定《中华人民共和国固体废物污染环境防治法》，历时10年，终于于1995年10月3日颁布，并于1996年4月1日正式实施。上述立法，对促进和加强我国固体废物的管理工作起着重要的作用。需要指出的是，由于我国对防治固体废物污染的立法起步较晚，法规、标准的数量有限，目前尚没有形成完整的法规体系，远远不能满足固体废物环境管理的需要，也限制了其他有关标准的制定。为此，《固废法》分别于2004年和2020年做出两次修订，其余的2013年、2015年和2016年分别做了3次修正。新《固废法》已于2020年9月1日起施行，本次修订在全面总结实践经验基础上，明确固体废物环境防治坚持减量化、资源化和无害化原则。

（1）国际相关规定——《巴塞尔公约》

近年来，危险废物的越境转移和处置已成为国际重大环境问题之一。为此，1989年3月，在瑞士巴塞尔召开了“控制危险废物越境转移及其处置全球公约”外交大会，并一致通过《控制危险废物越境转移及其处置巴塞尔公约》（简称《巴塞尔公约》）。公约由序言、二十九项条款和六个附件组成，内容包括公约的管理对象和范围、定义、一般义务、缔约国主管部门和联络的指定、缔约国之间危险废物越境转移的管理、非法运输的管制、缔约方的合作、秘书处的职能、解决争端的办法和公约本身的管理程序等。

（2）我国的固体废物管理制度

根据我国国情，并借鉴国外的经验和教训，《固废法》制定了一些行之有效的管理制度。

①分类管理体制。固体废物具有量大面广、成分复杂的特点，因此《固废法》确

立了对城市生活垃圾、工业固体废物和危险废物分别管理的原则，明确规定了主管部门和处置原则。

②工业固体废物申报登记制度。为了使环境保护主管部门掌握工业固体废物和危险废物的种类、产生量、流向以及对环境的影响等情况，进而有效地防治工业固体废物和危险废物对环境的污染，《固废法》要求实施工业固体废物和危险废物申报登记制度。

③固体废物污染环境影响评价制度及其防治设施的“三同时”制度。环境影响评价制度和“三同时”制度是我国环境保护的基本制度，《固废法》进一步重申了这一制度。

④排污收费制度。排污收费制度也是我国环境保护的基本制度。但是，固体废物的排放与废水、废气的排放有着本质不同。废水、废气排放进入环境后，可以在自然中通过物理、化学、生物等多种途径进行稀释、降解，并有着明确的环境容量。而固体废物进入环境后，并没有被其形态相同的环境体接纳。固体废物对环境的污染是通过释放出的水和大气污染物进行的，而这一过程是长期的和复杂的，并且难以控制。因此，严格意义上讲，固体废物是严禁不经任何处置排入环境当中的。还应说明的是，任何单位都被禁止向环境排放固体废物。而固体废物排污费的缴纳，则是对那些在按照规定和环境保护标准建成工业固体废物贮存或者处置设施、场所，或者经过改造这些设施、场所达到环境保护标准之前的工业固体废物而言的。

⑤限期治理制度。《固废法》规定，没有建设工业固体废物贮存或者处置设施、场所，或者已建设但不符合环境保护规定的单位，必须限期建成或者改造。实行限期治理制度是为了解决重点污染源污染环境问题。对于排放或者处理不当的固体废物造成环境污染的企业和责任者，实行限期治理，是有效地防治固体废物污染环境的措施。限期治理就是抓住重点污染源，集中有限人力、财力和物力，解决最突出的问题。如果限期内不能达到标准，就要采取经济手段以至停产。

⑥进口废物审批制度。按《固废法》规定，“禁止中国境外的固体废物进境倾倒、堆放、处置”“禁止经中华人民共和国过境转移危险废物”，为此，国家环保局与相关管理部门联合颁布了《废物进口环境保护管理暂行规定》以及《关于全面禁止进口固体废物有关事项的公告》。

⑦危险废物经营单位许可证制度。危险废物的危险特性决定并非任何单位和个人都能从事危险废物的收集、贮存、处理、处置等活动。从事危险废物的收集、贮存、处理、处置活动，必须既具备达到一定要求的设施、设备，又有相应的专业技术能力等条件。必须对从事这方面工作的企业和个人进行审批和技术培训，建立专门的管

理机制和配套的管理程序。因此，对从事这一行业的单位的资质进行审查是非常必要的。

⑧危险废物转移报告单制度。危险废物转移报告单制度的建立是为了保障危险废物运输安全以及防止危险废物的非法转移和非法处置，保证危险废物的安全监控，防止危险废物污染事故的发生。

我国固体废物环境管理法律法规体系如图 2-2-4 所示。

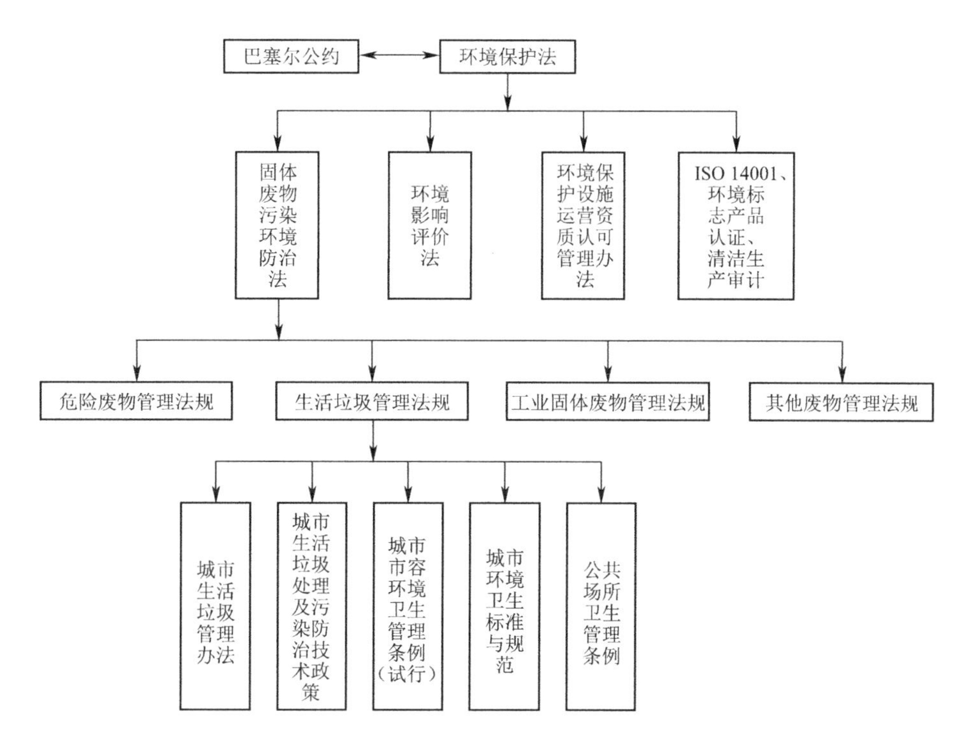


图 2-2-4　我国固体废物环境管理法律法规体系

#### 2.2.3.2　危险废物特殊管理

（1）特殊管理的必要性

危险废物在整个固体废物中，虽然占的比例较小（一般只占 10%），但危害巨大。危险废物在工业生产、医疗、科学研究和生活办公过程中均有产生。工业生产中的危险废物，其成分比较简单且容易回收利用，一般都得到了资源化利用。应该指出的是，相当部分的危险废物由于其中还有可利用成分，被企业非法售卖，售卖后经简单处理用于农业和其他工业生产，实际上属于间接向环境排放；也有一些部门企业直接向环境排放危险废物。因此，必须强化对危险废物的管理。我国危险废物管理法规体系如图 2-2-5 所示。

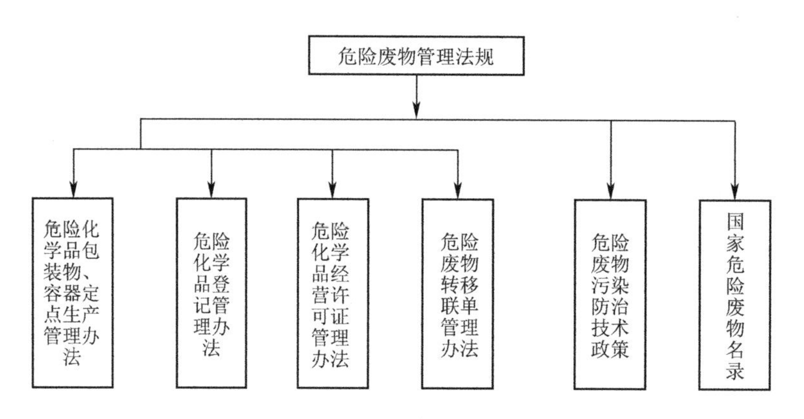


图 2-2-5　我国危险废物管理法规体系

（2）危险废物的鉴别

①名录法。名录法是根据经验与试验，将危险固体废物的品名列成一览表，将非危险固体废物列成排除表，用以表明某种固体废物属于危险固体废物或非危险固体废物，再由国家管理部门以立法形式予以公布。

2020 年 11 月 25 日，生态环境部、国家发展改革委、公安部、交通运输部和国家卫生健康委发布了修订的《国家危险废物名录（2021 年版）》，共计列入 467 种危险废物。

②鉴别法。鉴别法是在专门的立法中对危险废物的特性及其鉴别分析方法以“标准”的形式予以规定。依据鉴别分析方法，测定废物的特性，如易燃性、腐蚀性、反应性、放射性、浸出毒性以及其他毒性等，进而判定其属于危险固体废物或非危险固体废物，再由国家管理部门以立法形式予以公布。

《危险废物鉴别标准 通则》GB 5085.7—2019（简称《通则》）和《危险废物鉴别技术规范》HJ 298—2019（简称《技术规范》）都于 2020 年 1 月 1 日起实施。《通则》和《技术规范》是危险废物鉴别体系中的两项重要标准。《通则》规定了危险废物鉴别的程序和判别规则，是危险废物鉴别标准体系的基础；《技术规范》规定了危险废物鉴别过程样品采集、检测和判断等技术要求，是规范鉴别工作的基本准则。

## 2.2.4 我国有关固体废物的法规、标准和规范

### 2.2.4.1 《中华人民共和国环境保护法》

新修订的《中华人民共和国环境保护法》于 2014 年 4 月 24 日第十二届全国人民代表大会常务委员会第八次通过，于 2015 年 1 月 1 日起施行。该法是我国环境保护最重要的指导性国家法律。

#### 2.2.4.2 《中华人民共和国固体废物污染环境防治法》

《中华人民共和国固体废物污染环境防治法》于 1995 年 10 月 30 日第八届全国人民代表大会常务委员会第十六次会议通过，并于同日以中华人民共和国主席令第 58 号予以公布，自 1996 年 4 月 1 日起实施。该法简称《固废法》。

新《固废法》由中华人民共和国第十三届全国人民代表大会常务委员会第十七次会议于 2020 年 4 月 29 日修订通过，自 2020 年 9 月 1 日起施行。

#### 2.2.4.3 固体废物污染控制标准

（一）固体废物分类标准

[1]《固体废物鉴别标准 通则》GB 34330—2017

[2]《国家危险废物名录（2021 年版）》

[3]《放射性废物管理规定》GB 14500—2002

（二）固体废物监测标准和规范

[1]《固体废物浸出毒性测定方法》（系列标准）GB/T 15555.1～12—1995

[2]《固体废物 浸出毒性浸出方法 翻转法》GB 5086.1—1997

[3]《危险废物鉴别标准 腐蚀性鉴别》GB 5085.1—2007

[4]《危险废物鉴别标准 急性毒性初筛》GB 5085.2—2007

（三）固体废物污染控制标准

[1]《生活垃圾填埋场污染控制标准》GB 16889—2008

[2]《生活垃圾焚烧污染控制标准》GB 18485—2014

[3]《危险废物贮存污染控制标准》GB 18597—2023

[4]《危险废物填埋污染控制标准》GB 18598—2019

[5]《危险废物焚烧污染控制标准》GB 18484—2020

[6]《一般工业固体废物贮存和填埋污染控制标准》GB 18599—2020

[7]《农用污泥污染物控制标准》GB 4284—2018

[8]《建筑材料放射性核素限量》GB 6566—2010

[9]《含多氯联苯废物污染控制标准》GB 13015—2017

[10]《废电池污染防治技术政策》（环境保护部公告 2016 年第 163 号）

[11]《废弃家用电器与电子产品污染防治技术政策》（环发〔2006〕115 号）

[12]《环境空气质量标准》GB 3095—2012

[13]《大气污染物综合排放标准》GB 16297—1996

[14]《恶臭污染物排放标准》GB 14554—1993

[15]《地表水环境质量标准》GB 3838—2002

［16］《污水综合排放标准》GB 8978—1996

（四）固体废物处理与处置标准和规范

［1］《环境保护图形标志 固体废物贮存（处置）场》GB 15562.2—1995

［2］《生活垃圾卫生填埋处理技术规范》GB 50869—2013

［3］《生活垃圾堆肥处理技术规范》CJJ 52—2014

［4］《粪便无害化卫生要求》GB 7959—2012

［5］《包装与环境（系列）》GB/T 16716—2018

［6］《废弃机电产品集中拆解利用处置区环境保护技术规范（试行）》HJ/T 181—2005

［7］《危险废物集中焚烧处置工程建设技术规范》HJ/T 176—2005

［8］《医疗废物集中焚烧处置工程建设技术规范》HJ/T 177—2005

［9］《医疗废物焚烧炉技术要求》GB 19218—2003

［10］《医疗废物转运车技术要求》GB 19217—2003

［11］《医疗废物化学消毒集中处理工程技术规范》HJ/T 228—2021

［12］《医疗废物微波消毒集中处理工程技术规范》HJ/T 229—2021

［13］《医疗废物高温蒸汽集中处理工程技术规范》HJ/T 276—2021

［14］《低中水平放射性固体 废物的岩洞处置规定》GB 13600—1992

［15］《低、中水平放射性固体废物近地表处置安全规定》GB 9132—2018

［16］《低、中水平放射性废物近地表处置设施的选址》HJ/T 23—1998

［17］《长江三峡水库库底固体废物清理技术规范》HJ 85—2005

# 3 固体废物处置及利用技术

## 3.1 固体废物的化学处理技术

化学处理的目的是对固体废物中能对环境造成严重后果的有毒有害的化学成分，采用化学转化的方法，使之达到无害化。该法要视废物的成分、性质不同采取相应的处理方法。即同一废物可根据处理的效果、经济投入而选择不同的处理技术。总之化学转化反应条件复杂且受多种因素影响，因此，仅限于对废物中某一成分或性质相近的混合成分进行处理，而成分复杂的废物处理，则不宜采用。另外，由于化学处理投入费用较高，目前多用于各种工业废渣的综合治理。化学处理方法主要包括中和法、氧化还原法和水解法。

### 3.1.1 中和法

中和法处理的对象主要是化工、冶金、电镀等工业中产生的酸、碱性泥渣。处理的原则是根据废物的酸碱性质、含量及废物的量选择适宜的中和剂，并确定中和剂的加入量和投加方式，再设计处理的工艺及设备。常用石灰、氢氧化物或碳酸钠等中和剂处理酸性泥渣；而硫酸、盐酸则用于处理碱性泥渣。多数情形下是从经济的角度使酸碱性泥渣相互混合，达到以废治废的目的。中和法的设备有罐式机械搅拌和池式人工搅拌，前者用于大规模的中和处理，后者用于少量泥渣的处理。

### 3.1.2 氧化还原法

可通过氧化还原化学反应，将固体废物中可以发生价态变化的某些有毒、有害成分转化为无毒或低毒，且具化学稳定性的成分，以便无害化处置或进行资源回收。例如含氧化物的固体废物可以通过加入次氯酸钠、漂白粉等药剂而将氧化物转化为毒性小几百倍的氨酸盐，从而达到无害化目的。而利用还原法可以将铅渣中的六价铅还原为毒性较小的三价铅，从而达到无害化处理。

### 3.1.3 水解法

水解法是利用某些化学物质的水解作用将有毒物质转化为低毒或无毒、化学成分稳定的物质的一种处理方法。主要适用于含农药（包括有机磷、脲类化合物等）的固体废物及二硫脲类杀菌剂的无害化处理，也适用于含氰废物的处理。

## 3.2 固体废物的热处理技术

固体废物处理所利用的热处理法，包括高温下的焚烧、热解（裂解）、焙烧、烧成、热分解、煅烧、烧结等，其中煅烧和烧结较简单，本节重点介绍焚烧、热解和焙烧。

### 3.2.1 焚烧处理

固体废物焚烧处理就是将固体废物进行高温分解和深度氧化的处理过程。在燃烧过程中，具有强烈的放热效应，有基态和激发态自由基生成，并伴随着光辐射。由于焚烧法处理固体废物，具有减量化效果显著、无害化程度彻底等优点，焚烧处理早已成为城市生活垃圾和危险废物处理的基本方法，同时在对其他固体废物的处理中，也得到了越来越广泛的应用。

对城市生活垃圾和危险废物进行焚烧处理，始于19世纪中后期。当时主要是为了公共卫生和安全，焚毁传染病疫区可能带有诸如霍乱、伤寒、疟疾、猩红热等传染性病毒和病菌的垃圾，以控制这些传染性疾病的扩散和传播。在某种意义上讲，这是世界上最早出现的危险废物和城市生活垃圾焚烧处理工程。在此之后，英国、美国、法国、德国等国家，先后开展了大量有关垃圾焚烧的研究和试验，并相继建成了一批用于处理城市生活垃圾的焚烧炉，如英国的双层垃圾焚烧炉、可混烧垃圾和粪便的弗赖斯焚烧炉，美国的史密斯·比巴特斯焚烧炉、安德森焚烧炉、纳依焚烧炉等。这些焚烧炉设备简陋，没有烟气净化处理设施，基本采用间歇操作、人工加料和人工排渣，不仅焚烧效率低、残渣量大，在焚烧过程中存在着明显的黑烟和臭味，也基本未对焚烧残渣进行专门处理或处置，污染治理水平十分低下。

进入20世纪以来，随着科学技术的不断进步，在总结过去成功经验和失败教训的基础上，垃圾焚烧技术有了新的发展，相继出现了机械化操作的连续垃圾焚烧炉，并在焚烧炉上设置了必要的旋风收尘等烟气净化处理装置。在垃圾处理能力、焚烧效果和污染治理水平等方面，都有了长足进步，焚烧炉技术也有了明显进步。到了20世纪60年代，发达国家的垃圾焚烧技术已初具现代化水平，出现了连续运行的大型机械化炉排和由机械除尘、静电收尘和洗涤等技术构成的较高效率的烟气净化系统。

焚烧炉炉型向多样化、自动化方向发展，焚烧效率和污染治理水平也进一步提高。特别是在20世纪70—90年代期间，由于不断出现的能源危机、土地价格上涨和越来越严格的环境保护污染排放限制，以及计算机自动化控制等技术的发展和进步，使固体废物焚烧技术得到了空前快速发展和广泛应用。城市生活垃圾和危险废物焚烧技术日趋完善，移动式机械炉排焚烧炉已成为应用最多的主流炉型。针对不同的技术经济要求，出现了多种类型的焚烧炉，如水平机械焚烧炉、倾斜机械焚烧炉、流化床焚烧炉、回转式焚烧炉、熔融焚烧炉、等离子体焚烧炉、热解焚烧炉等。焚烧温度也提高到850~1100℃。

现代固体废物焚烧技术，大大强化了焚烧效率和焚烧烟气的净化处理。在固体废物焚烧系统中，普遍在原有除尘处理的基础上，进一步发展了湿式洗涤、半湿式洗涤、袋式过滤、吸附等技术，净化处理颗粒状污染物和气态污染物（如HCl、HF、$SO_2$、$NO_x$、二噁英等）。特别是20世纪90年代以来，一些国家在焚烧烟气处理系统中，除了使用机械除尘、静电除尘、洗涤除尘和袋式除尘外，甚至还配置了催化脱硝、脱硫设施。如静电除尘半干式洗涤—袋式过滤催化脱硝、静电除尘湿洗涤—袋式过滤—催化脱硝—活性炭喷雾吸附等烟气处理工艺，取得了非常好的治理效果，同时焚烧烟气处理系统投资也大幅度增加，通常可达整个焚烧系统总投资的1/2~2/3。

随着科学技术的不断进步、环境保护和安全要求的进一步提高，固体废物焚烧处理技术正向资源化、智能化、多功能、综合性方向发展。高温焚烧已发展成为一种应用最广、最有前途的城市生活垃圾和危险废物的处理方法之一。焚烧处理早已从过去的单纯处理废物，发展为集焚烧、发电、供热、环境美化等功能为一体的自动化控制、全天候运行的综合性系统工程。

近十年来，世界各国的焚烧技术有了空前快速的发展。如日本，目前约有数千座垃圾焚烧炉、数百座垃圾发电站，垃圾发电容量达到2000MW以上，其中，垃圾处理能力为1000t/d以上（最大为1800t/d）的垃圾发电站8座。美国的垃圾焚烧率高达40%以上，垃圾发电容量也达2000MW以上，近年建设的垃圾电站，处理垃圾2000t/d，蒸汽温度达430~450℃，发电量高达85MW。英国最大的垃圾电站位于伦敦，有5台滚动炉排式焚烧炉，年处理垃圾$40\times10^4$t。法国现有垃圾焚烧炉300多台，可处理40%以上的城市生活垃圾。德国建有世界上效率最高的垃圾发电厂。新加坡垃圾100%进行高温焚烧处理。

我国对城市生活垃圾和危险废物焚烧技术的研究和应用始于20世纪80年代，虽然受技术、经济、垃圾性质等因素的影响，起步较晚，但发展却非常迅速。目前全国主要城市均已建设了城市生活垃圾焚烧处理场。许多小城镇、医院等，也建有相应的固体废物焚烧处理设施。现在我国城市生活垃圾虽然仍以卫生填埋为主，但城市生活垃圾的焚烧处理，呈快速增长的良好发展势头。

可以断言，焚烧技术也必将会成为我国城市生活垃圾、危险废物处理的最主要方法之一。

3.2.1.1 焚烧原理

（1）燃烧与焚烧

通常把具有强烈放热效应、有基态和电子激发态的自由基出现、并伴有光辐射的化学反应现象称为燃烧。燃烧过程可以产生火焰，而燃烧火焰又能在一定条件和适当可燃介质中自行传播。人们常说的燃烧一般都是指这种有焰燃烧。城市生活垃圾和危险废物的燃烧，称为焚烧，是包括蒸发、挥发、分解、烧结、熔融和氧化还原等一系列复杂的物理变化和化学反应，以及相应的传质和传热的综合过程。

进行燃烧必须具备三个基本条件：可燃物质、助燃物质和引燃火源，并在着火条件下才会着火燃烧。着火是可燃物质与助燃物质由缓慢放热反应转变为强烈放热反应的过程，也就是可燃物质与助燃物质从缓慢的无焰反应变为剧烈的有焰氧化反应的过程。反之，从剧烈的有焰氧化反应向无焰反应状态过渡的过程就叫熄火。可燃物质着火必须满足一定的初始条件或边界条件，即着火条件。可燃物质着火实际是燃烧系统与热力学、动力学、流体力学等有关的各种因素共同作用的综合结果。

常见的燃烧着火方式有化学自然燃烧、热燃烧、强迫点燃燃烧三种。城市生活垃圾和危险废物的焚烧处理，属于强迫点燃燃烧。当焚烧炉在启动点火时，可用电火花、火焰、炽热物体或热气流等引燃炉内的可燃物质。而在正常焚烧过程中，高温炉料和火焰自行传播就可正常点燃可燃物质，维持正常燃烧过程。

（2）焚烧原理

可燃物质燃烧，特别是城市生活垃圾的焚烧过程，是一系列十分复杂的物理变化和化学反应过程，通常可将焚烧过程划分为干燥、热分解、燃烧三个阶段。焚烧过程实际上是干燥脱水、热化学分解、氧化还原反应的综合作用过程。

①干燥

干燥是利用焚烧系统热能，使入炉固体废物水分汽化、蒸发的过程。按热量传递的方式，可将干燥分为传导干燥、对流干燥和辐射干燥三种方式。进入焚烧炉的固体废物，通过高温烟气、火焰、高温炉料的热辐射和热传导，首先进行加温蒸发、干燥脱水，以改善固体废物的着火条件和燃烧效果。因此，干燥过程需要消耗较多的热能。固体废物含水率的高低，决定了干燥阶段所需时间的长短，这在很大程度上也影响着固体废物焚烧过程。对于高水分固体废物，特别是污泥、废水等，为了蒸发、干燥、脱水和保证焚烧过程的正常运行，常常不得不加入辅助燃料。

②热分解

热分解是固体废物中的有机可燃物质，在高温作用下进行化学分解和聚合反应的过程。热分解既有放热反应，也可能有吸热反应。热分解的转化率，取决于热分解反应的热力学特性和动力学行为。通常热分解的温度越高，有机可燃物质的热分解越彻底，热分解速率就越快（热分解动力学服从阿仑尼乌斯公式）。

③燃烧

燃烧是可燃物质的快速分解和高温氧化过程。根据可燃物质种类和性质的不同，燃烧过程亦不同，一般可划分为蒸发燃烧、分解燃烧和表面燃烧三种机理。当可燃物质受热融化、形成蒸汽后进行燃烧反应，就属于蒸发燃烧；若可燃物质中的碳氢化合物等，受热分解、挥发为较小分子可燃气体后再进行燃烧，就是分解燃烧；而当可燃物质在未发生明显的蒸发、分解反应时，与空气接触就直接进行燃烧反应，这种燃烧则称为表面燃烧。在城市生活垃圾焚烧过程中，垃圾中的纸、木材类固体废物的燃烧属于较典型的分解燃烧过程；蜡质类固体废物的燃烧可视为蒸发燃烧过程；而垃圾中的木炭、焦炭类物质燃烧，则属于较典型的表面燃烧过程。

经过焚烧处理，城市生活垃圾、危险废物和辅助燃料中的碳、氢、氧、氮、硫、氯等元素，转化成为碳氧化物、氮氧化物、硫氧化物、氧化物及水等物质组成的烟，不可燃物质、灰分等成为炉渣。

焚烧炉烟气和残渣是固体废物焚烧处理的最主要污染物。焚烧炉烟气由颗粒污染物和气态污染物组成。颗粒污染物主要是由于燃烧气体带出的颗粒物和不完全燃烧形成的灰分颗粒，包括粉尘和烟雾。粉尘是悬浮于气体介质中的微小固体颗粒、黑烟颗粒等，粒径多为 1～200mm；烟雾是指粒径为 0.01～1μm 的气溶胶。吸入的细小粉尘会深入人体肺部，引起各种肺部疾病。尤其是具有很大表面积和吸附活性的黑烟颗粒、微细颗粒等，其上吸附苯并芘等高毒性、强致癌物质，对人体健康具有很大危害性。

焚烧炉烟气的气态污染物种类很多，如 $SO_x$、$CO_x$、$NO_x$、HCl、HF、二噁英类物质等。其中，$SO_x$ 主要来源于废纸和厨余垃圾，HCl 主要来源于废塑料。烟气中一部分 $NO_x$（热力型 $NO_x$）主要来源于空气中的氮，另一部分 $NO_x$（燃料型 $NO_x$）主要来源于厨余垃圾。而二噁英类物质，可能来源于固体废物中的废塑料、废药品等，或由其前驱体物质在焚烧炉内焚烧过程中生成，也可能在特定条件下于炉外生成。

固体废物焚烧处理的产渣量及残渣性质，与固体废物种类、焚烧技术、管理水平等有关。通常固体废物焚烧处理的产渣量较小，如城市生活垃圾焚烧处理产渣率一般为 7%～15%。固体废物焚烧残渣的化学组成主要是钙、硅、铁、铝、镁的氧化物及重金属氧化物，物理性质和化学性质较为稳定。

（3）焚烧技术

①层状燃烧技术

层状燃烧是一种最基本的焚烧技术。层状燃烧过程稳定，技术较为成熟，应用非常广泛。应用层状燃烧技术的系统包括固定炉排焚烧炉、水平机械焚烧炉、倾斜机械焚烧炉等。垃圾在炉排上着火燃烧，热量来自上方的辐射、烟气的对流以及垃圾层内部。在炉排上已着火的垃圾在炉排和气流的翻动或搅动作用下，使垃圾层松动，不断地推动下落，引起垃圾底部也开始着火。连续翻转和搅动明显改善了物料的透气性，促进了垃圾的着火和燃烧。合理的炉型设计和通风设计，能有效地利用火焰下空气、火焰上空气的机械作用和高温烟气的热辐射，确保炉排上垃圾的预热、干燥、燃烧和燃尽的有效进行。

②流化燃烧技术

流化燃烧技术也是一种较为成熟的固体废物焚烧技术，它是利用空气流和烟气流的快速运动，使媒介料和固体废物在焚烧过程中处于流态化状态，并在流态化状态下进行固体废物的干燥、燃烧和燃尽。采用流化燃烧技术的设备有流化床焚烧炉。为了使物料能够实现流态化，该技术对入炉固体废物的尺寸有较为严格的要求，需要对固体废物进行一系列筛分及粉碎等处理，使固体废物均匀化、细小化。流化燃烧技术由于具有热强度高的特点，较适宜焚烧处理低热值、高水分固体废物。

③旋转燃烧技术

采用旋转燃烧技术的主要设备是回转窑焚烧炉。回转窑焚烧炉是一可旋转的倾斜钢制圆筒，筒内加装耐火衬里或由冷却水管和有孔钢板焊接成的内筒。在进行固体废物焚烧时，固体废物从加料端送入。随着炉体滚筒缓慢转动，内壁耐高温衬板将固体废物由筒体下部带到筒体上部，然后靠固体废物自重落下，使固体废物由加料端向出料口翻滚、向下移动，同时进行固体废物热烟干燥、燃烧和燃尽过程。

（4）焚烧的主要影响因素

固体废物焚烧处理过程是一个包括一系列物理变化和化学反应的过程，是一个复杂的系统工程。固体废物的焚烧效果，受许多因素的影响，如焚烧炉类型、固体废物性质、物料停留时间、焚烧温度、供氧量、物料的混合程度、炉气的湍流程度等。其中停留时间、温度、湍流度和空气过剩系数就是人们常说的“3T+1E”，它们既是影响固体废物焚烧效果的主要因素，也是反映焚烧炉工况的重要技术指标。

①固体废物性质

在很大程度上，固体废物性质是判断其是否适合进行焚烧处理以及焚烧处理效果好坏的决定性因素。如固体废物中可燃成分、有毒有害物质、水分等物质的种类和含量，决定这种固体废物的热值、可燃性和焚烧污染物治理的难易程度，也就决定了这种固体废物焚烧处理技术的经济可行性。

进行固体废物焚烧处理，要求固体废物具有一定的热值。固体废物热值越高，就越有利于焚烧过程的进行，越有利于回收利用固体废物焚烧热能或进行发电。生产实践表明，当城市生活垃圾的低位发热值≤ 3350kJ/kg 时，焚烧过程通常需要添加辅助燃料，如掺煤或喷油助燃。

一般城市生活垃圾的含水率在 50%，低位发热值多在 3350～8374kJ/kg。城市生活垃圾的组成具有非均质性和多变性，不同地区、不同季节、不同能源结构、不同经济发展水平等条件下，其城市生活垃圾的组成和性质有很大差异，这就给城市生活垃圾的焚烧处理造成一定困难。此外，随着固体废物的尺寸、形状、均匀程度等不同，在焚烧时也会表现出不同的热力学、动力学、物理变化和化学反应行为，对焚烧过程产生重要影响。

②焚烧温度

焚烧温度对焚烧处理的减量化程度和无害化程度有决定性影响。焚烧温度对焚烧处理的影响，主要表现在温度的高低和焚烧炉内温度分布的均匀程度。在焚烧炉里的不同位置、不同高度，温度也可能不同，所以固体废物的焚烧效果也有差异。固体废物中的不少有毒、有害物质，必须在一定温度以上才能有效地进行分解、焚毁。焚烧温度越高，越有利于固体废物中有机污染物的分解和破坏，焚烧速率也就越快。因此，随着环保排放要求的提高，近年来固体废物的焚烧温度也有明显提高。

目前一般要求城市生活垃圾焚烧温度在 850～950℃，医疗垃圾、危险固体废物的焚烧温度要达到 1150℃。而对于危险废物中的某些较难氧化分解的物质，甚至需要在更高温度和催化剂作用下进行焚烧。

③物料停留时间

物料停留时间主要是指固体废物在焚烧炉内的停留时间和烟气在焚烧炉内的停留时间。固体废物停留时间取决于固体废物在焚烧过程中蒸发、热分解、氧化还原反应等反应速率的大小。烟气停留时间取决于烟气中颗粒状污染物和气态分子的分解、化学反应速率。当然在其他条件不变时，固体废物和烟气的停留时间越长，焚烧反应越彻底，焚烧效果就越好。但停留时间过长会使焚烧炉处理量减少，在经济上也不合理。反之，停留时间过短会造成固体废物和其他可燃成分的不完全燃烧。进行城市生活垃圾焚烧处理时，通常要求垃圾停留时间能达到 1.5～2h，烟气停留时间能达到 2s 以上。

④供氧量

焚烧过程的氧气是由空气提供的。空气不仅能够起到助燃的作用，同时也起到冷却炉排、搅动炉气以及控制焚烧炉气氛等作用。显然，供给焚烧系统的空气越多，越有利于提高炉内氧气的浓度，越有利于炉排的冷却和炉内烟气的湍流混合。但过大的过剩空气系数，可能会导致炉温降低、烟气量增大，对焚烧过程产生副作用，给烟气的净化处理带来不利影响，最终会提高固体废物焚烧处理的运行成本。

除固体废物性质、物料停留时间、焚烧、温度、供氧量、物料的混合程度、炉气的湍流程度外，诸如固体废物料层厚度、运动方式、空气预热温度、进气方式、燃烧器性能、烟气净化系统阻力等，也会影响固体废物焚烧过程的进行，也是在实际生产中必须严格控制的基本工艺参数。

3.2.1.2 焚烧工艺

就不同时期、不同炉型以及不同的固体废物种类和处理要求而言，固体废物焚烧技术和工艺流程也各不相同，如间歇焚烧、连续焚烧、固定炉排焚烧、流化床焚烧、回转窑焚烧、机械炉排焚烧、单室焚烧、多室焚烧等。不同焚烧技术和工艺流程，有着各自不同的特点。

目前大型现代化城市生活垃圾焚烧技术的基本过程大体相同，如图 3-2-1 所示。现代化城市生活垃圾焚烧工艺流程主要由前处理系统、进料系统、焚烧炉系统、空气系统、烟气系统、灰渣系统、余热利用系统及自动化控制系统组成。

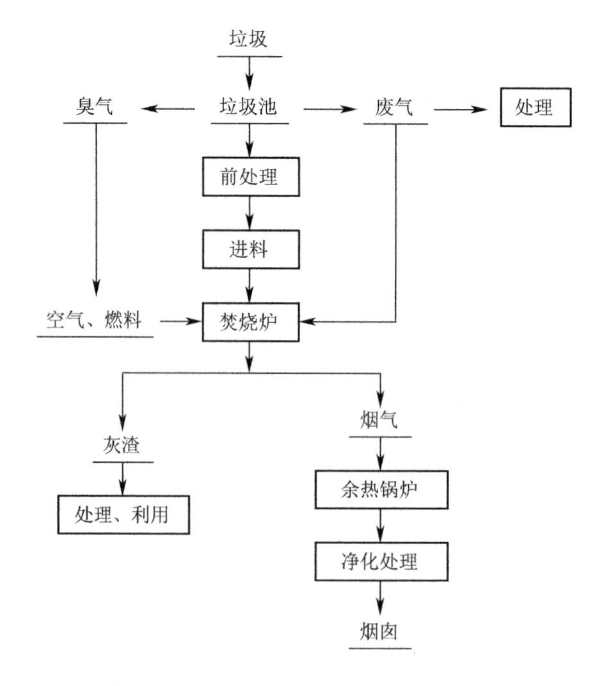


图 3-2-1 城市生活垃圾焚烧工艺流程

（1）前处理系统

固体废物焚烧的前处理系统，主要指固体废物的接收、贮存、分选或破碎，具体包括固体废物运输、计量、登记、进场、卸料、混料、破碎、手选、磁选、筛分等。由于垃圾的成分十分复杂，既有坚硬的金属类废物和砖石，又有韧性很强的条带类物质。这就要求破碎和筛分设备既要有足够的抗缠绕、剪切能力，又要能够击碎坚硬的金属和砖石固体废物。前处理系统，特别是对于我国非常普遍的混装城市生活垃圾的破碎和筛分处理过程，在某种意义上往往是整个工艺系统的关键步骤。

前处理系统的设备、设施和构筑物，主要包括车辆、地衡、控制间、垃圾池、起重机、抓斗、破碎和筛分设备、磁选机，以及臭气和渗滤液收集、处理设施等。

（2）进料系统

进料系统的主要作用是向焚烧炉定量给料，同时要将垃圾池中的垃圾与焚烧炉的高温火焰和高温烟气隔开、密闭，以防止焚烧炉火焰通过进料口向垃圾池垃圾反烧和高温烟气反窜。

目前应用较广的进料方法有炉排进料、螺旋给料、推料器给料等几种形式。

（3）焚烧炉系统

焚烧炉系统是整个工艺系统的核心系统，是固体废物进行蒸发、干燥、热分解和燃烧的场所。焚烧炉系统的核心装置就是焚烧炉。焚烧炉有多种炉型，如固定炉排焚烧炉、水平链条机械炉排焚烧炉、倾斜机械炉排焚烧炉、回转窑焚烧炉、流化床焚烧炉、立式焚烧炉、气化热解炉、气化熔融炉、电子束焚烧炉、离子焚烧炉、催化焚烧炉等。在现代城市生活垃圾焚烧工艺中，应用最多的是水平链条机械炉排焚烧炉和倾斜机械炉排焚烧炉。

（4）空气系统

空气系统，即助燃空气系统，是焚烧炉非常重要的组成部分。空气系统除为固体废物的正常焚烧提供必需的助燃氧气外，还有冷却炉排、混合炉料和控制烟气气流等作用。

助燃空气可分为一次助燃空气和二次助燃空气。一次助燃空气是指由炉排下送入焚烧炉的助燃空气，即火焰下空气。一次助燃空气约占助燃空气总量的60%~80%，主要起助燃、冷却炉排、搅动炉料的作用。一次助燃空气分别从炉排的干燥段（着火段）、燃烧段（主燃烧段）和燃尽段（后燃烧段）送入炉内，气量分配约为15%、75%和10%，火焰上空气和二次燃烧室的空气属于二次助燃空气。二次助燃空气主要是为了助燃和控制炉气的湍流程度。二次助燃空气一般约为助燃空气总量的20%~40%。

部分一次助燃空气可从垃圾池上方抽取，以防治垃圾池臭气对环境的污染。为了提高助燃空气的温度，常常将助燃空气通过设置在余热锅炉之后的换热器进行预热。预热助燃空气不仅能够改善焚烧效果，而且能够提高焚烧系统的有用热，有利于系统的余热回收。预热空气温度的高低主要取决于城市生活垃圾的热值和烟气余热利用的要求，通常要求预热空气的温度为200～280℃。

空气系统的主要设施是通风管道、进气系统、风机和空气预热器等。

（5）烟气系统

焚烧炉烟气是固体废物焚烧炉系统的主要污染源。焚烧炉烟气含有大量颗粒状污染物质和气态污染物质。设置烟气系统的目的就是去除烟气中的这些污染物质，并使之达到国家有关排放标准的要求，最终排入大气。

烟气中的颗粒状污染物质，即各种烟尘，主要可通过重力沉降、离心分离、静电除尘、袋式过滤等技术手段去除；而烟气中的气态污染物质，如 $SO_x$、$NO_x$、HCl 及有机气体物质等，则主要是利用吸收、吸附、氧化还原等技术途径净化。

（6）其他工艺系统

除以上工艺系统外，固体废物焚烧系统还包括灰渣系统、废水处理系统、余热利用系统、发电系统、自动化控制系统等。

其中，灰渣系统的典型工艺流程如图3-2-2所示。

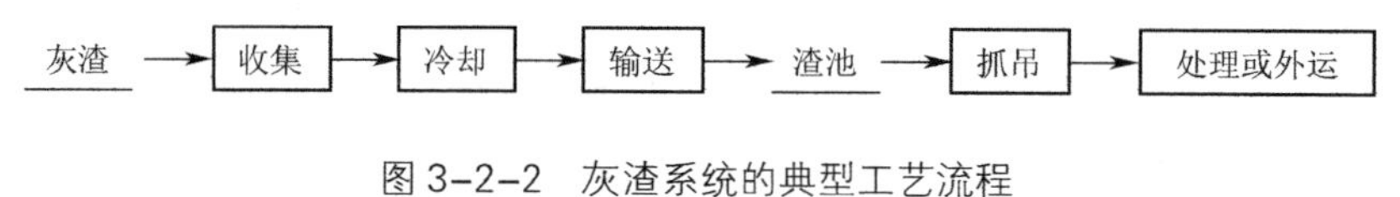


图3-2-2　灰渣系统的典型工艺流程

灰渣系统主要包括灰渣收集、冷却、加湿处理、贮运、处理处置和资源化。灰渣系统的主要设备和设施有灰渣漏斗、渣池、排渣机械、滑槽、水池或喷水器、抓提设备、输送机械、磁选机等。

3.2.1.3　焚烧炉系统

焚烧炉系统的主体设备是焚烧炉，包括受料斗、饲料器、炉体、炉排、助燃器、出渣和进风装置等设备和设施。目前在垃圾焚烧中应用最广的城市生活垃圾焚烧炉主要有机械炉排焚烧炉、流化床焚烧炉和回转窑焚烧炉三种类型。

（1）机械炉排焚烧炉

机械炉排焚烧炉可分为水平链条机械炉排焚烧炉和倾斜机械炉排焚烧炉。倾斜机械炉排多为多级阶梯式炉排，有多种类型，其代表性炉排有并列摇动式、台阶式、往复移动式、倾斜履带式、滚筒式等（部分炉排如图3-2-3所示）。炉排是层状燃烧技术的关键，机械焚烧炉炉排通常可分为三个区或三个段：预热干燥区（干燥段）、燃烧区（主燃段）和燃尽区（后燃段）。在入炉固体废物从进料端（干燥段）向出料端（后燃段）移动的过程中，分别进行固体废物蒸发、干燥、热分解及燃烧反应，同时松散和翻动料层，并从炉排缝隙中漏出灰渣。大型倾斜机械炉排焚烧炉，如马丁炉等，具有工艺先进、技术可靠、焚烧效率和热回收效率高、对垃圾适应性强等优点，在国外应用较为广泛。但这种炉排材质要求高，而且炉排加工、制造复杂，设备造价昂贵，一次性投资大，因而在某种程度上不适合经济不发达地区和中小城镇的垃圾处理。

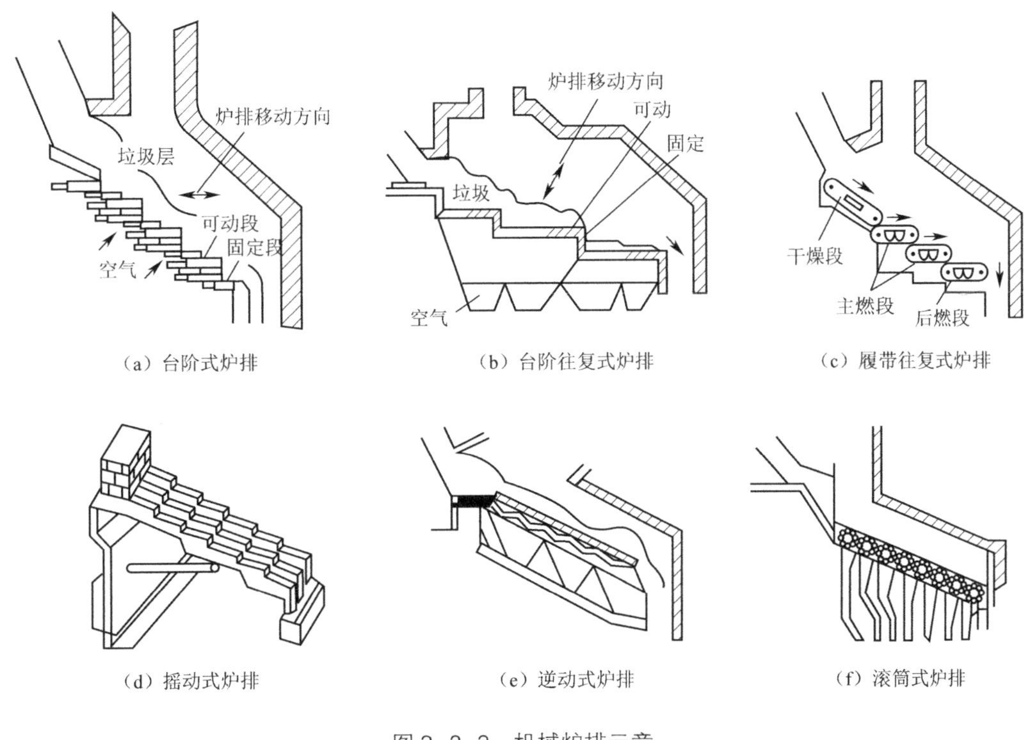


图 3-2-3　机械炉排示意

（2）流化床焚烧炉

流化床焚烧炉采用一种相对较新的清洁燃烧技术，其基本特征在于炉膛内装有布风板、导流板、载热媒介惰性颗粒和在焚烧运行时物料呈沸腾状态。流化床焚烧炉传热和传质速率高，物料几乎呈完全混合状态，能迅速分散均匀。载热体贮存大量的热量，床层的温度保持均匀，避免了局部过热，温度易于控制。流化床焚烧炉具有固体废物焚烧效率高、负荷调节范围宽、污染物排放少、热强度高、适合燃烧低热值物料等优点。流化床焚烧炉在中小城镇较有发展前景，尤其对于热值相对偏低的垃圾的焚烧，流化床焚烧炉不失为一种较佳选择。图 3-2-4 为流化床焚烧炉的结构。

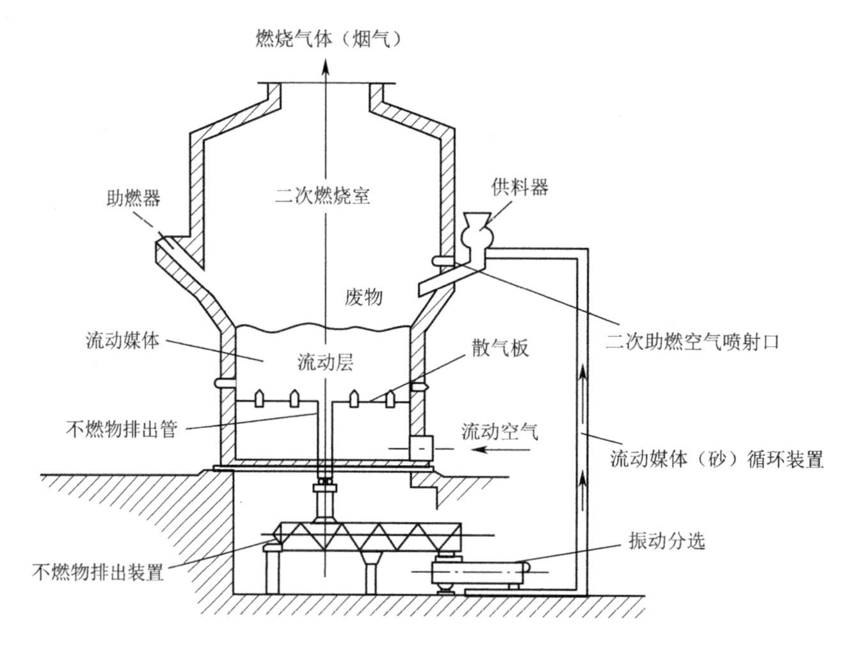


图 3-2-4　流化床焚烧炉的结构

（3）回转窑焚烧炉

回转窑焚烧炉为可旋转的倾斜钢制圆筒，筒内加装耐火衬里或由冷却水管和有孔钢板焊接成的内筒。炉体向下方倾斜，分成干燥、燃烧及燃尽三段，并由前后两端滚轮支撑和电机链轮驱动装置驱动。固体废物在窑内由进到出的移动过程中，完成干燥、燃烧及燃尽过程。冷却后的灰渣由炉窑下方末端排出。在进行固体废物燃烧时，随着回转窑焚烧炉的缓慢转动，固体废物被充分地翻搅及向前输送，预热空气由底部穿过有孔钢板至窑内，使垃圾能完全燃烧。回转窑焚烧炉通常在窑尾设置一个二次燃烧室，使可燃成分在二次燃烧室得到充分燃烧。

根据燃烧气体和固体废物前进方向是否一致，回转窑焚烧炉分为顺流和逆流两种，焚烧处理高水分固体废物时选用逆流炉，阻燃器设置在回转窑前方，而处理高挥发性固体废物时常用顺流炉，图 3-2-5 为一种逆流式回转炉示意图。

回转窑焚烧炉具有对固体废物适应性广、故障少、可连续运行等特点。回转窑焚烧炉不仅能焚烧固体废物，还可焚烧液体废物和气体废物。但回转窑焚烧炉存在窑身较长、占地面积较大、热效率低、成本高等缺点。

## 3.2.2　热解处理

热解是一种传统生产工艺，该技术最早用于煤的干馏，生成的木炭和焦炭，用于

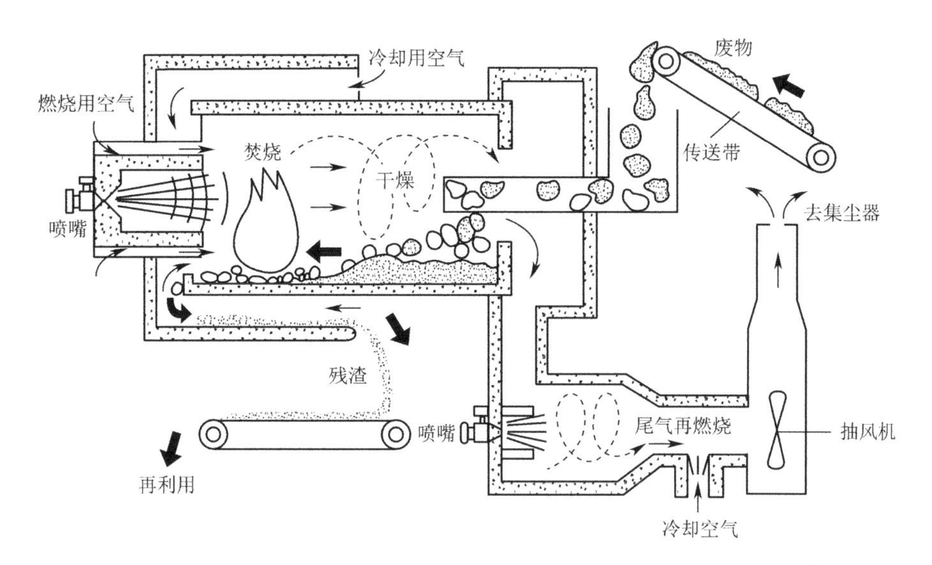


图 3-2-5 逆流式回转炉

人们的生活取暖和工业上冶炼钢铁。随着现代工业的发展，热解技术的应用范围也在逐步扩展，例如重油裂解生成轻质燃料油，煤炭气化生成燃料气等，采用的都是热解工艺。

随着国民经济的发展和人们生活水平的提高，人们在工业生产和日常生活中应用有机高分子材料的机会越来越多，固体废物中有机组分的比例也在逐步增大，因此热解技术开始应用到固体废物的资源化处理，以获得油品和燃料气。

3.2.2.1 热解原理

（1）热解的定义和特点

所谓热解，是将有机物在无氧或缺氧状态下加热，使之成为气态、液态或固态可燃物质的化学分解过程。

热解与焚烧二者的区别是：焚烧是需氧氧化反应过程，热解是无氧或缺氧反应过程；焚烧是放热的，热解是吸热的；焚烧的主要产物是二氧化碳和水，热解的产物主要是可燃的低分子化合物；焚烧产生的热能一般就近直接利用，而热解生成的产物诸如可燃气、油及炭黑等则可以储存及远距离输送。

与焚烧相比，固体废物热解的主要特点是：

①可将固体废物中的有机物转化为以燃料气、燃料油和炭黑为主的储存性能源；

②由于是无氧或缺氧分解，排气量少，因此，采用热解工艺有利于减轻对大气环境的二次污染；

③废物中的硫、重金属等有害成分大部分被固定在炭黑中；

④由于保持还原条件，$Cr^{3+}$ 不会转化为 $Cr^{6+}$；

⑤ $NO_x$ 的产生量少。

（2）热解的过程

固体废物的热解是一个非常复杂的化学反应过程，包含了大分子键的断裂、异构化和小分子的聚合等。垃圾热解过程包括裂解反应、脱氢反应、加氢反应、缩合反应、桥键分解反应等。

不同的废物类型、不同的热解反应条件，热解产物都有差异。含塑料和橡胶成分比例大的废物其热解产物含液态油较多，包括轻石脑油、焦油以及芳香烃混合物。城市生活垃圾、污泥的热解产物则较少。

热解过程产生可燃气量大，特别是在温度较高情况下，废物有机成分的50%以上都转化成气态产物。这些产品以 $H_2$、CO、$CH_4$ 为主，其热值高达 $6.37\times10^3$～$1.021\times10^4$kJ/kg。

固体废物热解后，减容量大，残余炭渣较少。这些炭渣化学性质稳定，含碳量高，有一定热值，一般可用作燃料添加剂或道路路基材料、混凝土骨料、制砖材料。纤维类废物热解后的渣，还可经简单活化制成中低级活性炭，用于污水处理。

通过热解能得到可以储存和运输的有用燃料，燃烧尾气排放量减少。

3.2.2.2 影响热解的主要因素

影响热解过程的主要因素有：温度、加热速率、反应时间等。另外，废物的成分、反应器的类型及供氧程度等，都对热解反应过程产生影响。

（1）温度：温度是热解过程最重要的控制参数。温度变化对产品产量、成分比例有较大的影响。在较低温度下，有机废物大分子裂解成较多的中小分子，油类含量相对较多。随着温度升高，除大分子裂解外，许多中间产物也发生二次裂解，$C_5$ 以下分子及 $H_2$ 成分增多，气体产量与温度呈正比增长，而各种酸、焦油、碳渣相对减少。

气体成分与温度有以下变化规律：随着温度升高，由于脱氢反应加剧，使得 $H_2$ 含量增加，$CH_4$、$C_2H_6$ 减少。而 CO 和 $CO_2$ 的变化规律则比较复杂，低温时，由于生成水和架桥部分的分解次甲基键进行反应，使得 $CO_2$、$CH_4$ 等增加，CO 减少。但在高温阶段，由于大分子的断裂及水煤气还原反应的进行，CO 含量又逐渐增加。$CH_4$ 的变化与 CO 正好相反，低温时含量较少，但随着脱氢和氢化反应的进行，$CH_4$ 含量逐渐增加；高温时，$CH_4$ 分解生成 $H_2$ 和固形炭，因而含量下降，但下降较缓慢。

（2）加热速率：加热速率对生成产品成分比例影响较大，一般来说，在较低和较高的加热速率下，热解产品气体含量高。而随着加热速率的增加，产品中水分及有机物液体的含量逐渐减少。

（3）反应时间：反应时间是指反应物料完成反应在炉内停留的时间。它与物料尺寸、物料分子结构特性、反应器内的温度水平、热解方式等因素有关，并且它又会影响热解产物的成分和总量。

一般而言，物料尺寸越小，反应时间越短。物料分子结构越复杂，反应时间越长。反应温度越高，反应物颗粒内外温度梯度越大，这就会加快物料被加热的速度，反应时间缩短。热解方式对反应时间的影响就更加明显，直接热解比间接热解的时间要短得多。因为直接热解可理解为在反应器同一断面的物料基本上处于等温状态，而间接热解在反应器的同一断面就不是等温状态，而存在一个温度梯度，反应器内径（或当量内径）越大，温度差越大。所以，间接热解的反应器内径尺寸都做得较小。如果采用中间介质的间接热解方式，热解反应时间直接与处理量有关，处理量大小与反应器的热平衡直接相关，与设备的尺寸相关。如采用间接加热的沸腾床，它的反应时间短，但单位时间的处理量不大，要加大处理量，相应的设备尺寸也要加大。

反应时间与热解产物间的关系，从本质上与热解温度和物料的分子结构特性相关。若其他反应条件相同，只考虑反应时间因素，则反应时间越长，热解的气态和液态产物越多。时间短，小分子的气态产物占热解气体积的百分比较大。在反应器中的停留时间决定了物料分解转化率，为了充分利用原料中的有机质，尽量脱除其中的挥发分，应使废料在反应器中保温时间延长。挥发分的脱除效率用有机质总转化率表示。有机质总转化率是指挥发性产品与原料中有机质的重量比例，表示有机质热解的转化程度。

废料的保温时间与热解过程的处理量呈反比关系。保温时间长，热解充分，但处理量少；保温时间短，则热解不完全，但可以有较高的处理量。

不同的废物原料其可热解性不一样。有机物成分比例大，热值高，则可热解性相对较好，产品热值高，可回收性好，残渣少。废物的含水率低，则干燥过程耗热少，将废物加热到工作温度所需时间短。废物较小的颗粒尺寸将促进热量传递，保证热解过程的顺利进行。

反应器是热解反应进行的场所，是整个热解过程的中枢，不同的反应器有不同的燃烧床条件和物料流方式。一般来说，固定燃烧床处理量大，而流态燃烧床温度可控性好。气体与物料逆流行进使物料在反应器内滞留时间相对延长，从而有较高的有机物转化率，而气体与物料顺流行进方式可促进热传导，加快热解过程。

空气或氧气可作为热解反应中的氧化剂，使废料发生部分燃烧，提供热能供热解反应的进行。但由于空气中含有较多的 $N_2$，使产品气体的热值降低。

#### 3.2.2.3 热解工艺与设备

（1）热解工艺

固体废物的热解过程，由于供热方式、产品状态、热解炉结构等方面的不同，可进行不同的分类。

热解工艺的主要分类方法如下：

①按供热方式：可分为直接加热法、间接加热法。

直接加热——热解反应所需的热量是被热解物直接燃烧或向热解反应器提供的补充燃料燃烧产生的热。

间接加热——将被热解物料与直接供热介质在热解反应器中分离开的一种热解方法。

②按热解温度的不同：可分为高温热解、中温热解、低温热解。

高温热解——热解温度一般在 1000℃以上，其加热方式一般采用直接加热法。

中温热解——热解温度一般在 600～700℃，主要用在比较单一的物料进行能源和资源回收的工艺上，如废橡胶、废塑料热解为类重油物质的工艺。

低温热解——热解温度一般在 600℃以下，农林产品加工后的废物生产低硫低灰炭时就可采用这种方法，其产品可用作不同等级的活性炭和水煤气原料。

③按热解炉的结构：可分为固定床、移动床、流化床和旋转炉等。

④按热解产物的物理形态：可分为气化方式、液化方式和碳化方式。

⑤按热解与燃烧反应是否在同一设备中进行：可分为单塔式和双塔式。

⑥按热解过程是否生成炉渣：可分为造渣型和非造渣型。

（2）热解反应器

一个完整的热解工艺包括进料系统、反应器、回收净化系统、控制系统几个部分。其中反应器部分是整个工艺的核心，热解过程就在反应器中发生。不同的反应器类型往往决定了整个热解反应的方式以及热解产物的成分。

反应器类型很多，主要根据燃烧床条件及内部物流方向进行分类。燃烧床有固定床、流化床、旋转炉、分段炉等。物料方向指反应器内物料与气体相向流向，有同向流、逆向流、交叉流。

①固定床反应器

如图 3-2-6 所示为一固定燃烧床热解反应器结构流程。经选择和破碎的固体废物从反应器顶部加入，反应器中物料与气体界面温度为 93～315℃。物料通过燃烧床向下移动，燃烧床由炉箅子支持。在反应器的底部引入预热的空气或氧，温度通常为980～1650℃。这种反应器的产物包括从底部排出的熔渣（或灰渣）和从顶部排出的气体。排出的气体中含一定的焦油、木醋等成分，经冷却洗涤后可作燃气使用。

在固定燃烧床反应器中，维持反应进行的热量是由废物部分燃烧所提供的。由于采用逆流式物流方向，物料在反应器中滞留时间长，保证了废物最大限度地转换成燃料。同时，由于反应器中气体流速相应较低，在产生的气体中夹带的颗粒物质也比较少。固体物质损失少，加上高的燃料转换率，则将未气化的燃料损失减到最少，并且减少了对空气污染的潜在影响。但固定床反应器也存在一些技术难题，如有黏性的燃料（诸如污泥和湿的固体废物）需要进行预处理才能直接加入反应器。这种情况一般包括将炉料进行预烘干和进一步粉碎，从而保证不结成饼状。未粉碎的燃料在反应器中会使气流成为槽流，使气化效果变差，并使气体带走较大的固体物质。另外，由于反应器内气流为上行式，温度低，含焦油等成分多，易堵塞气化部分管道。

②流化床反应器

在流化床中，气体与燃料同流向相接触，如图3–2–7所示，由于反应器中气体流速高到可以使颗粒悬浮，使得固体废物颗粒不再像在固定床反应器中那样连续地靠在一起，反应性能更好，速度快。在流化床的工艺控制中，要求废物颗粒本身可燃性好，能在未适当气化之前就随气流溢出，另外，温度应控制在避免灰渣熔化的范围内，以防灰渣熔融结块。

流化床适用于含水量高或含水量波动大的废物燃料，且设备尺寸比固定床的小，但流化床反应器热损失大，气体中不仅带走大量的热量而且也带走较多的未反应的固体燃料粉末。所以在固体废料本身热值不高的情况下，尚须提供辅助燃料以保持设备正常运转。

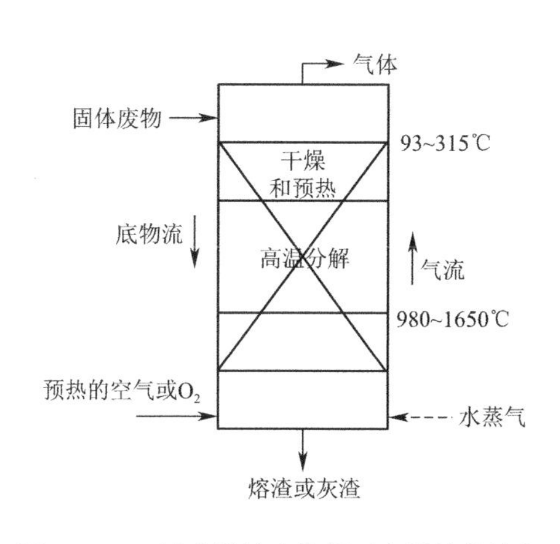


图3–2–6　固定燃烧床热解反应器结构流程

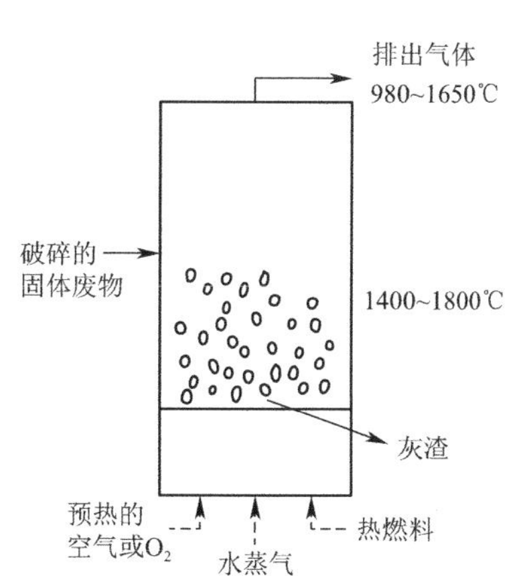


图3–2–7　流化床热解反应器

③回转炉

回转炉是一种间接加热的高温分解反应器，如图 3-2-8 所示。

回转炉的主要设备为一个稍为倾斜的圆筒，它慢慢地旋转，因此可以使废料移动通过蒸馏容器到卸料口。蒸馏容器由金属制成，而燃烧室则由耐火材料砌成。分解反应所产生的气体一部分在蒸馏容器外壁与燃烧室内壁之间的空间燃烧，这部分热量用来加热废料。因为在这类装置中热传导非常重要，所以分解反应要求废物必须破碎较细，尺寸一般要小于 5cm，以保证反应进行完全。此类反应器生产的可燃气热值较高，可燃性好。

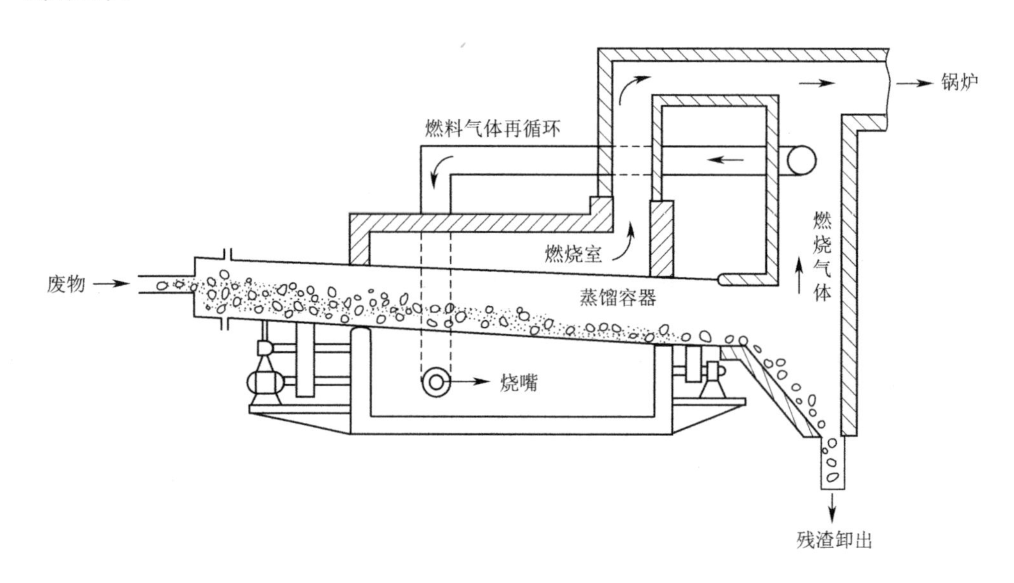


图 3-2-8 回转炉反应器

④双塔循环式热解反应器

双塔循环式热解反应器包括固体废物热分解塔和固形炭燃烧塔。二者共同点为都是将热分解及燃烧反应分开在两个塔中进行，流程如图 3-2-9 所示。

热解所需的热量，由热解生成的固形炭或燃料气在燃烧塔内燃烧供给。惰性的热媒体（砂）在燃烧炉内吸收热量并被流化气鼓动成流态化，经联络管返回燃烧炉内，再被加热返回热解炉。受热的废物在热分解炉内分解，生成的气体一部分作为热分解炉的流动化气体循环使用，另一部分为产品。而生成的炭及油品，在燃烧炉内作为燃料使用，加热热媒体（砂）。在两个塔中使用特殊的气体分散板，伴有旋回作用，形成浅层流动层。废物中的无机物、残渣随流化的热媒体（砂）旋回作用从两塔的下部一边与流化的砂分级，一边有效地选择排出。双塔的优点是燃烧的废气不进入产品气体中，因此可得高热值燃料气（$1.67\times10^4$～$1.88\times10^4 kJ/m^3$）；在燃烧炉内热媒体（砂）

向上流动，可防止热媒体（砂）结块；因炭燃烧需要的空气量少，向外排出废气少；在流化床内温度均一，可以避免局部过热；由于燃烧温度低，产生的 $NO_x$ 少，特别适合于处理热塑性塑料含量高的垃圾热解。

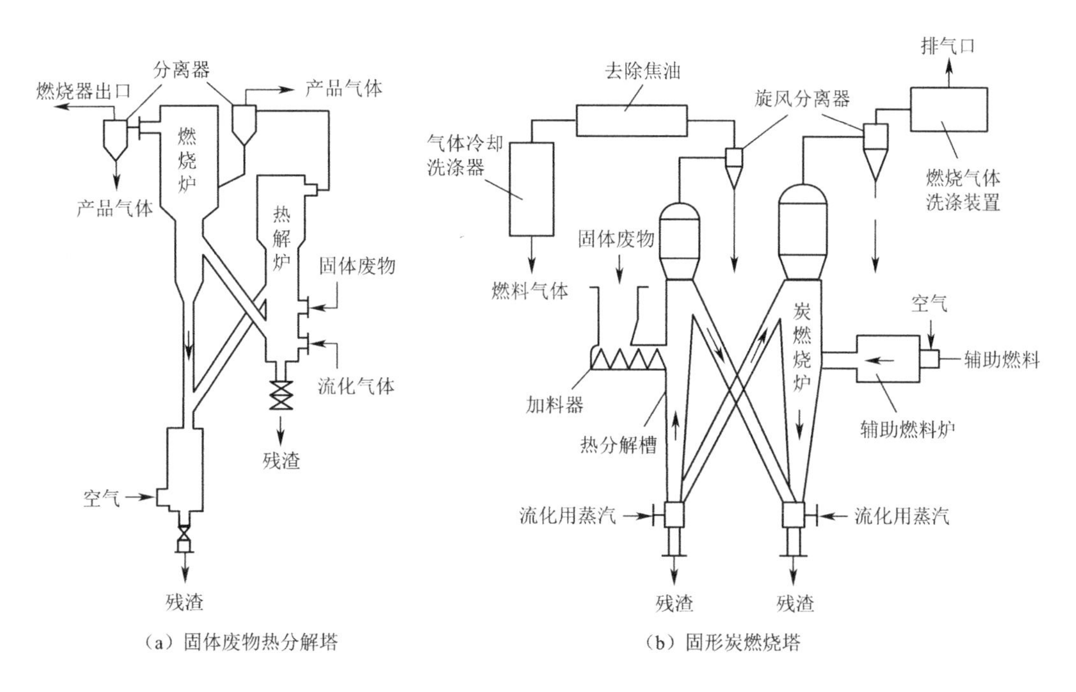


图 3-2-9 双塔循环式热解反应装置

#### 3.2.2.4 典型团体废物的热解

高分子固体废物的热解产物，随高分子的种类及热解条件而有所不同，下面就废塑料、废橡胶和城市生活垃圾的热解作一简介。

1. 废塑料的热解

（1）热解产物

塑料按受热分解后的产物可分成解聚反应型塑料和随机分解型塑料，以及二者兼而有之的中间分解型塑料。

大多数塑料的受热分解，二者兼而有之。各种分解产物的比例随塑料的种类、分解温度的不同而不同，一般温度越高，气态的（低级的）碳氢化合物的比例越高。由于产物组分复杂，要分解出各种单个组分比较困难，一般只以气态、液态和固态三类组分回收利用，此外，还有利用塑料的不完全燃烧回收炭黑的热解类型。

塑料中含氯、氨基团的热分解产品一般含 HCl 和 HCN，而塑料制品含硫较少，热分解得到的油品含硫分也相应较低，是一种优质的低硫燃料油，为此日本开发了废塑料与高硫重油混合热解以制得低硫燃料油的工艺。

（2）热解流程

由于废塑料具有导热系数较低、品种混杂分选困难等特点，因此需用独特的热解流程。

①分解流程

日本三菱公司开发了一种热解塑料的分解流程（图3-2-10），废塑料经破碎（小于10mm）送入挤出机，加热至230~280℃熔融。如含聚氯乙烯时产生的氯化氢可在氯化氢吸收塔回收。熔融的塑料再送入分解炉，用热风加热到400~500℃分解，生成的气体经冷却液化回收燃料油。

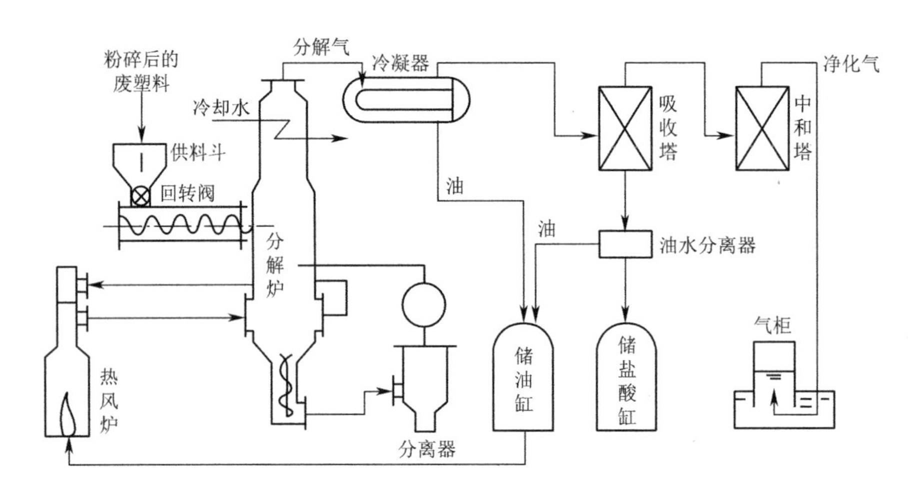


图3-2-10　日本三菱公司的分解塑料流程

②聚烯烃浴热解流程

这是日本川崎重工开发的一种方法。它是利用聚氯乙烯（PVC）脱HCl的温度比聚乙烯（PE）、聚丙烯（PP）和聚苯乙烯（PS）分解的温度低这一特点，将PE、PP、PS在接近400℃时熔融，形成熔融液浴使PVC受热分解，该流程见图3-2-11。把PVC、PE、PP、PS加入到380~400℃的PE、PP、PS的热浴媒体中，分解温度低的PVC首先脱除HCl汽化，以后PE、PP、PS熔融形成热浴媒体，再根据停留时间的长短PE、PP、PS逐渐分解。本流程的优点是用对流传热代替导热系数小的热传导。

2. 废橡胶的热解

废橡胶主要是指天然橡胶生产的废轮胎、工业部门的废皮带和废胶管等。人工合成的氯丁橡胶、丁腈橡胶由于热解时会产生HCl及HCN，不宜热解。

废橡胶的热解产物非常复杂，通过热解既可以处理废物，又可回收炭黑、燃料油、可燃气等油品和化学品，成为近年来的研究热点。

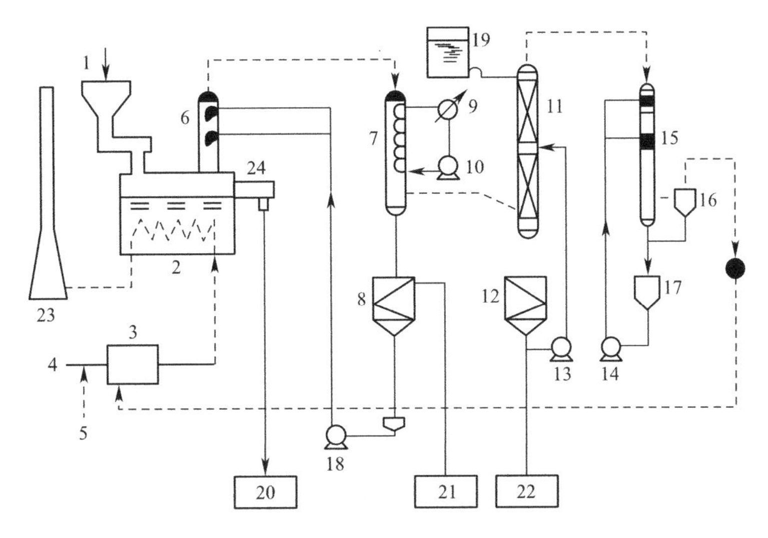


1—废塑料加料斗；2—聚烯烃浴加热分解炉；3—燃烧室；4—轻质油；5—空气；6—重质油分离塔；7—轻质油分离塔；8—轻质油槽；9—热交换器；10，13，14，18—泵；11—HCl 槽；12—HCl 贮槽；15—洗涤塔；16—除雾器；17—NaOH 水溶液贮槽；19—给水贮槽；20—残渣；21—轻质油；22—盐酸；23—烟囱；24—再加热室

图 3–2–11 聚烯烃浴加热分解废塑料流程

## 3.2.3 固体废物的焙烧

固体废物的焙烧是在低于熔点的温度条件下热处理废物的过程，目的是改变废物的化学性质和物理性质，以便于后续的资源化利用。在焙烧过程中一般不出现液相，可以看成气–固和固–固多相反应的过程。固体焙烧后的产品称为焙砂。

### 3.2.3.1 焙烧方法

根据焙烧过程主要化学反应的性质，固体废物的焙烧有烧结焙烧、分解焙烧、氧化焙烧、还原焙烧、硫酸化焙烧、氯化焙烧、离析焙烧和钠化焙烧等。

（1）烧结焙烧

烧结焙烧的目的是将粉末或粒状物料在高温下烧成块状或球团状物料，目的是提高致密度和机械强度，便于下一步作业的进行。有时要加入石灰石或其他辅助原料一块烧结，烧结过程也会发生某些物理化学变化，但烧结成块是主要目的。化学反应往往伴随发生。

（2）分解焙烧

物料在高温下发生分解反应，也称为煅烧，如：

$$CaCO_3 \xrightarrow{\triangle} CaO + CO_2 \uparrow$$

煅烧主要是为了脱除 $CO_2$ 及结合水，使物料某些成分发生分解。

（3）氧化焙烧

氧化焙烧主要用于脱硫，适用于对硫化物的氧化，其必须在氧化气氛下进行，如硫铁矿的氧化焙烧：

$$7FeS_2 + 6O_2 \xrightarrow{\triangle} Fe_7S_8 + 6SO_2 \uparrow$$

此时硫铁矿变成磁黄铁矿，$Fe_7S_8$ 带磁性。

若延长焙烧时间，继续脱硫，则磁黄铁矿变成磁铁矿：

$$Fe_7S_8 + 38O_2 \xrightarrow{\triangle} 7Fe_3O_4 + 24SO_2 \uparrow$$

焙烧的产物，$SO_2$ 可以转化为 $SO_3$，回收可制取硫酸。$Fe_3O_4$ 通过磁选可获得铁精矿供冶炼厂作原料。

（4）还原焙烧

还原焙烧必须在还原气氛中进行，还原剂有 C、CO、$H_2$ 等，被还原的物质常有焦炭、重油、煤气、水煤气等。典型的例子是 $Fe_2O_3$ 的还原焙烧。

$$3Fe_2O_3 + C \xrightarrow{\triangle} 2Fe_3O_4 + CO \uparrow$$

$$3Fe_2O_3 + CO \xrightarrow{\triangle} 2Fe_3O_4 + CO_2 \uparrow$$

$$3Fe_2O_3 + H_2 \xrightarrow{\triangle} 2Fe_3O_4 + H_2O$$

焙烧产物如果放入水中冷却，可获得人工磁选矿 $Fe_3O_4$。如果放在 350℃下的空气中冷却，则可以生成强磁性的 $\gamma$-$Fe_2O_3$。

$$4Fe_3O_4 + O_2 \xrightarrow{350℃} 6\gamma - Fe_2O_3 + 4397J$$

$\gamma$-$Fe_2O_3$ 比 $Fe_3O_4$ 磁性更强，更易于用磁性分离获得铁精矿。

上述氧化焙烧和还原焙烧中能产生磁性氧化铁的焙烧，叫作磁化焙烧。

磁化焙烧不仅对氧化铁回收有意义，而且对那些与 $Fe_2O_3$ 共生或吸附在 $Fe_2O_3$ 晶格中的某些难以分离和富集的重金属 Cu、Ni、Co 及稀有金属 Au、Ag 等，可通过磁化焙烧使 $Fe_2O_3$ 具有磁性，再用磁选分离，而难于分离的金属则通过间接富集将它们分离。

（5）硫酸化焙烧

在工业中，往往用沸腾炉对 CuS 矿进行硫酸化焙烧，获得可溶性的 $CuSO_4$，然后用水浸出回收 $CuSO_4$。

（6）氯化焙烧

一些熔点较高的金属，如 Ti、Mg 等，较难分离，但它们的氯化物都具有较高的挥发性，工业上采用氯化焙烧，使其生成氯化物挥发，然后从烟尘里加以回收富集。

一般采用 $Cl_2$，NaCl、$CaCl_2$ 等作为氯化剂，最常用的是 NaCl，其氯化反应由两阶段构成：

①首先在有水分存在时，氯化剂与 $SiO_2$ 或 $Al_2O_3 \cdot 2SiO_2 \cdot 2H_2O$ 反应生成 HCl。

$$2NaCl + SiO_2 + H_2O \longrightarrow Na_2SiO_3 + 2HCl$$

$$4NaCl + Al_2O_3 \cdot 2SiO_2 \cdot 2H_2O \longrightarrow 4HCl + 2Na_2O \cdot Al_2O_3 \cdot 2SiO_2$$

②生成的 HCl 与废渣中的金属氧化物反应生成氯化物：

$$TiO_2 + 4HCl \longrightarrow TiCl_4 + 2H_2O$$

$$MgO + 2HC \longrightarrow MgCl_2 + H_2O$$

挥发物在烟道中冷却，即可从烟尘中回收 $TiCl_4$ 和 $MgCl_2$，对得到的较纯净的 $TiCl_4$ 或 $MgCl_2$ 等可以用熔融电解法直接获得金属 Ti 或 Mg。

（7）离析焙烧

离析焙烧是氯化焙烧的发展，是在有还原剂存在时，在高于氯化焙烧的温度下进行的，生成的挥发性氯化物再被还原剂还原成金属，“离析”到还原剂表面上，然后用浮选的方法回收金属。离析焙烧在 Cu、Ni、Au 等金属的工业生产中得到了应用。

离析焙烧按 3 个步骤进行（以 CuO 为例）：

① $2NaCl + SiO_2 + H_2O \longrightarrow 2HCl + Na_2SiO_3$

② $2CuO + 2HCl \longrightarrow 2/3Cu_3Cl_3 + H_2O + 1/2O_2$

或：$Cu_2O + 2HCl \longrightarrow 2/3Cu_3Cl_3 + H_2O$

由于 CuCl 的蒸气压很低，在 750℃和 825℃时，其蒸气压分别为 2266Pa 和 5332Pa，在高温下，它不是呈单聚化合物状态，而是如上两式所示，以三聚状态（$Cu_3Cl_3$）存在。

③氧化亚铜的还原：实践表明，最有效的还原剂为炭粒，但 $Cu_3Cl_3$ 并不是被炭粒直接还原，而是在有水蒸气存在时被炭粒周围的 $H_2$ 还原，被还原的金属覆盖在炭粒表面上，即：

$$Cu_3Cl_3 + 3/2H_2 \longrightarrow 3Cu \downarrow + 3HCl$$

炭粒表面被一层金属 Cu 的薄膜包围，炭粒较轻，再用浮选法分离出炭粒，则金属铜也被富集或直接回收了。

虽然 $H_2$ 是 $Cu_3Cl_3$ 有效的还原剂，但是如果直接用 $H_2$ 还原 $Cu_3Cl_3$，则生成的 Cu 呈细粒状遍布于脉石或炉壁上，难以回收，达不到富集目的。所以铜的离析需要一种固体还原剂作为金属 Cu 沉积和发育的核心，沉积的铜生成一种薄膜包围炭粒。

（8）钠化焙烧

多数酸性氧化物如 $V_2O_5$、$Cr_2O_3$、$WO_3$、$MoO_3$ 等在高温下与 $Na_2CO_3$ 反应能形成

溶于水或能水解成氢氧化物的纳盐，然后加以回收。

$$V_2O_5+Na_2CO_3 \longrightarrow Na_2O \cdot V_2O_5+CO_2\uparrow$$

生成的 $Na_2O \cdot V_2O_5$ 溶于水，再用水浸出，水解转变成焦钒酸钠：

$$2Na_3VO_4+H_2O \longrightarrow Na_4V_2O_7+2NaOH$$

然后用 $NH_4Cl$ 沉淀出无色结晶的偏钒酸铵：

$$Na_4V_2O_7+4NH_4Cl \longrightarrow NH_4VO_3\downarrow+2NH_3\uparrow+H_2O+4NaCl$$

偏钒酸铵焙烧即得 $V_2O_5$：

$$2NH_4VO_3 \xrightarrow{\triangle} 2NH_3\uparrow+V_2O_5+H_2O$$

值得注意的是，在离析焙烧中，$SiO_2$ 是必不可少的，因为有它才能有 HCl 发生，而在钠化焙烧中 $SiO_2$ 是有害成分：

$$Na_2CO_3+SiO_2 \longrightarrow Na_2O \cdot SiO_2+CO_2\uparrow$$

这样白白消耗了 $Na_2CO_3$，所以一般在较低温度下进行钠化焙烧，以减少 $Na_2O \cdot SiO_2$ 的生成。

3.2.3.2　焙烧工艺与设备

常用的焙烧设备有沸腾焙烧炉、竖炉、回转窑等。硫铁矿烧渣磁化焙烧通常采用沸腾焙烧炉。不同焙烧方法有不同焙烧工艺，但可大致分为以下步骤：配料混合→焙烧→冷却→浸出→净化。如果是挥发性焙烧，则是挥发气体收集→洗涤→净化。图 3-2-12 是含钴烧渣中温氯化焙烧工艺流程。焙烧冷却后喷水预浸出是为了润湿焙烧产物，使部分硫酸盐结晶。焙烧形成的颗粒及颗粒间的空隙，可以提高透气性，加快浸出液通过焙烧产物的速度。

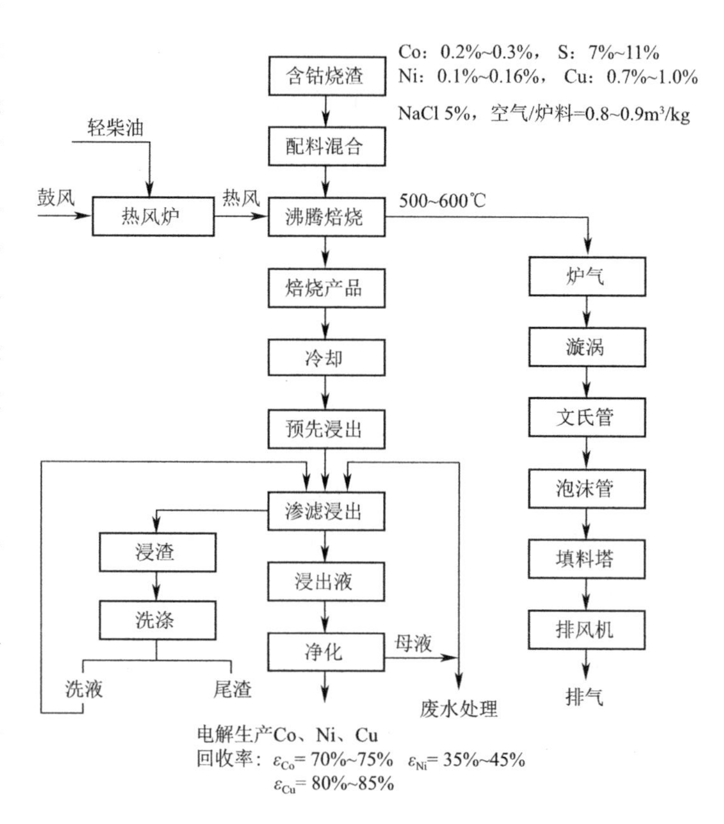


图 3-2-12　含钴烧渣中温氯化焙烧

## 3.3 固体废物的固化处理

根据固化基材及固化过程，目前常用的固化处理方法主要包括：水泥固化、石灰固化、沥青固化、塑性材料固化、有机聚合物固化、自胶结固化、熔融固化（玻璃固化）和陶瓷固化等。但现在所采用的各种固化处理往往只能适用于一种或几种类型的废物。已应用该技术处理的废物包括金属表面加工废物、电镀及铅冶炼酸性废物、尾矿、废水处理污泥、焚烧、炉灰、食品生产污泥等，并非所有的危险废物都适用于固化处理，并且某些废物对不同固化处理技术的适应性也有所差别（表3-3-1）。根据固化处理的对象可将固化处理分为无机废物固化法和有机废物包封法。无机废物固化法和有机废物包封法的优缺点见表3-3-2。

**某些废物对不同固化处理技术的适应性　　表3-3-1**

| 废物成分 | | 处理技术 | | | |
|---|---|---|---|---|---|
| | | 水泥固化 | 石灰等材料固化 | 热塑性微包容法 | 大型包容法 |
| 有机物 | 有机溶剂和油 | 影响凝固，有机气体挥发 | 影响凝固，有机气体挥发 | 加热时有机气体会逸出 | 先用固体基料吸附 |
| | 固态有机物（如塑料、树脂、沥青） | 可适应，能提高固化体的耐久性 | 可适应，能提高固化体的耐久性 | 有可能作为凝结剂来使用 | 可适应，可作为包容材料使用 |
| 无机物 | 酸性废物 | 水泥可中和酸 | 可适应，能中和酸 | 应先进行中和处理 | 应先进行中和处理 |
| | 氧化剂 | 可适应 | 可适应 | 会引起基料的破坏甚至燃烧 | 会破坏包容材料 |
| | 硫酸盐 | 影响凝固，除非使用特殊材料，否则引起表面剥落 | 可适应 | 会发生脱水反应和再水合反应而引起泄漏 | 可适应 |
| | 卤化物 | 很容易从水泥中浸出，妨碍凝固 | 妨碍凝固，会从水泥中浸出 | 会发生脱水反应和再水合反应 | 可适应 |
| | 重金属盐 | 可适应 | 可适应 | 可适应 | 可适应 |
| | 放射性废物 | 可适应 | 可适应 | 可适应 | 可适应 |

无机废物固化法和有机废物包封法的优缺点　　表 3-3-2

| | 无机废物固化法 | 有机废物包封法 |
|---|---|---|
| 优点 | ①设备投资费用及日常运行费用低；<br>②所需材料比较便宜而丰富；<br>③处理技术已比较成熟，<br>④材料的天然碱性有助于中和废水的酸度；<br>⑤由于材料可在一定的含水量范围内使用，不需要彻底的脱水过程<br>⑥借助于有选择地改变处理剂的比例，处理后产物的物理性质可从软的黏土一直变化到整块石料；<br>⑦用石灰为基质的方法可在一个单一的过程中处理两种废物；<br>⑧用秸土为基质可用于处理某些有机废物 | ①污染物迁移率一般要比无机固化法低；<br>②与无机固化法相比，需要的固定程度低；<br>③处理后材料的密度较低，从而可以降低运输成本；<br>④有机材料可在废物与浸出液之间形成一层不透水的边界层；<br>⑤此法可包封较大范围的废物；<br>⑥对大型包封法而言，可直接应用现代化的设备喷涂树脂，无需其他能量开支 |
| 缺点 | ①需要大量原料；<br>②原料（特别是水泥）是高能耗产品；<br>③某些飞灰如那些含有有机物的废物在固化时会有一些困难；<br>④处理后产物的质量和体积都有较多增加；<br>⑤处理后产物容易被浸出，尤其容易被稀酸浸出，因此可能需要额外的密封材料；<br>⑥稳定化的机理尚未了解 | ①所用的材料较昂贵；<br>②用热塑性及热固性包封法时，干燥、熔化及聚合化过程中能源消耗大；<br>③某些有机聚合物是易燃的；<br>④除大型包封法外，各种方法均需要熟练的技术人员及昂贵的设备；<br>⑤材料是可降解的，易于被有机溶剂腐蚀；<br>⑥某些材料在聚合不完全时自身会造成污染 |

## 3.3.1　水泥固化

### 3.3.1.1　基本理论

水泥固化是以水泥为固化剂将危险废物进行固化的一种处理方法。在用水泥固化时，废物被掺入水泥的基质中，水泥与废物中的水分或另外添加的水分发生水化反应后生成坚硬的水泥固化体。

（1）水泥固化基材及添加剂

水泥是一种无机胶结材料，其主要成分为 $SiO_2$、$CaO$、$Al_2O_3$ 和 $Fe_2O_3$，水化反应后可形成坚硬的水泥石块，从而把分散的固体填料（如砂、石）牢固地带结为一个整体。水泥的品种很多，如普通硅酸盐水泥、矿渣硅酸盐水泥、火山灰质硅酸盐水泥、矾土水泥、沸石水泥等都可以作为废物固化处理的基材。

为了改善固化产品的性能，根据废物的性质和对产品质量的要求，需添加适量的添加剂。添加剂分为无机添加剂和有机添加剂两大类，前者有蛭石、沸石、多种带土矿物、水玻璃、无机缓凝剂、无机速凝剂和骨料等；后者有硬脂酸丁醋、B 葡萄糖酸内醋、柠檬酸等。

（2）水泥固化的化学反应

水泥固化过程所发生的水合反应主要有：

①硅酸三钙的水合反应

$$3CaO\cdot SiO_2+xH_2O\longrightarrow 2CaO\cdot SiO_2\cdot yH_2O+Ca(OH)_2$$
$$\longrightarrow CaO\cdot SiO_2\cdot mH_2O+2Ca(OH)_2$$
$$2(3CaO\cdot SiO_2)+xH_2O\longrightarrow 2CaO\cdot 2SiO_2\cdot yH_2O+3Ca(OH)_2$$
$$\longrightarrow 2(CaO\cdot SiO_2\cdot mH_2O)+4Ca(OH)_2$$

②硅酸二钙的水合反应

$$2CaO\cdot SiO_2+xH_2O\rightarrow 2CaO\cdot SiO_2\cdot xH_2O\longrightarrow CaO\cdot SiO_2\cdot mH_2O+2Ca(OH)_2$$
$$2(2CaO\cdot SiO_2)+xH_2O\longrightarrow 3CaO\cdot 2SiO_2\cdot yH_2O+Ca(OH)_2$$
$$\longrightarrow 2(CaO\cdot SiO_2\cdot mH_2O)+2Ca(OH)_2$$

③铝酸三钙的水合反应

$$3CaO\cdot Al_2O_3+xH_2O\longrightarrow 3CaO\cdot Al_2O_3\cdot xH_2O\longrightarrow CaO\cdot Al_2O_3\cdot mH_2O+Ca(OH)_2$$

如有氢氧化钙 $Ca(OH)_2$ 存在，则变为：

$$3CaO\cdot Al_2O_3+xH_2O+Ca(OH)_2\longrightarrow 4CaO\cdot Al_2O_3\cdot mH_2O$$

④铝酸四钙的水合反应：

$$4CaO\cdot Al_2O_3+xH_2O+Fe_2O_3\longrightarrow 3CaO\cdot Al_2O_3\cdot mH_2O+CaO\cdot Fe_2O_3\cdot nH_2O$$

#### 3.3.1.2 水泥固化工艺及其影响因素

水泥固化工艺通常是把危险废物、水泥和其他添加剂一起与水混合，经过一定的养护时间而形成坚硬的固化体。固化工艺的配方是根据水泥的种类处理要求以及废物的处理要求制定的。影响水泥固化的因素主要有：

（1）pH 值

pH 值对于金属离子的固定有显著的影响。当 pH 值较高时，许多金属离子会形成氢氧化物沉淀，并且水中的碳酸盐浓度也会较高，有利于生成碳酸盐沉淀。另外，pH 值过高时，会形成带负电荷的羟基络合物，溶解度反而升高。如对于 Cu，当 pH 值大于 9 时；对于 Zn，当 pH 值大于 9.3 时；对于 Cd，当 pH 值大于 11.1 时，都会形成金属络合物，使溶解度增加。

（2）水、水泥和废物量的比例

水分过少，不能保证水泥的充分水合作用；水分过大，则会出现泌水现象，影响固化块的强度。

（3）凝固时间

必须适当控制初凝时间和终凝时间，以确保水泥废物料浆能够在混合以后有足够的时间进行输送、装桶或者浇注。一般初凝时间大于 2h，终凝时间在 48h 以内。可通过投加促凝剂、缓凝剂来控制凝结时间。

（4）添加剂

常常根据废物的性质掺入适量的添加剂，就是为了改善固化条件，提高固化体质量。

常用的添加剂有吸附剂，如添加适量的沸石或蛭石于含有大量硫酸盐的废物中，可以防止硫酸盐与水泥成分发生化学反应，生成水化硫铝酸钙而导致固化体膨胀和破裂。采用蛭石作添加剂，还可以起到骨料和吸收的作用。

3.3.1.3　应用及特点

水泥固化处理技术适用于无机类型的废物，如多氯联苯、油和油泥、含有氯乙烯和二氯乙烷的废物、硫化物等，尤其是含有重金属污染物的废物。也被应用于低、中放射性废物以及垃圾焚烧厂产生的焚烧飞灰等危险废物的固化处理。

（1）电镀污泥固化处理技术

电镀污泥水泥固化处理时，采用硅酸盐水泥作为固化剂。电镀干污泥、水泥和水的配比为 12 ：20 ：（6~10）。其水泥固化体的抗压强度可达 10~20MPa。浸出试验表明，重金属的浸出浓度：汞小于 0.0002mg/L（原污泥含汞 0.13~1.25mg/L）；镉小于 0.002mg/L（原污泥含镉 1.0~80.6mg/L）；铅小于 0.002mg/L（原污泥含铅 165~243mg/L）；六价铬小于 0.02mg/L（原污泥含六价铬 0.3~0.4mg/L）；砷小于 0.01mg/L（原污泥含砷 8.14~11.0mg/L）。电镀污泥水泥固化处理工艺流程如图 3-3-1 所示。

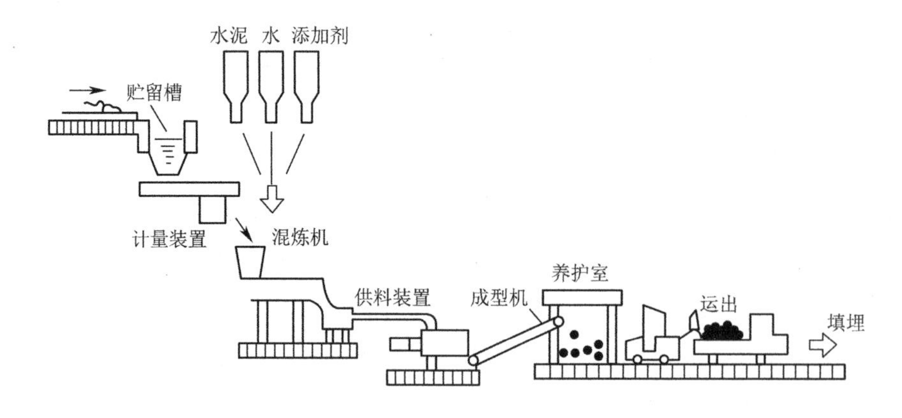


图 3-3-1　电镀污泥水泥固化处理工艺流程

（2）含汞泥渣的水泥固化处理

汞渣水泥固化处理时，汞渣与水泥的配比为 1 ：（3~8）时加水混合均匀后送入模具振捣成型，然后再送入蒸汽养护室，在 60~70℃下养护 24h，凝结硬化即形成固化体，可作深埋处置。

水泥固化具有以下优点：①设备和工艺过程简单，无需特殊的设备，设备投资、动力消耗和运行费用都比较低；②水泥和添加剂价廉易得；③对含水率较低的废物可直接固化，无需前处理；④在常温下就可操作；⑤处理技术已相当成熟，对放射性废物的固化容易实现安全运输和自动控制等。

水泥固化也存在缺点：①水泥固化体的浸出速率较高，通常为104～105g/( $cm^2$·d )，这是由于它的孔隙率较高所致，因此需做涂覆处理；②水泥固化体的增容比较高，达1.5～2；③有的废物需进行预处理和投加添加剂，使处理费用增高；④水泥的碱性易使铵离子转变为氨气逸出；⑤处理化学泥渣时，由于生成胶状物，使混合器的排料较困难，需加入适量的锯末予以克服。

## 3.3.2 石灰固化

### 3.3.2.1 原理

石灰固化是指以石灰和具有火山灰活性的物质（如粉煤灰、垃圾焚烧灰渣、水泥窑灰等）为固化基材对危险废物进行稳定化与固化处理的方法。在有水存在的条件下，这些基材物质发生反应，将污泥中的重金属成分吸附于所产生的胶状微晶中。而石灰与凝硬性物料结合会产生能在化学及物理上将废物包裹起来的粘结性物质。石灰固化利用一些很少有或者没有商业价值的废物，对废物处理者来说是非常有利的，因为两种废物可以同时得到处理。

石灰固化技术常以加入氢氧化钙（熟石灰）的方法稳定污泥。石灰中的钙与废物中的硅铝酸根会产生硅酸钙、铝酸钙的水化物或者硅铝酸钙。为了使固化体更稳定，可以同时投加少量的添加剂。

### 3.3.2.2 应用及特点

石灰固化技术适用于稳定石油冶炼污泥、重金属污泥、氧化物、废酸等无机污染物。

总的来说，石灰固化方法简单，物料来源方便，操作不需特殊设备及技术，比水泥固化法便宜，并在适当的处置环境，可维持波索兰反应( Pozzolanic Reaction，也称“波索来反应” )的持续进行。但石灰固化处理得到的固化体的强度较低，所需养护时间较长，并且体积膨胀较大，增加了清运和处置的困难，因而较少单独使用。

## 3.3.3 沥青固化

### 3.3.3.1 原理

沥青固化是以沥青类材料作为固化剂，与危险废物在一定的温度、配料比、碱度和搅拌作用下发生皂化反应，使有害物质包容在沥青中并形成稳定固化体的过程。沥青属于憎水性物质，具有良好的粘结性和化学稳定性，而且对于大多数酸和碱有较高的耐腐蚀性。目前我国所使用的沥青大部分来自石油蒸馏的残渣，其化学成分包括沥青质、油分、游离碳、胶质、沥青酸和石蜡等。从固化的要求出发，较理想的沥青组分应含有较高的沥青质和胶质以及较低的石蜡。完整的沥青固化体具有优良的防水性能。

#### 3.3.3.2 沥青固化工艺

沥青固化工艺主要包括三个部分，即固体废物的预处理、废物与沥青的热混合以及二次蒸汽的净化处理，其中关键的部分为热混合环节。

放射性废物沥青固化的基本方法有高温熔化混合蒸发法、暂时乳化法和化学乳化法。

（1）高温熔化混合蒸发法

高温熔化混合蒸发法（图 3-3-2）是将废物加入预先熔化的沥青中，在 50~230℃下搅拌混合蒸发，待水分和其他挥发组分排出后，将混合物排至贮存器或处置容器中。

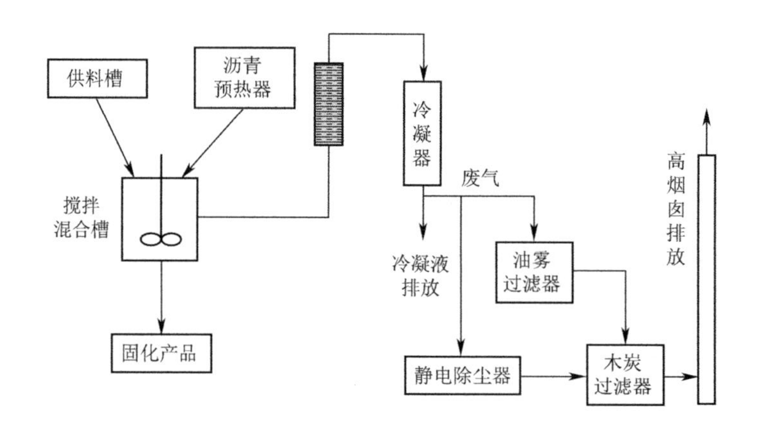


图 3-3-2 高温熔化混合蒸发沥青固化流程

（2）暂时乳化法

放射性泥浆的暂时乳化法沥青固化主要分三个步骤，首先是将污泥浆、沥青与表面活性剂搅拌混合，然后分离除去大部分水分，再进一步升温干燥，使混合物脱水，其主要设备是双螺杆挤压机。

（3）化学乳化法

化学乳化法的操作分三个步骤，首先将放射性废物在常温下与乳化沥青混合，然后将混合物加热，脱去水分，接着将脱水干燥后的混合物排入废物容器，待冷却硬化后形成沥青固化体。

3.3.3.3　*应用及特点*

沥青固化一般被用来处理中、低放射性蒸发残液、废水化学处理产生的污泥、焚烧炉产生的灰分，以及毒性较大的电镀污泥和砷渣等危险废物。

沥青固化与水泥固化技术相比较，二者所处理的废物对象基本上相同，除可处理低、中放射性废物外，还可以处理浓缩废液或污泥、焚烧炉的残渣、废离子交换树脂等。但在固化技术方面，沥青固化具有如下特点：

（1）固化体的孔隙率和固化体中污染物的浸出速率均大大降低。另外，由于固化过程中干废物与固化剂之间的质量比通常为（1～2）：1，因而固化体的增容比较小。

（2）固化剂具有一定的危险性，固化过程容易造成二次污染，需采取措施加以避免。另外，对于含有大量水分的废物，由于沥青不具备水泥的水化作用和吸水性，所以需预先对废物进行浓缩脱水处理。因此，沥青固化工艺流程和装置往往较为复杂，一次性投资与运行费用均高于水泥固化法。

（3）固化操作需在高温下完成，不宜处理在高温下易分解的废物、有机溶剂以及强氧化性废物。

## 3.3.4　塑性材料固化法

3.3.4.1　*原理*

塑性材料固化是以塑料为固化剂，与危险废物按一定的比例配料，并加入适量催化剂和填料进行搅拌混合，使其共聚合固化，将危险废物包容形成具有一定强度和稳定性固化体的过程。根据所用材料的性能不同可以分为热固性塑料固化和热塑性固化两种方法。

（1）热固性塑料固化

热固性塑料固化法是用热固性有机单体（如脲醛）和已经过粉碎处理的废物充分地混合，在助凝剂和催化剂的作用下产生聚合形成海绵状的聚合物质，从而在每个废物颗粒的周围形成一层不透水的保护膜。但是经常有一部分液体废物遗留下来，所以一般在最终处置以前还需干化。目前使用较多的材料是脲醛树脂、聚酯和聚丁二烯等，有时也可使用酚醛树脂或环氧树脂。一般情况下，废物与包封材料之间不进行化学反应，所以包封的效果仅分别取决于废物自身的性质（颗粒度、含水率等）以及进行聚合的条件。

（2）热塑性固化

热塑性固化是用熔融的热塑性物质在高温下与危险废物混合，以达到废物稳定化的目的。可使用的热塑性物质有沥青、石蜡、聚乙烯、聚丙烯等。在操作时，通常是先将废物干燥脱水，然后将聚合物与废物在适当的高温下混合，并在升温的条件下将水分蒸发掉。

3.3.4.2 应用及特点

热固性塑料固化法在以前曾是固化低水平有机放射性废物（如放射性离子交换树脂）的重要方法之一，同时也可用于稳定非蒸发性的、液体状态的有机危险废物。由于需要对所有废物颗粒进行包封，在适当选择包容物质的条件下，可以达到十分理想的包容效果。该法的主要优点是引入的物质密度较低，所需要的添加剂数量也较少，固化体密度小；主要缺点是操作过程复杂，热固性材料自身价格高昂，由于操作中有机物的挥发，容易引起燃烧起火，所以通常不能在现场大规模应用。

塑性材料固化与水泥等无机材料的固化工艺相比，除去污染物的浸出速率低得多外，由于需要的包容材料少，又在高温下蒸发了大量的水分，它的增容比也较低。该法的主要缺点是在高温下进行操作，耗能较多；操作时会产生大量的挥发性物质，其中有些是有害物质；有时在废物中含有热塑性物质或者某些溶剂，影响稳定剂和最终的稳定效果。

### 3.3.5 玻璃固化技术

玻璃固化是以玻璃原料为固化剂，将其与危险废物以一定的配料比混合后，在1000～1500℃的高温下熔融，经退火后形成稳定的玻璃固化体。玻璃固化主要用于高放射性废物的固化处理。尽管可用于玻璃固化的玻璃种类繁多，但是普通钠钾玻璃在水中的溶解度较高，不能用于高放射性废液的固化；硅酸盐玻璃熔点高，制造困难，也难以使用。通常，采用较多的是磷酸盐玻璃和硼酸盐玻璃。

磷酸盐玻璃固化法最适于处理含盐量低、放射性极高的危险废物，其工艺流程如图 3-3-3 所示。

近年来，重金属污泥的玻璃固化处理也逐步引起重视。许多试验表明，在含有各种重金属的电镀污泥中添加锌和二氧化硅进行玻璃固化处理时，不但可以抑制铬的析出，其他金属也不会溶出。

玻璃固化在所有固化方法中效果最好，固化体中有害组分的浸出速率最低，固化体的增容比最小。但由于烧结过程需要在 1200℃左右的高温下进行，会有大量有害气体产生，其中不乏挥发性金属元素，因此要求配备尾气处理系统。同时，由于在高温下操作，会给工艺带来一系列困难，增加处理成本。另外，由于玻璃是非晶态物质，稳定性和耐久性较差，经一定时间会发霉长花、晶化，特别是含硼玻璃易被微生物降解。

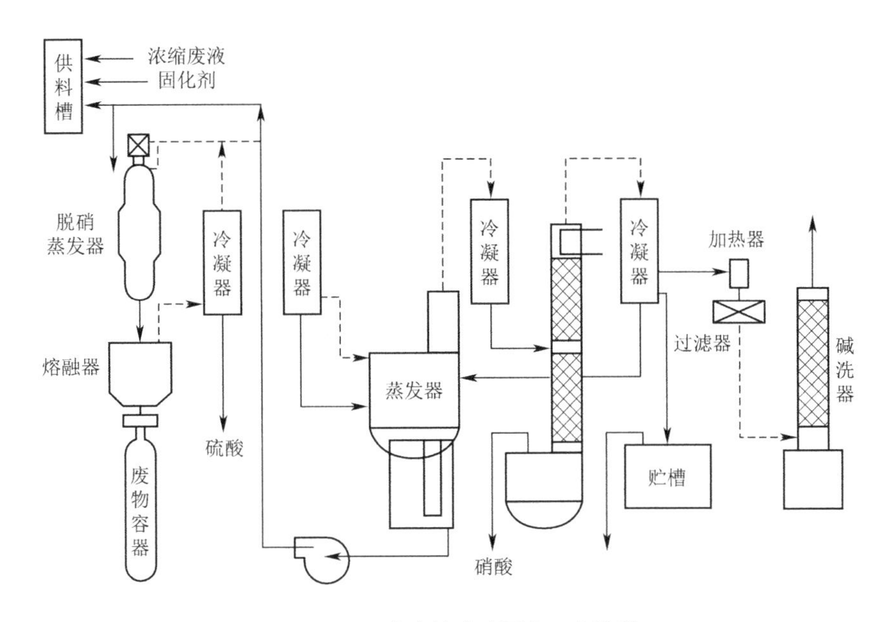


图 3-3-3 磷酸盐玻璃固化工艺流程

## 3.3.6 自胶结固化技术

### 3.3.6.1 原理

自胶结固化是利用废物自身的胶结特性来达到固化目的的方法。该技术主要用来处理含有大量硫酸钙和亚硫酸钙的废物，如磷石膏、烟道气脱硫泥渣等。

将含有大量硫酸钙和亚硫酸钙的废物在控制的温度下燃烧，然后与特制的添加剂和填料混合成为稀浆，经过凝结硬化过程即可形成自胶结固化体。其原理是因废物中的硫酸钙与亚硫酸钙均以二水化物（$CaSO_4 \cdot 2H_2O$ 与 $CaSO_3 \cdot 2H_2O$）的形式存在。170℃时，二水化物会脱水而逐渐生成具有自胶结作用的硫酸钙和亚硫酸钙的半水化物（$CaSO_4 \cdot 1/2H_2O$ 与 $CaSO_3 \cdot 1/2H_2O$），当它们在遇到水以后，会重新恢复为二水化物，并迅速凝固和硬化。

### 3.3.6.2 应用及特点

自胶结固化法的主要优点是工艺简单，不需要加入大量添加剂，废物也不需要完全脱水；固化体化学性质稳定，具有抗渗透性高、抗微生物降解性强和污染物浸出速率低的特点，并且结构强度高。缺点是这种方法只限于含有大量硫酸钙和亚硫酸钙的废物，应用面较为狭窄；此外还要求熟练的操作和比较复杂的设备，煅烧泥渣也需要消耗一定的热量。

自胶结固化法已在美国大规模应用。美国泥渣固化技术公司（SFT）开发了一种名为 Terra-Crete 的技术（图 3-3-4）用以处理烟道气脱硫泥渣。

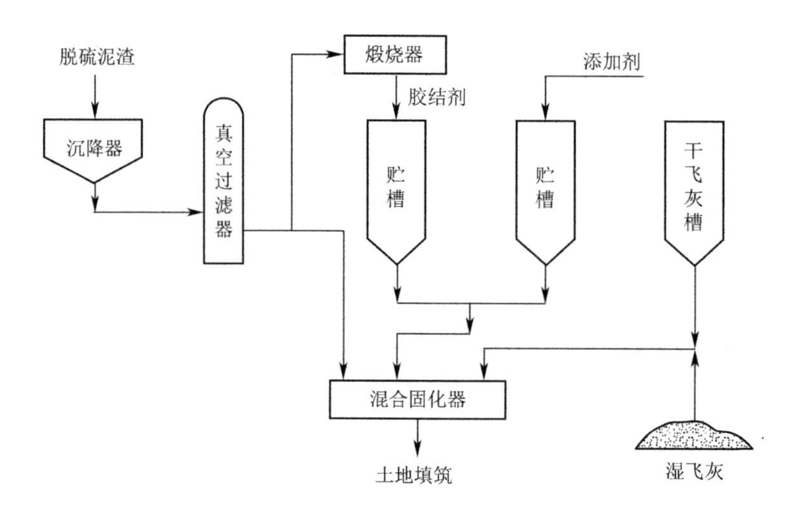


图 3-3-4　烟道气脱硫泥渣自胶结固化的工艺流程

上述是常用的危险废物固化处理技术，其适用对象、主要优缺点见表 3-3-3。

**各种固化技术的适用对象和优缺点**　　**表 3-3-3**

| 技术 | 适用对象 | 优点 | 缺点 |
|---|---|---|---|
| 水泥固化法 | 重金属、氧化物、废酸 | ①处理技术已相当成熟；<br>②对废物中化学性质的变动具有相当的承受力；<br>③可通过控制水泥与废物的比例来弥补固化体的结构缺点，改善其防水性；<br>④无需特殊的设备，处理成本低；<br>⑤对废物直接处理，无需前处理 | ①废物如含特殊的盐类，会造成固化体破裂；<br>②有机物的分解造成裂隙，增加渗透性，降低结构强度；<br>③大量水泥的使用会增加固化体的体积和质量 |
| 石灰固化法 | 重金属、氧化物、废酸 | ①所用物料来源方便，价格便宜；<br>②操作不需特殊设备及技术；<br>③产品通常便于装卸，渗透性有所降低 | ①固化体的强度较低，需较长的养护时间；<br>②有较大的体积膨胀，增加清运和处置的困难 |
| 沥青固化法 | 重金属、氧化物、废酸 | ①固化体孔隙率和污染物浸出速率均大大降低；<br>②固化体的增容比较小 | ①需高温操作，安全性较差；<br>②一次性投资费用与运行费用比水泥固化法高；<br>③有时需要对废物预先脱水或浓缩 |
| 塑性固化法 | 部分非极性有机物、氧化物、废酸 | ①固化体的渗透性较其他固化法低；<br>②对水解液有良好的阻隔性；<br>③接触液损失率远低于水泥固化与石灰固化 | ①需特殊设备和专业操作人员；<br>②废物如含氧化剂或挥发性物质，加热时可能会着火或逸散，在操作前应先对废物干燥、破碎 |
| 玻璃固化法 | 不挥发的高危害性废物、核能废料 | ①固化体可长期稳定；<br>②可利用废玻璃屑作为固化材料；<br>③对核废料的处理已有相当成功的技术 | ①不适用于可燃或挥发性的废物；<br>②高温热熔需消耗大量能源；<br>③需要特殊设备及专业人员 |
| 自胶结固化法 | 含大量硫酸钙和亚硫酸钙的废物 | ①烧结体的性质稳定，结构强度高；<br>②烧结体不具生物反应性及着火性 | ①应用面较狭窄；<br>②需要特殊设备及专业人员 |

# 4 污染土壤的修复技术

## 4.1 土壤气相抽提技术

### 4.1.1 基本原理

土壤气相抽提（SVE）也被称作土壤真空抽取或土壤通风，是一种有效去除土壤不饱和区挥发性有机物的原位修复技术，早期SVE主要用于非水相液体（NAPLs）污染物的去除，也陆续应用于挥发性农药污染的土壤体系，近年来主要应用于苯系物和汽油类污染的土壤修复。土壤气相抽提典型装置如图4–1–1所示，在污染土壤设置气相抽提井，采用真空泵从污染土层抽取气体，使污染土层产生气流流动，把有机污染物通过抽提井排出处理。土壤气相抽提主要基于污染物的原位物理脱除，通过在包气带

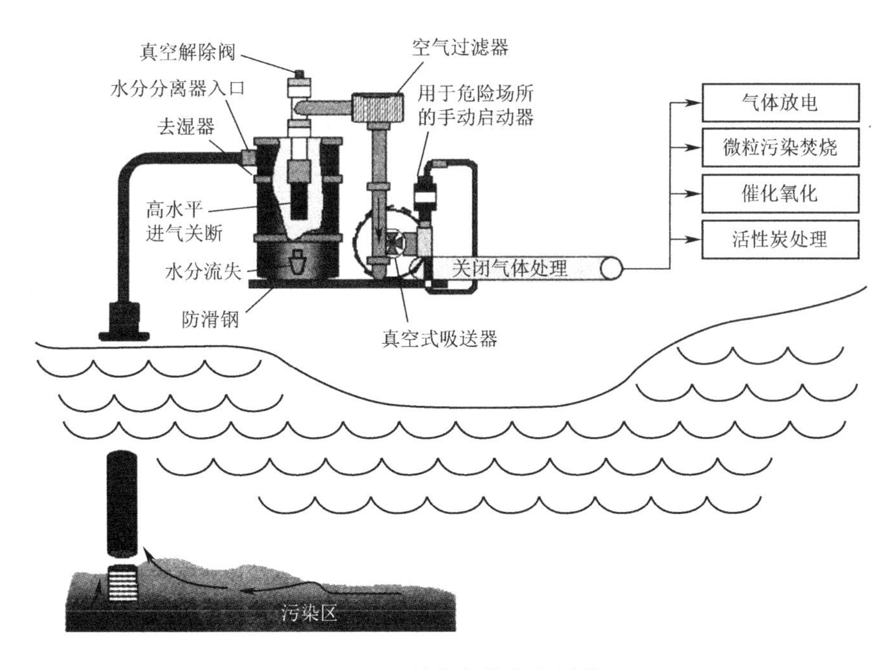


图4–1–1　土壤气相抽提典型装置

抽提气相来强迫土壤空气定向流动并夹带 VOCs 迁移到地上得以处理，该技术具有低成本、高效率等显著特点。目前国内主要停留在实验室研究阶段，现场试验研究不够，美国自 20 世纪 80 年代中期以来投入大量资金用于土壤修复，在此推动下，一些新兴的土壤污染原位修复技术应运而生。其中土壤气相抽提是去除不饱和带土壤中挥发性有机污染物的有效经济方法，被美国环保局（USEPA）列为"革命性技术"大力倡导应用。近年来，SVE 又开始深入土壤生物修复与地下水修复等多学科交叉领域，其应用前景广阔。

## 4.1.2 系统构成

SVE 技术的主要优点之一是体系设计相对简单。SVE 优越于其他（如生物处理或土壤冲洗等）技术，它不需要复杂的设计或特殊的设备就会达到体系最佳的效率及污染物的去除效果。SVE 系统的设计基于气相流通路径与污染区域交叉点的相互作用过程，其运行以提高污染物的去除效率及减少费用为原则。SVE 的关键组成部分为抽提系统，抽提体系常见的方法有：竖井、沟壕或平井、开挖土堆。其中竖井应用广泛，具有影响半径大、流场均匀和易于复合等特点，适用于处理污染至地表以下较深部位的情况。工程应用中根据污染源性质及现场状况可确定抽提装置的数目、尺寸、形状及分布，并对抽气流量及真空度等操作条件加以控制。某中试实验系统组成见图 4-1-2，包括气相抽提井、真空泵、至少三个观察点、气相后净化处理系统、取样点、取样装置、分析仪器（如气相色谱）等。

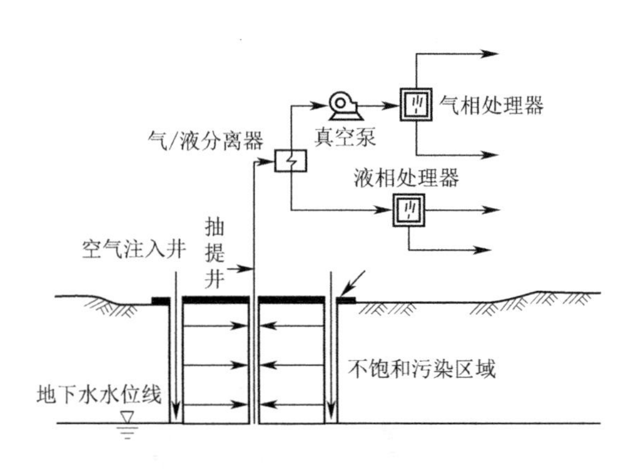


图 4-1-2　中试实验系统组成示意

（1）SVE 系统运行

土壤中 VOCs 的抽提速率通过取样测量尾气流动中的单位时间质量流量获得。许多研究显示 VOCs 的抽提速率开始很高，但由于传质及扩散的限制随时间增加会逐渐减少。由于扩散速率慢于流动速率，连续操作的去除速率随时间增加而下降。

（2）SVE 系统监测

SVE 的运行必须进行监测以保证有效运行及确定关闭系统的合适时间。推荐测量和记录以下参数：测量日期及时间；每个抽提井及注射井的气相流动速率，测量仪器可采用不同的流量计，包括皮托管、转子流量计、旋涡流量计等；每个抽提井及注射井的压力监测用压力计或真空表读数；每个抽提井的气相浓度及组成的分析可采用VOCs检测分析仪；土壤及环境空气的温度；水位提升监测，通过安装在监测井内的电子传感器测量；气象数据，包括气压、蒸发量及相关数据。

（3）气/水分离装置及排放控制系统的设置

气/水分离装置的设立是为防止气相中的水或沉泥进入真空泵或引风机而影响系统的运行。排放控制系统是SVE系统收集的气相中的污染物在排放到大气之前进行处理的系统。用活性炭吸附是近年来处理含有挥发性有机物气体的常用技术。

### 4.1.3 影响因素

土壤的渗透性影响土壤中空气流速及气相运动，直接影响SVE的处理效果。土壤的渗透性越高，气相运动越快，被抽提的量越大。如图4–1–3所示，土壤的渗透性与土壤的粒径分布相关，土壤的粒径分布也决定了SVE的适用性，如果土壤粒径过小，土壤的孔隙也会越小，阻碍土壤中空气流动，使得气相抽提污染物无法进行。因此，气体在土壤中的通透性是SVE技术的主要影响因素，是设计SVE装置的主要参数。根据土壤的种类不同，其固有渗透系数差异很大，一般在$10^{-16}$～$10^{-3}cm^2$范围内，土壤的渗透系数不仅与土壤的种类有关，而且随着水分的增加而变小，尤其对黏土等超细土壤影响大。SVE技术的适用性列于表4–1–1。

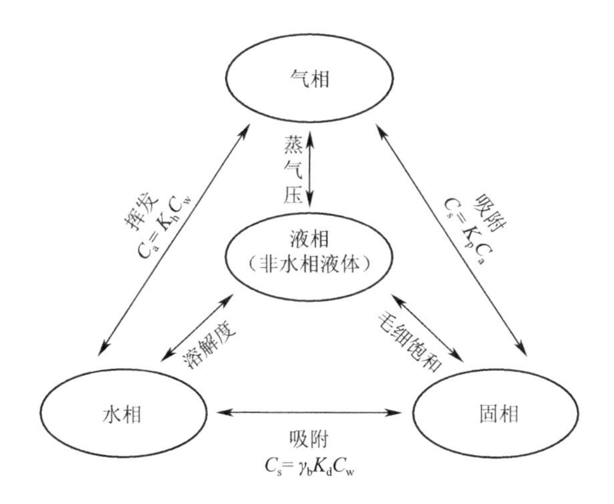


图4–1–3 土壤的渗透性与土壤的粒径分布的关系

$C_a$、$C_w$、$C_s$—分别为VOCs在空气、水、固体中的浓度；$K_h$—亨利常数；$K_p$—气－固两相中的分配系数；$K_d$—液－固两相中的分配系数；$\gamma_b$—土壤颗粒密度

土壤的渗透系数对 SVE 适用影响　　表 4-1-1

| 固有渗透系数（$cm^2$） | SVE 适用性 |
| --- | --- |
| $k > 10^{-8}$ | 适用 |
| $10^{-8} \geqslant k \geqslant 10^{-10}$ | 一般 |
| $k < 10^{-10}$ | 不适用 |

（1）土壤结构和分层

土壤结构和分层（土壤层结构的多向异性）影响气相在土壤基质中的流动程度及路径。其结构特征（如夹层、裂隙的存在）导致优先流的产生，若不正确引导就会使修复效率降低。

（2）气相抽提流量和达西流速

不考虑污染物由土壤中迁移过程的限制，去污速率将正比于抽提流量。Crow 和 Fall 等在汽油泄漏处设计了现场去污通风系统，结果表明随着气流增加，汽油蒸气去除速率也增加。根据达西定律，土壤气相渗流速度与抽提的压力梯度呈正比。

对含有机化合物和 VOCs 的土壤进行原位修复使用气相抽提系统时，通过一些改进可提高剩余有机物的去除率。这包括在污染区域的外围地区设置流入井，在污染区域内设置抽取井，并在抽取井上安装真空泵或抽吸式吹风器，以形成从流入井穿过土壤孔隙进入抽取井的空气环流。这一改进提高了空气的流速，加强了空气作用，有利于将污染物从土壤表面和孔隙中去除，从而提高污染物的去除率，缩短运行时间，节省成本。

粗粒径土壤对有机污染物的吸附容量较低，如砂地和砂砾与细粒径土壤相比，污染物更易被真空抽取法去除。通风效果受污染物的水溶性和土壤性质（如空气导电率、温度及湿度）的影响。高温可促进挥发，因而在真空抽取井周围的渗流区中输入热量，可增加污染物的蒸气压，提高污染物去除率，还可以采用电加热或热空气等技术来提高土壤温度。

## 4.1.4 适用性

（1）一般要求

①所治理的污染物必须是挥发性或者是半挥发性有机物，蒸气压不能低于 0.5Torr（1Torr=1mmHg）；

②污染物必须具有较低的水溶性，并且土壤湿度不可过高；

③污染物必须在地下水位以上；

④被修复的污染土壤应具有较高的渗透性，而对于重度大、土壤含水率大、孔隙率低或渗透速率小的土壤，土壤蒸气迁移会受到很大限制。

为了评估该技术在特定污染点的可行性，首先应对该污染点的土壤特性进行分析，包括控制污染土壤中空气流速的物理因素和决定污染物在土壤与空气之间分配数量的化学因素，例如土壤重度、总孔隙度（土壤颗粒之间的空隙）、充气孔隙度（由空气所占的那部分土壤孔隙）、挥发性污染物的扩散率（在一定时间内通过单位面积的挥发性污染物的数量）、土壤湿度（由水填充的那部分空间所占百分比）、气体渗透率（空气穿过土壤的难易程度）、质地、结构、黏土矿物、表面积、温度、有机碳含量、均一性、空气可渗入区的深度和地下水埋深等。

（2）适用性评价

首先要根据污染土壤的渗透性和污染物的挥发性快速确定 SVE 技术的适用性，一般来说砂石性土壤比黏土或淤泥为主的细土壤更加有利于 SVE 技术的有效实施，汽油等挥发性高的污染物质比柴油等更加有利于 SVE。

在初步选定 SVE 技术之后，要进行进一步的适用性评价，土壤渗透性、土壤和地下水结构、水分含量等影响土壤渗透性的因素和蒸气压、亨利系数等影响污染物挥发特性的因素，如表 4–1–2 所示。

土壤渗透性和污染物挥发性的影响因子　　表 4–1–2

| 影响土壤渗透性的因子 | 影响污染物挥发性的因子 |
|---|---|
| 土壤固有渗透系数 | 蒸气压 |
| 土壤和地层结构 | 污染物构成和升华温度 |
| 水分含量 | 亨利系数 |
| 土壤 pH 值 | |
| 地下水位 | |

（3）适用范围和局限性

SVE 通过机械作用使气流穿过土壤多孔介质并携带出土壤中挥发性或半挥发性有机污染物，该法较适合于由汽油、JP–4 型石油、煤油或柴油等挥发性较强的石油类污染物所造成的土壤污染。SVE 技术受土壤均匀性和透气性以及污染物类型限制。

### 4.1.5　费用

根据修复场地规模、土壤性质和气相抽提井的设置数量等主要成本动因，可以采用 RACER（Remedial Action Cost Engineering Requirements）软件分析 SVE 技术费用。原位 SVE 技术费用因污染场地特点而有所不同，采用 RACER 软件分析美国部分 SVE 技术费用列于表 4-1-3，SVE 技术费用主要依赖于场地规模、污染物的性质、数量以及水文地质条件，小规模地块的处理费用是大规模地块的 1.5~3 倍，污染类型等对小规模地块的处理费用影响较小，对大规模地块影响较大。这是由于地块规模等因素影响抽提井的数量、风机容量和所需的真空度以及修复所需时间，另外废水和废气的处理与处置也会极大地增加成本。

美国部分地块 SVE 技术费用分析结果　　表 4-1-3

| 地块规模 | 小 | | 大 | |
|---|---|---|---|---|
| 处理难易程度 | 容易 | 难 | 容易 | 难 |
| 费用（美元 /m） | 1275 | 1485 | 405 | 975 |
| 相对费用 | 3.2 | 3.7 | 1 | 2.4 |

## 4.1.6 应用概况与理论研究进展

SVE 工程技术最早由英国 TerraVac 公司于 1984 年开发成功并获得专利权，逐渐发展成为 20 世纪 80 年代最常用的土壤及地下水有机物污染的修复技术。据不完全统计，到 1991 年为止，美国共有几千个地点使用该技术。综合 SVE 的应用效果，该技术有成本低、可操作性强、可采用标准设备、处理有机物的范围宽、不破坏土壤结构、处理周期短、可与其他技术联用等优点。但是也存在对含水率高和透气性差的土壤效率低下、处理效率很难高于 90% 而且连续操作的去除速率随时间而下降，达标困难、二次污染等缺点。早期对 SVE 技术的研究集中在现场条件的开发和设计，这主要依赖于场址状况、工程类型、操作参数等与有机物性质和污染程度的关系。

## 4.1.7 气相抽提增强技术

20 世纪 80 年代后，发达国家开始重视土壤污染问题。美国于 20 世纪 90 年代的 10 年间花费了上千亿美元以鼓励一些新兴的原位土壤修复技术，其中修复不饱和区的土壤气相抽提和生物通风（Bio Venting，BV）技术以及修复饱和区土壤的空气喷射（Air Sparging，AS）技术因其效率高、成本低、设计灵活和操作简单等特点而得到迅速发展，成为“革命性”土壤修复技术中应用最广的几种方法。

# 4.2　土壤淋洗技术

## 4.2.1　基本原理

土壤淋洗（soil leaching/flushing/washing）技术是指将能够促进土壤中污染物溶解或迁移作用的溶剂注入或渗透到土层中，使其穿过污染土壤并与污染物发生解吸、螯合、溶解或络合等物理化学反应，最终形成迁移态的化合物，再利用抽提井或其他手段把包含有污染物的液体从土层中抽提出来进行处理的技术，土壤淋洗主要包括三阶段：向土壤中施加淋洗液、下层淋出液收集及淋出液处理。在淋洗修复技术前，应充分了解土壤性状、主要污染物等基本情况，针对不同的污染物选用不同的淋洗剂和淋洗方法，进行可处理性试验，才能取得最佳的淋洗效果，并尽量减少对土壤理化性状和微生物群落结构的破坏。

## 4.2.2　技术分类

土壤淋洗法按处理土壤的位置可以分为原位土壤淋洗和异位土壤淋洗；按淋洗液分类可以分为清水淋洗、无机溶液淋洗、有机溶液淋洗和有机溶剂淋洗 4 种；按机理可分为物理淋洗和化学淋洗；按运行方式分为单级淋洗和多级淋洗。单级淋洗中的主要原理是物质分配平衡规律，即在稳态淋洗过程中从土壤中去除的污染物质的量应等于积累于淋洗液中污染物质的量。单级淋洗又可分为单级平衡淋洗和单级非平衡淋洗。当淋洗浓度受平衡控制时，淋洗只有达到平衡状态，才可能实现最大去除率，这是达到平衡状态的淋洗。污染物的去除不受平衡条件限制时，淋洗速率就成了一个重要因子，这种条件下的淋洗称为单级非平衡淋洗。当淋洗受平衡条件限制时，通常需要采用多级淋洗的方式来提高淋洗效率，多级淋洗主要有两种运行方式。

（1）反向流淋洗（counter current leaching）

这种运行方式下，土壤和淋洗的运动方向相反，使土壤和淋洗液向相反的方向流动。反向流淋洗可以把土壤固定于容器内，让淋洗液流过含土壤的容器，并逐步改变入流和出流点来实现。当土壤固体颗粒较大、流速符合条件时，可以采用固化床淋洗技术实现反向流淋洗（图 4-2-1）。

图 4-2-1　反向流淋洗

（2）交叉流淋洗（cross current washing）

交叉流淋洗（图 4–2–2）是多级淋洗的另一种形式，由几个单级淋洗组合而成。

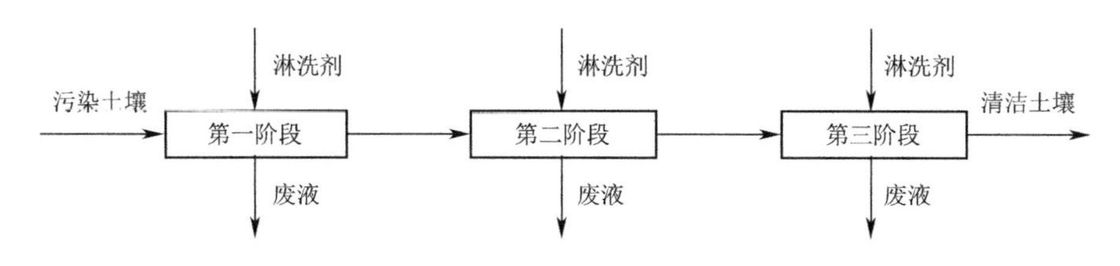


图 4–2–2　交叉流淋洗

4.2.2.1　原位淋洗技术

原位土壤淋洗通过注入井向土壤施加淋洗剂，使其向下渗透穿过污染物并与之相互作用。在此过程中淋洗剂从土壤中去除污染物，并与污染物结合，通过脱附、溶解或络合等作用，最终形成可迁移态化合物。含有污染物的溶液可以用提取井等方式收集、存储，再进一步处理，以再次用于处理被污染的土壤。从污染土壤性质来看适用于多孔隙、易渗透的土壤；从污染物性质来看，适用于重金属、含有低辛烷 / 水分系数的有机化合物、羟基类化合物、低分子量醇类和羟基酸类等污染物。如图 4–2–3 所示，该技术需要在原地搭建修复设施，包括清洗液投加系统、土壤下层淋出液收集系统和淋出液处理系统。同时，有必要将污染区封闭起来，通常采用物理屏障或分割技术。

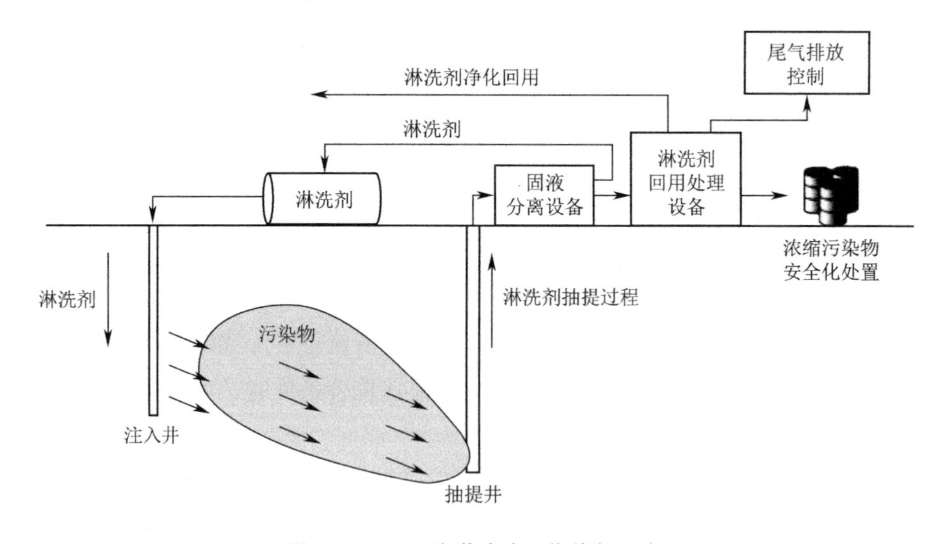


图 4–2–3　土壤淋洗法原位修复示意

影响原位化学淋洗技术的因素很多，起决定作用的是土壤、沉积物或者污泥等介质的渗透性。该技术对于均质、渗透性土壤中污染物具有较高的分离与去除效率。优点包括：无需进行污染土壤挖掘、运输；适用于包气带和饱水带多种污染物去除；适用于组合工艺。缺点为可能会污染地下水，无法对去除效果与持续修复时间进行预测，去除效果受制于场地地质情况等。

4.2.2.2 异位淋洗技术

异位土壤淋洗指把污染土壤挖掘出来，通过筛分去除超大的组分并把土壤分为粗料和细料，然后用淋洗剂来清洗、去除污染物，再处理含有污染物的淋出液，并将洁净的土壤回填或运到其他地点。通常先根据处理土壤的物理状况，将其分成不同的部分，然后根据二次利用的用途和最终处理需求，采用不同的方法将这些部分清洁到不同程度。在固液分离过程及淋出液的处理过程中，污染物或被降解破坏，或被分离，最后将处理后的清洁土壤转移到恰当位置。该技术操作的核心是通过水力学方式机械地悬浮或搅动土壤颗粒，土壤颗粒尺寸的最低下限是 9.5mm，大于这个尺寸的石砾和颗粒才会较易由该方式将污染物从土壤中洗去。通常将异位淋洗技术用于降低受污染土壤量的预处理，主要与其他修复技术联合使用。当污染土壤中的砂粒与砾石含量超过 50% 时，异位土壤淋洗技术就会十分有效。而对于黏粒、粉粒含量超过 30%～50%，或者腐殖质含量较高的污染土壤，异位淋洗技术分离去除效果较差。

土壤淋洗异位修复包括以下步骤：（1）污染土壤的挖掘；（2）污染土壤的淋洗修复处理；（3）污染物的固液分离；（4）残留物质的处理和处置；（5）最终土壤的处置。在处理之前应先分选出粒径＞ 5cm 的土壤和瓦砾，然后清洗处理土壤。由于污染物不能强烈地吸附于砂质土上，所以砂质土只需要初步淋洗；而污染物容易吸附于土壤的细质地部分，所以壤土和黏土通常需要进一步修复处理。然后是固液分离过程及淋洗液的处理过程，在这个过程中，污染物或被降解破坏，或被分离，最后把处理后土壤置于恰当的位置。异位淋洗法示意和流程见图 4–2–4 和图 4–2–5。

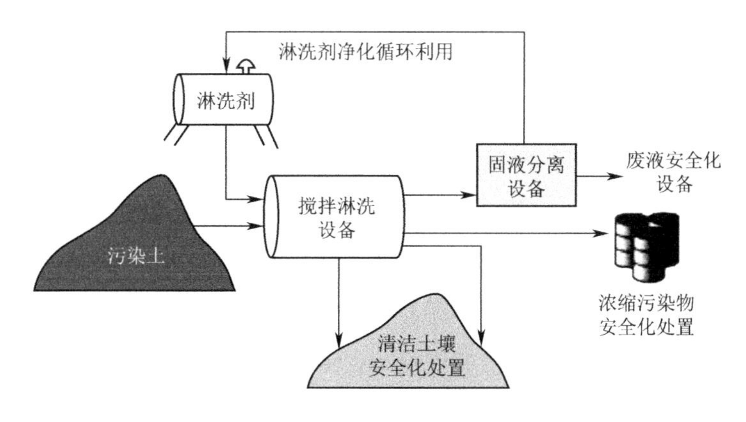


图 4–2–4 土壤淋洗法异位修复示意

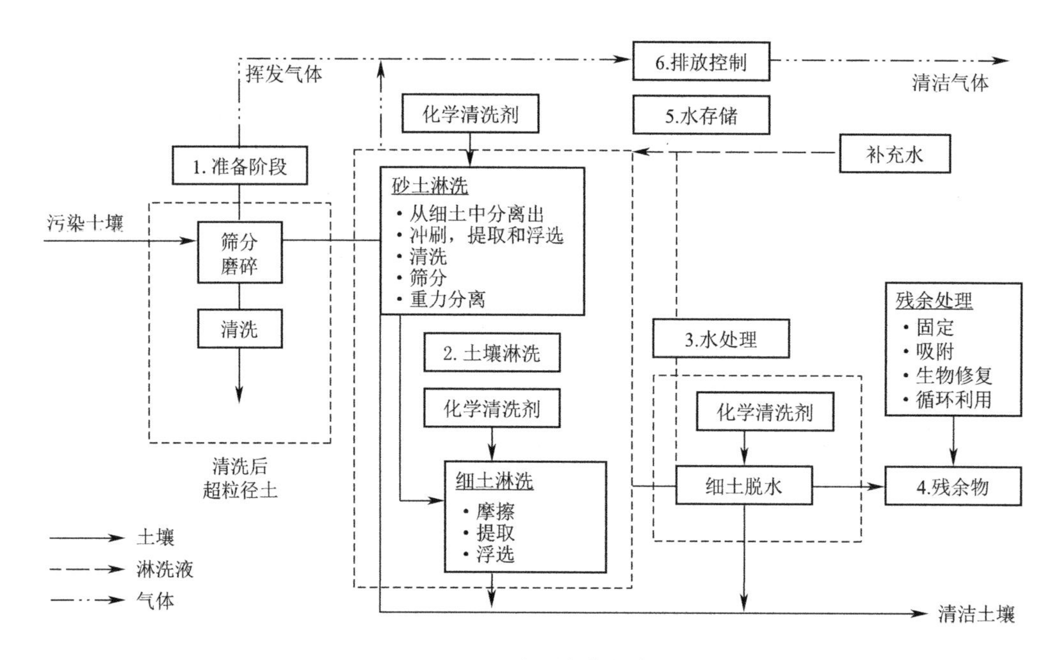


图 4-2-5　土壤异位淋洗法流程

## 4.2.3　影响因素

（1）土壤质地特征

土壤质地特征对土壤淋洗的效果有重要影响。将土壤淋洗法应用于黏土或壤土时，必须先做可行性研究，一般认为土壤淋洗法对含 20%～30% 以上的黏质土 / 壤质土效果不佳。对于砂质土、壤质土、黏土的处理可以采用不同的淋洗方法，对于质地过细的土壤可能需要使土壤颗粒凝聚来增加土壤的渗透性。在某些土壤淋洗实践中，还需要打碎大粒径土壤，缩短土壤淋洗过程中污染物和淋洗液的扩散路径。

土壤细粒的百分含量是决定土壤洗脱修复效果和成本的关键因素。细粒一般是指粒径小于 63μm 的粉 / 黏粒。通常异位土壤洗脱处理对于细粒含量达到 25% 以上的土壤不具有成本优势。

（2）污染物类型及赋存状态

对于土壤淋洗来说，污染物的类型及赋存状态也是一个重要影响因素。污染物可能以一种微溶固体形态覆盖于或吸附于土壤颗粒物表层，或通过物理作用与土壤结合，甚至可能通过化学键与土壤颗粒表面结合。土壤内多种污染物的复合存在也是影响淋洗效果的因素之一，由于土壤受到复合污染，且污染物类型多样，存在状态也有差别，常常导致淋洗法只能去除其中某种类型的污染物。

污染物在土壤中分布不均也会影响土壤淋洗的效果。例如当采集污染土壤时，为了确保所有污染土壤都被处理，必须额外采集污染土壤周围的未污染土壤。有时候未搅动系统内污染物的分布对淋洗速率有影响，但是对这个问题面面俱到的研究往往是不切实际的，因为这些影响不但和污染物的分布方式有关，还和土壤与淋洗液的接触方式有关。当土壤污染历时较长时，通常难于被修复，因为污染物有足够的时间进入土壤颗粒内部，通过物理或化学作用与土壤颗粒结合，其中长期残留的污染物都是土壤自然修复难以去除的物质，难挥发、难降解。

污染物的水溶性和迁移性直接影响土壤洗脱，特别是增效洗脱修复的效果。污染物浓度也是影响修复效果和成本的重要因素。

（3）淋洗剂的类型及其在质量转移中受到的阻力

土壤污染源可以是无机污染物或有机污染物；淋洗剂可以是清水、化学溶剂或其他可能把污染物从土壤中淋洗出来的流体，甚至是气体。

无机淋洗剂的作用机制主要是通过酸解或离子交换等作用来破坏土壤表面官能团与重金属或放射性核素形成的络合物，从而将重金属或放射性核素交换脱附下来，从土壤中分离出来。

络合剂的作用机制是通过络合作用，将吸附在土壤颗粒及胶体表面的金属离子解络，然后利用自身更强的络合作用与重金属或放射性核素形成新的络合体，从土壤中分离出来。

目前，大部分研究者认为表面活性剂去除土壤中有机污染物主要通过卷缩（rollup）和增溶（solubilization）。卷缩就是土壤吸附的油滴在表面活性剂的作用下从土壤表面卷离，它主要靠表面活性剂降低界面张力而发生，一般在临界胶束浓度（Critical Micelle Concentration，CMC，表面活性剂分子在溶剂中缔合形成胶束的最低浓度）以下就能发生；增溶就是土壤吸附的难溶性有机污染物在表面活性剂作用下从土壤脱附下来而分配到水相中，主要靠表面活性剂在水溶液中形成胶束相，溶解难溶性有机污染物。增溶一般要在 CMC 以上才能发生。有的研究者认为表面活性剂的乳化、起泡和分散作用等也在一定程度上有助于土壤有机污染物的去除。Miller 提出生物表面活性剂还可通过两种方式促进土壤中重金属的脱附，一是与土壤液相中的游离金属离子络合；二是通过降低界面张力使土壤中重金属离子与表面活性剂直接接触。

淋洗剂的选择取决于污染物的性质和土壤的特征，这也是大量土壤淋洗法研究的重点之一。酸和螯合剂通常被用来淋洗有机物和重金属污染土壤；氧化剂（如过氧化氢和次氯酸钠）能改变污染物化学性质，促进土壤淋洗的效果；有机溶剂常用来去除疏水性有机物。土壤淋洗过程包括了淋洗液向土壤表面扩散、对污染物质的溶解、淋洗出的污染物在土壤内部扩散、淋洗出的污染物从土壤表面向流体扩散等过程。淋洗剂在土壤中的迁移及其对污染物质的溶解也受到了多种阻力作用，产生影响淋洗率的某些机制见表 4-2-1。一般有机污染选择的增效剂为表面活性剂，重金属增效剂可为无机酸、有机酸、络合剂等。增效剂的种类和剂量根据可行性试验和中试结果确定。对于有机物和重金属复合污染，一般可考虑两类增效剂的复配。

**影响淋洗率的某些机制** 表 4-2-1

| 液膜质量转移 | 淋洗液向土壤表面扩散污染物从土壤表面扩散 |
|---|---|
| 土壤孔隙内扩散 | 淋洗液在土壤孔隙内的扩散<br>污染物的土壤孔隙内的扩散 |
| 土壤颗粒的破碎 | 增加表面积，缩短扩散途径<br>被束缚污染物的暴露 |

（4）淋洗液的可处理性和可循环性

土壤淋洗法通常需要消耗大量淋洗液，而且这一方法从某种程度上说只是将污染物转入淋洗液中，因此有必要对淋洗液进行处理及循环利用，否则土壤淋洗法的优势也难以发挥。

有些污染淋洗液可送入常规水处理厂进行污水处理，有些则需要特殊处理。Steinle 等对淋洗氯酚污染土壤后的碱液进行厌氧固化床生物反应器处理。Khodadous 等通过改变淋洗液的 pH 值，从有机淋洗液中分离出了多环芳烃，实现了淋洗液的回收利用。Koran 等设计了修复五氯苯酚 / 多环芳烃污染土壤的两段式结合法，其中第二阶段是利用粒状活性炭流化床处理淋洗土壤后的污染淋洗液，五氯苯酚的去除率达 99.8%，多环芳烃萘和菲的去除率达 86% 和 93%。Loraine 发现，零价态离子可以脱去淋洗液中三氯乙烷 / 五氯乙烷的卤原子，使淋洗液可以循环使用。Wu 等用超临界流体提取含多氯联苯的污染淋洗液，并用银离子双金属混合热柱对出流液进行脱氯处理。

对于土壤重金属洗脱废水，一般采用铁盐 + 碱沉淀的方法去除水中的重金属，加酸回调后可回用增效剂；有机物污染土壤的表面活性剂洗脱废水可采用溶剂增效等方法去除污染物并实现增效剂回用。

（5）水土比

采用旋流器分级时，一般控制给料的土壤浓度在 10% 左右；机械筛分根据土壤机械组成情况及筛分效率选择合适的水土比，一般为（5~10）：1。增效洗脱单元的水土比根据可行性试验和中试的结果来设置，一般水土比为（3~10）：1。

（6）洗脱时间

物理分离的物料停留时间根据分级效果及处理设备的容量来确定；洗脱时间一般为 20min~2h，延长洗脱时间有利于污染物去除，但同时也增加了处理成本，因此应根据可行性试验、中试结果以及现场运行情况选择合适的洗脱时间。

（7）洗脱次数

当一次分级或增效洗脱不能达到既定土壤修复目标时，可采用多级连续洗脱或循环洗脱。

### 4.2.4 适用性

土壤淋洗技术能够处理地下水位以上较深层次的重金属污染，也可用于处理有机物污染的土壤。土壤淋洗技术最适用于多孔隙、易渗透的土壤，最好用于砂地或砂砾土壤和沉积土等，一般来说渗透系数大于 $10^{-3}$cm/s 的土壤处理效果较好。质地较细的土壤需要多次淋洗才能达到处理要求。一般来说，当土壤中黏土含量达到 25%~30% 时，不考虑采用该技术。

但淋洗技术可能会破坏土壤理化性质，使大量土养分流失，并破坏土壤微团聚体结构；低渗透性、高土壤含水率、复杂的污染混合物以及较高的污染物浓度会使处理过程较为困难；淋洗技术容易造成污染范围扩散并产生二次污染。

## 4.3 电动修复技术

### 4.3.1 基本原理

电动修复技术（electrokinetic remediation）是 20 世纪 80 年代末兴起的一门技术，这个技术早期应用在土木工程中，用于水坝和地基的脱水和夯实，目前移用到土壤修复方面。当前，电动修复技术作为一种对土壤污染治理颇具潜力的技术受到国内外研究者的广泛关注。电动学修复技术的基本原理类似电池，是在土壤 / 液相系统中插入电极，在两端加上低压直流电场，在直流电的作用下，发生土壤孔隙水和带电离子的迁移，水溶的或者吸附在土壤颗粒表层的污染物根据各自所带电荷的不同而向不同的电极方向运动，使污染物富集在电极区从而集中处理或分离，定期将电极抽出处理去除污染物。去除过程主要涉及 3 种电动力学现象：电迁移（electromigration）、电泳（electrophoresis）和电渗析（electroosmosis），见图 4-3-1。

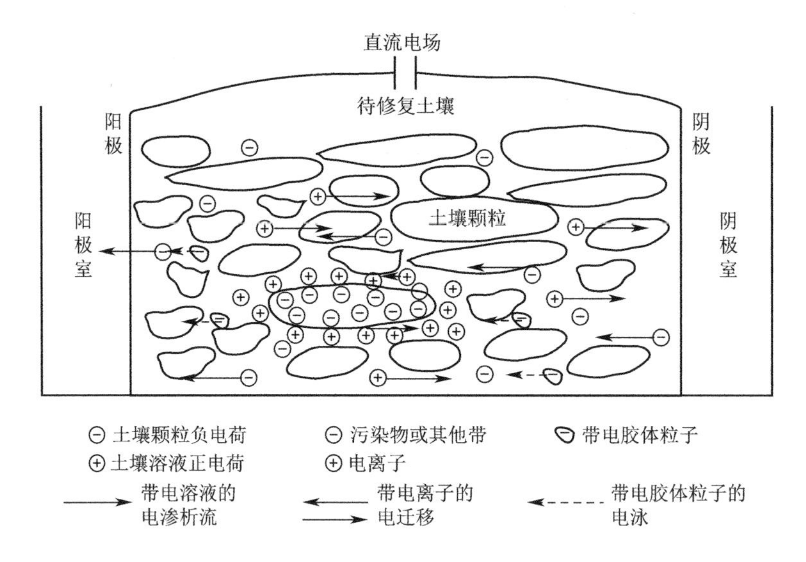


图 4-3-1　电动修复土壤示意

（1）电渗析

电渗析是指由外加电场引起的土壤孔隙水运动。大多数土壤颗粒表面通常带负电荷，当土壤与孔隙水接触时，孔隙水中的可交换阳离子与土壤颗粒表面负电荷形成扩散双电层。双电层中可移动阳离子比阴离子多，在外加电场作用下过量阳离子对孔隙水产生的拖动力比阴离子强，因而会拖着孔隙水向阴极运动（图 4-3-2）。

电渗析流与外加电压梯度呈正比。在电压梯度为 1V/cm 时，电渗析流量可高达 $10^{-4}$cm$^3$/s，可用以下方程描述：

$$Q=k_c \times i_c \times A \qquad (4\text{-}3\text{-}1)$$

式中，$Q$ 为体积流量；$k_c$ 为电渗析导率系数，一般在 $1\times10^{-9}$～$10\times10^{-9}$m$^2$/（V · s）；$i_c$ 为电压梯度；$A$ 为截面面积。

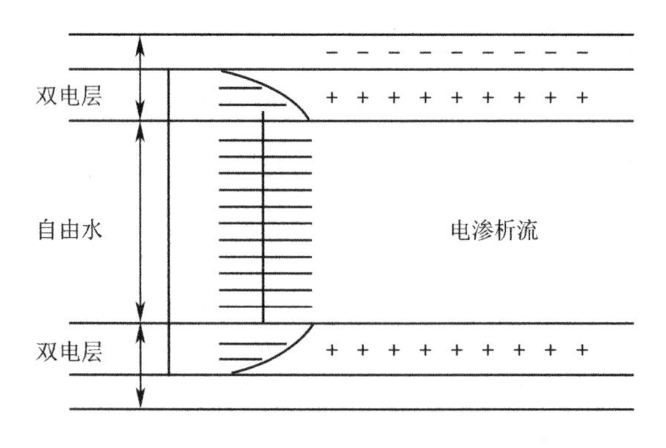


图 4-3-2　电渗析流动示意

（2）电迁移

电迁移是指土壤中带电离子和离子性复合物在外加电场作用下的运动，即阳离子型物质向阴极迁移，阴离子型物质向阳极迁移。

（3）电泳

电泳是指土壤中带电胶体颗粒（包括细小土壤颗粒、腐殖质和微生物细胞等）的迁移运动。在运动过程中，电极表面发生电解。阴极电解产生氢气和氢氧根离子，阳极电解产生氢离子和氧气。电解反应导致阳极附近呈酸性，pH 值可能低至 2，带正电的氢离子向阴极迁移；而阴极附近呈碱性，pH 值可高至 12，带负电的氢氧根离子向阳极迁移。氢离子的迁移与电渗析流同向，容易形成酸性带。酸性迁移带的好处是氢离子与土壤表面的金属离子发生置换反应，有助于沉淀的金属重新离解为离子进行迁移。

### 4.3.2 系统构成

（1）电极材料

电动修复中存在常用的电极材料包括石墨、铁、铅、钛铱合金等。由于在阳极发生的是失电子反应，且水解反应阳极始终处于酸性环境，因此阳极材料很容易被腐蚀；而阴极相对于阳极则只需有良好的导电性能即可。作为电极的材料需满足的条件为：良好的导电性能，耐腐蚀，便宜易得等。由于场地污染修复的规模较大，电极材料的成本和经济性需要认真考虑。在场地污染土壤电动修复中，通常要对修复过程中的电解液进行循环处理，因此电极要加工成多孔和中空的结构，所以电极的易加工和易安装性能也非常重要。通常石墨和铁是选用较多的电极材料。

（2）电极设置方式

在大量的电动修复室内研究和野外试验中，正负电极的设置一般采取简单的一对正负成对电极（即一维设置方式），形成均匀的电场梯度，很少关注电极设置方式对污染物去除效率和能耗等的影响。在实际的场地污染土壤中，由于污染场地面积大、土壤性质复杂,因此采取合适的电极设置方式直接关系到修复成本和污染物去除效率。二维电极设置方式通常在田间设置成对的片状电极，形成均匀的电场梯度，是比较简单、成本较低的电极设置方式。但这种电极设置方式会在相同电极之间形成一定面积电场无法作用的土壤，从而影响部分污染土壤的修复。在二维电极设置方式中，可在中心设置阴极 / 阳极，四周环绕阳极 / 阴极，带正电 / 带负电污染物在电场作用下从四周迁移到中心的阴极池中。电极设置形状可分为六边形、正方形和三角形等。这种电极设置方式能够有效扩大土壤的酸性区域而减少碱性区域，但形成的电场是非均匀的。3 种电极设置方式见图 4-3-3。一般情况下，六边形是最优的电极设置方式，可同时保持系统稳定性和污染物去除均匀性。在 3 种电极设置方式中，通常阴极和阳极都是固定设置的，电动处理过程中土壤中的重金属等污染物会积累到阴极附近的土壤中，完全迁移出土体往往需要耗费较多时间，同时阳极附近土壤中重金属已经完全迁移出土体，此时继续施加电场也会浪费电能。

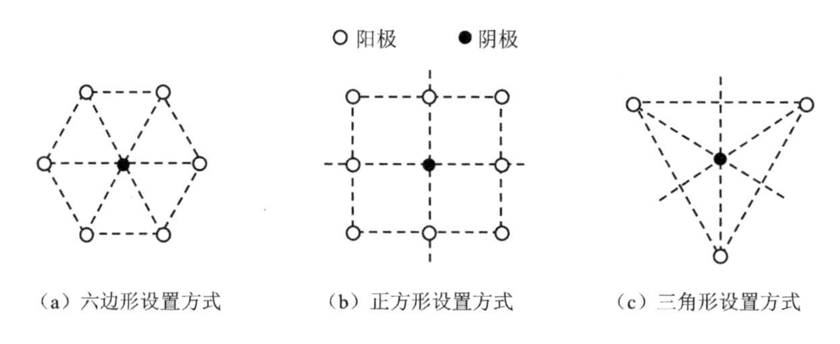


图 4-3-3　二维电极设置方式

（3）供电模式

一般电动修复采取稳压和稳流两种供电方式。在稳压条件下，电动修复过程中电流会随土壤电导率的变化而发生变化，由于在电动修复过程中土壤导电粒子会在电场作用下向阴阳两极移动，土壤的电导率会逐渐下降，电流逐渐减小，因此修复过程中电流不会超过直流电源的最大供电电流。在稳流条件下，电动修复过程中电压会随着土壤电导率的逐渐下降而升高，有时电压会超过直流电源的最大供电电压，这对直流电源的供电电压要求比较高。一般而言，电动修复中的电场强度为 50～100V/m，电流密度为 1～10A/$m^2$，在实际操作中采用较多的是稳压供电模式，具体采用的供电模式和施加电场大小要根据实际情况。近年也有报道展示了新的供电方式，即通过原电池或太阳能作为电源供应进行污染土壤电动修复，这些方式充分利用自然能源，降低了电能消耗，但其对电动修复的效率和稳定性仍需进一步研究。

### 4.3.3　影响因素

影响电动修复的因素有许多，如电解液组分、pH 值、土壤电导率、电场强度、土壤的 zeta 电势、土壤含水率、土壤结构、重金属污染物的存在形态以及电极分步组织等，都可能对电动修复过程和效率产生影响。

（1）电解液组分和 pH 值

电解液组分随着修复的时间不断发生变化：阳极产生 $H^+$，阴极产生 $OH^-$；土壤中的重金属污染物、离子（$H^+$、$Na^+$，$Ca^{2+}$、$Mg^{2+}$、$Al^{3+}$，$Cr_2O_2^{4-}$，$OH^-$、$Cl^-$、$SO^{2-}_4$等）在电场的作用下，分别进入阴、阳极液中；$H^+$、$Me^{n+}$（如$Cu^{2+}$、$Pb^{2+}$和$Cd^{2+}$等）分别在阴极发生还原反应，生成$H_2$（气体）和金属单质（固体）；$OH^-$在阳极发生氧化反应，生成$O_2$（气体）。

电解水是电动修复的重要过程。电解水产生$H^+$（阳极）和$OH^-$（阴极），导致阳极区附近的土壤酸化，阴极区附近的土壤碱化。土壤pH值的变化对土壤产生一系列的影响，如土壤毛细孔溶液的酸化可能会导致土壤中的矿物溶解。Grim（1968）发现随着电解的进行，土壤溶液中的$Mg^{2+}$、$Al^{3+}$和$Fe^{3+}$等的离子浓度也随着增加。

电动修复过程中，阳极产生一个向阴极移动的酸区；阴极产生一个向阳极移动的碱区。由于$H^+$的离子淌度[$36.25m^2/(V·S)$]大于$OH^-$的离子淌度[$20.58m^2/(V·S)$]，所以酸区的移动速度大于碱区的移动速度。除了土壤为碱化，土壤具有很强的缓冲能力时，或者用铁作为阳极时，通常通电一段时间后，土壤中邻近阳极的大部分区段都会呈酸性。酸区和碱区相遇时$H^+$和$OH^-$反应生成水，并产生一个pH值的突跃。这将导致污染物的溶解性降低，进一步降低污染物的去除效率。

对特殊的金属污染物来说，在不同的pH值条件下，它们都能以稳定的离子形态存在。如锌在酸性条件下，以$Zn^{2+}$形态稳定存在；在碱性条件下，以$ZnO_2^{2-}$形态稳定存在。pH值突跃点，即离子（大部分以氢氧化物沉淀的形式存在）浓度最低点，这种现象类似于等电子聚焦。在试验过程中，很多种金属离子产生这种现象，如：$Pb^{2+}$，$Cd^{2+}$，$Zn^{2+}$，以及$Cu^{2+}$。由于重金属污染物能不能去除与污染物在土壤中是否以离子状态（液相）存在直接相关，因而，控制土壤pH值是电动修复重金属污染土壤的关键。

但对于一些有机污染物来说，则必须考虑有机物的离解反应平衡，如苯酚。在弱酸性环境下，苯酚基本上以中性分子形式存在，它的迁移方式以向阴极流动的电渗流为主。然而，当pH值大于9时，大部分苯酚以$C_6H_5O^-$形式存在，在电场力的作用下，将向阳极迁移。因而，电动土壤修复必须根据污染物的性质来控制pH值条件。

（2）土壤电导率和电场强度

由于土壤电动修复过程中，土壤pH值和离子强度在不断地变化，致使不同土壤区域的电导率和电场强度也随之变化，尤其是阴极区附近土壤的电导率显著降低、电场强度明显升高。这些现象是由于阴极附近土壤pH值突跃以及重金属的沉降引起的。

阴极区的土壤高电场强度将引起该区域的zeta电势（为负号）增加，进一步导致这一区域产生逆向电渗，并且逆向电渗通量有可能大于其他土壤区域产生向阴极迁移的物质通量，从而整个系统的污染物流动产生动态平衡，再加上阳极产生的向阴极迁移的酸区，降低整个土壤中污染物的迁移量，以及重金属氢氧化物和氢气的绝缘性最终使整个土壤中的物质流动逐渐降为最小。

当土壤溶液中离子浓度达到一定程度时，土壤中的电渗量降低甚至为零，离子迁移将主导整个系统的物质流动。然而，由于 pH 值的改变，引起在阴极附近土壤中的离子被中和、沉降、吸附和化合，导致电导率迅速下降，离子迁移和污染物的迁移量也随之下降。但在一些以实际污染土壤为样品的试验中，可能是由于离子溶解和土壤温度升高，导致土壤电导率随着时间增加逐渐升高。

（3）zeta 电势

zeta 电势是指胶体双电层之间的电势差。Helmholtz（1879）设想胶体的双电层与平形板电容器相似，即一边是胶体表面的电荷，另一边是带相反电荷的粒子层。两电层之间的距离与一个分子的直径相当，双电层之间电势呈直线迅速降低。对于带电荷的胶体，其双电层的构造如图 4–3–4 所示。

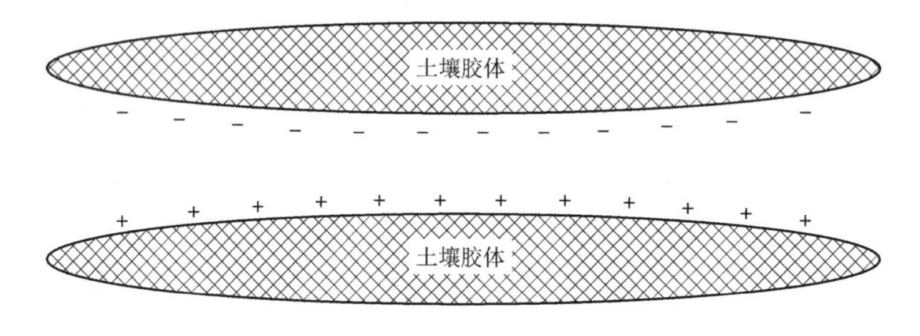


图 4–3–4　土壤胶体双电层示意

Smoluchowski 和 Perrin 根据静电学的基本定理，推导出双电层的基本公式为：

$$\xi = \frac{4\pi\sigma d}{D} \tag{4-3-2}$$

式中，$\xi$ 为两电层之间的电势差；$\sigma$ 为表面电荷密度；$d$ 为两电层之间的距离；$D$ 为介质的介电常数。

而后，Gouy、Chapman 和 Stern 先后对双电层理论进行了完善，其中尤其以 Stern 的理论最为流行，其认为双电层是由紧固相表面的密致层和与密致层连接的逐渐向液相延伸的扩散层两部分组成。

根据胶体双电层的概念，胶体电层内的电势随着离胶体表面的距离增大而减小。当胶体颗粒受外力运动时，并不是胶体颗粒单独移动，而是与固相颗粒结合着的一层液相和胶体颗粒一起移动。这一结合在固相表面上的液相固定层与液体的非固定部分之间的分界面上的电势，即胶体的 zeta 电势。zeta 电势可以用动电试验方法测量出来，其大小受电解质浓度、离子价数、专性吸附、动电电荷密度、胶体形状大小和胶粒表面光滑性等一系列因素影响。

由于土壤表面一般带负电荷，所以土壤的 zeta 电势通常为负，这使土壤溶液电渗流方向一般是向阴极迁移。然而，土壤酸化通常会降低 zeta 电势，有时甚至引起 zeta 电势改变符号，进一步导致逆向电渗。

（4）土壤化学性质

土壤的化学性质对土壤电动修复也会产生一定的影响。如：土壤中的有机物和铁锰氧化物含量等。土壤的化学性质可以通过吸附、离子交换和缓冲等方式来影响土壤污染物的迁移。离子态重金属污染物首先必须脱附以后，才能迁移。试验发现：当土壤中重金属浓度超过土壤的饱和吸附量时，重金属更容易去除；由于伊利土和蒙脱土比高岭土饱和吸附量高，在相同条件下，它们中的重金属污染物更难被去除。土壤 pH 值的改变也会影响土壤对污染物的吸附能力。阳极产生的 $H^+$ 在土壤中迁移的过程中，置换土壤吸附的金属阳离子；同样，阴极产生的 $OH^-$ 置换土壤吸附的 $CrO_4^{2-}$。$H^+$ 和 $OH^-$ 对污染物的脱附作用又取决于土壤的缓冲能力。由于实验室常用的土壤都是纯高岭土，而实际土壤通常具有一定的缓冲能力，因而电动修复技术在实际应用中还必须进行一定的改进。

（5）土壤含水率

水饱和土壤的含水率是影响土壤电渗速率的因素之一。在电动修复过程中，土壤的不同区域有着不同的 pH 值，pH 值的差异导致不同区域的电场强度和 zeta 电势不同，进一步使不同土壤区域的电渗速率不同，这就使土壤中水分分布变得不均匀，并产生负毛孔压力。电动修复过程中，土壤温度升高引起的水分蒸发也会对土壤中的水分含量产生影响。尽管温度升高可以加快土壤中的化学反应速率，但是在野外和大型试验中，通常会导致土壤干燥。

（6）土壤结构

电动修复土壤过程中，土壤的结构和性质会发生改变。有些黏土土壤例如蒙脱土，由于失水和萎缩，物理化学性质都会发生很大的变化。重金属离子和阴极产生的氢氧根离子化合产生的重金属氢氧化物堵塞土壤毛细孔，从而阻碍物质流动。例如土壤中的铝在酸的作用下，转化为 $Al^{3+}$，$Al^{3+}$ 在阴极区附近生成氢氧化物沉淀，对土壤毛细孔造成堵塞。由上可知，电动修复土壤过程中，必须尽量减少重金属污染物在土壤内沉降和转化为难溶化合物。

（7）重金属在土壤中的存在形态

土壤中的重金属有六种存在形态：①水溶态；②可交换态；③碳酸盐结合态；④铁锰氧化物结合态；⑤有机结合态；⑥残留态。不同的存在形态具有不同的物理化学性质。Zagury 的研究表明：电动修复效率与重金属的存在形态有关。除了 Zn 以外，Cr、Ni 和 Cu 的残留态含量在试验前后几乎没有变化。

（8）电极特性、分布和组织

电极材料能影响电动修复土壤的效果，但是在实际应用中由于受成本消耗的限制，常用电极必须具备以下几大特点：易生产、耐腐蚀以及不引起新的污染。有时为了特殊需要也采用还原性电极（如铁电极）作为阳极。实验室和实际应用中最常用的电极是石墨电极，镀膜铁电极在实际中也有一些应用。电极的形状、大小、排列以及极距，都会影响电动修复效果。Alshawabkeh 曾用一维和二维模型研究过电极的排列对电动修复土壤的影响，但关于这些参数优化的研究不足，而且此后也未看见相关研究的报道。

### 4.3.4 适用性

1. 优点

电动修复技术可以适用于其他修复技术难以实现的污染场地，可以去除可交换态、碳酸盐和以金属氧化物形态存在的重金属，不能去除以有机态、残留态存在的重金属。Reddy 等（1997）研究发现土壤中以水溶态和可交换态存在的重金属较易被电动修复，去除率可达 90%，而以硫化物、有机结合态和残渣态存在的重金属较难去除，去除率约为 30%。

2. 缺点

电动修复是指在污染土壤中插入电极对并通以直流电，使重金属在电场作用下通过电渗析向电极室运输，然后通过收集系统收集，并作进一步的集中处理。电动修复技术只适用于污染范围小的区域，但是受污染物溶解和脱附的影响，且不适于酸性条件。该项技术虽然在经济上是可行的，但是由于土壤环境的复杂性，常会出现与预期结果相反的情况，从而限制了其运用。

3. 修复存在的问题

（1）修复过程中土壤 pH 值的突变

电动修复过程中，水的电解使得阴、阳极分别产生大量 $OH^-$ 和 $H^+$，使电极附近 pH 值分别上升和下降。同时，在电迁移、电渗流和电泳等作用下，产生的 $OH^-$ 和 $H^+$ 将向另一端电极移动，造成土壤酸碱性质的改变，直到两者相遇且中和，在相遇地点产生 pH 值突变。如果 pH 值的突变发生在待处理土壤内部，则向阴极迁移的重金属离子会在土壤中沉淀下来，堵塞土壤孔隙而不利于迁移，从而严重影响去除效率，这一现象称为聚焦效应（focusing effect）。以该区域为界线将整个治理区划分为酸性带和碱性带。在酸性带，重金属离子的溶解度大，有利于土壤中重金属离子的解吸，但同时低 pH 值会使双电层的 zeta 电位降低，甚至改变符号，从而发生反渗流现象，导致去除带正电荷的污染物需要更高的电压和能耗，增加重金属离子迁移的单位耗电量，降低了电流的利用效率。

（2）极化现象

电极的极化作用增加了电极上的分压，使电极消耗的电量增加，降低电动修复的能量效率。极化现象包括以下 3 类，①活化极化（activation polarization）：电极上水的电解产生气泡（$H_2$ 和 $O_2$）会覆盖在电极表面，这些气泡是良好的绝缘体，从而使电极的导电性下降，电流降低。②电阻极化（resistance polarization）：在电动修复过程中会在阴极上形成一层白色膜，其成分是不溶盐类或杂质。这层白膜吸附在电极上会使电极的导电性下降，电流降低。③浓差极化（concentration polarization）：这是由于电动力学过程中离子迁移的速率缓慢，从而使电极附近的离子浓度小于溶液中的其他部分，从而使电流降低。

### 4.3.5 改进技术工艺

（1）电化学地质氧化法技术工艺（Electrochemical Geoxidation，ECGO）

电化学地质氧化法的原理是给插入地表的电极通以直流电，引用电流产生的氧化还原反应使电极间的土壤及地下水的有机物矿化或无机物固定化。ECGO 优点是靠土壤及岩石颗粒表面自然发生传导而引发的极化现象，如土壤本身含有铁、镁、钛和碳等，可起到催化作用，因此无需在污染土壤修复时外加催化剂。缺点是难以准确判断现场的情形、难易度及欲去除的化学成分，且修复的时间较长，需 60～120 天，而且许多机理尚不明确。该技术已经应用于德国的污染土壤和地下水的修复。

（2）电化学离子交换技术工艺（Electrochemical Ion Exchange，EIX）

电化学离子交换技术是由电动修复技术和离子交换技术相结合去除自然界中的离子污染物，其技术原理是在污染土壤中插入一系列的电极棒使电极棒置于可循环利用的电解质的多孔包覆材料中，离子化的污染物被捕集至这些电解质中并抽至地表。被回收的溶液在地表穿过电化学离子交换材料后，将污染物交换出来，电解质经离子交换后回至电极周围以循环利用。据有关报道，该技术能够独立回收去除土壤中的重金属、卤化物和特定的有机污染物。在理想状态下，当污染物进流浓度在 100～500mg/L

时，可去除至低于 1mg/L。

（3）生物电动修复技术工艺（Electrokinetic Bioremediation Technique，EBT）

生物电动修复技术是活化污染土壤中的休眠微生物族群，通过电动技术向土壤中的活性微生物和其他生物注入营养物，促进微生物的生长、繁殖及代谢以转化有机污染物，并利用微生物的代谢作用改变重金属离子的存在状态从而增强迁移性或降低其毒性；同时在施加电场的作用下可以加速传质过程，提高微生物与重金属离子的接触效率并可以将改变形态的重金属离子去除。

生物电动修复技术的优点为：经济性好，不需外加微生物和营养剂，能均匀地扩散到污染土体或直接加在特定的地点，可以降低营养剂的成本且避免了因微生物穿透细致土壤时所衍生的问题。缺点为：高于毒性受限阈值的有机污染物浓度将限制微生物族群，混合的有机污染物的生物修复可能产生对微生物有毒性的副产品，限制微生物的降解。生物电动修复技术存在的问题：缺少电场作用下微生物在土壤中的活动情况研究；如何避免重金属离子和其他阴离子对微生物造成的不利影响；缺少异氧生物在直流电场下行为的有效数据以及如何刺激微生物的新陈代谢。当前，生物电动修复技术是电动法修复土壤的主要方向之一，且有广阔的应用前景。

（4）Lasagna 技术工艺

Lasagna 技术工艺始于 1994 年，由美国环保署（EPA）与辛辛那提大学针对低渗透性土壤研究的一种原位修复技术。在 1995 年已经成功应用于美国肯塔基州的 Paduch 实际场地。主要方法是将含有吸附降解 / 降解功能的处理区域安置在污染土壤的两电极之间，使土壤中污染物迁移至处理区域，在处理区域内的污染物可通过吸附、固化、降解等方式从水相中被去除。理论上 Lasagna 用于处理无机、有机以及混合污染物。该技术的主要特点：

①通入直流电的电极使水及溶解性污染物流入并穿过处理层组，加热土壤；

②处理区域内含有可分解有机污染物或污染物吸收后固定再将之移除或处置的化学药剂；

③水管理系统将积累在阴极高 pH 值的水循环送至阳极低 pH 值处进行酸碱中和；

④将电极极性周期性交替互换，以回转电透析流动方向及中和 pH 值。

Lasagna 处理法中电极棒的方位及处理区域依场址及污染物的特性而定，一般分为两种：一种是用于处理浅层（距地面 15m 内）污染物的垂直方式，见图 4-3-5；另一种则是处理深层污染物的水平方式，见图 4-3-6。

Ho 等设计一套 Lasagna 工艺在野外成功地处理了三氯乙烯 CTCE）的污染土壤，并研究了污染物在高岭土中的迁移状况，试验结果表明，某一带污染物的去除效率高达 98%。

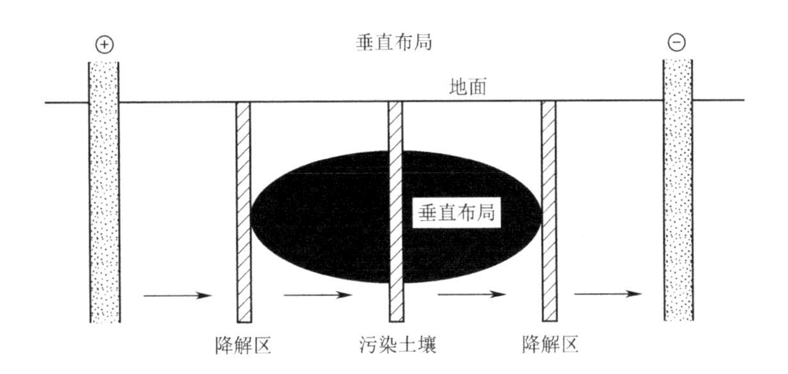


图 4-3-5 垂直布置的 Lasagna 工艺

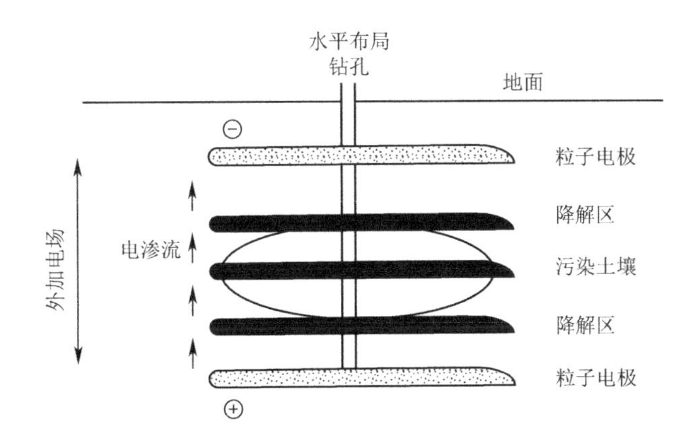


图 4-3-6 水平布置的 Lasagna 工艺

（5）电动分离技术工艺（Electrical-Klean Technique）

Electrical-Klean 是由位于美国路易斯安那州的 Incorporated of Baton Rouge 公司发展起来的电动修复土壤技术。该技术已经应用于美国路易斯安那州的土壤修复。其原理是通以直流电的电极放置于受污染土壤的两侧，在电极添加或散布调整液，如适当的酸以促进污染土壤的修复效果，离子或孔隙流体流动的同时将从污染土壤中去除污染物，同时，污染物向电极移动。该技术的处理效率则依化学物质种类、浓度及土壤的缓冲能力而定。据报道，当酚的浓度达到 500mg/L 时有 85%～95% 的去除效率，铅、铬、镉、铀的浓度达到 2000mg/kg 时去除效率可达到 75%～95%。缺点是：处理多种高浓度有机污染物共存的土壤时，修复周期长，成本高。

（6）电动吸附技术工艺（Electrosorb Technique）

电动吸附技术已经实际应用于美国路易斯安那州，其原理是在电极表面涂装高分子聚合物（polymer）形成圆筒状电极棒组。电极放置于土壤开孔中通以直流电且在

polymer 中充满 pH 缓冲试剂以防止因 pH 值变化而产生的凝胶。离子在电流的影响下穿过孔隙水在电极棒高分子上富集。在设计中高分子聚合物可含有离子交换树脂或其他吸收物质将污染物离子在到达电极前加以捕集。该技术在修复土壤过程中 pH 值的突变对污染物的富集能力影响较大，因此所用的高分子聚合物应先浸渍 pH 缓冲试剂。

## 4.4 化学氧化技术

### 4.4.1 技术概要

化学氧化法已经在废水处理中应用了数十年，可以有效去除难降解有机污染物，逐渐应用于土壤和地下水修复中。化学氧化技术（chemical oxidation remediation）主要是通过掺进土壤中的化学氧化剂与污染物所产生的氧化反应，使污染物快速降解或转化为低毒、低移动性产物的一项修复技术。化学氧化技术将氧化剂注入土壤中，通过氧化剂与污染物的混合、反应使污染物降解或导致形态的变化。成功的化学氧化修复技术离不开向注射井中加入氧化剂的分散手段，对于低渗土壤，可以采取创新的技术方法如土壤深度混合、液压破裂等方式对氧化剂进行分散。化学氧化修复技术多应用于毛细上升区（capillary fringe）和季节性饱和区域污染土壤的净化，对于污染范围大、污染浓度低土壤的修复经济性欠佳，当污染物浓度过高或者非水相流体（NAPL）过多时，需要考虑和其他技术（如回收法）联合治理。为了同时处理饱和区和包气带的有机污染物，一般采用联合气提和热脱附复合技术，有利于收集处理化学氧化法产生的尾气。原位化学氧化修复技术主要用来修复被油类、有机溶剂、多环芳烃（如萘）、PCP（Pentachlorophenol）、农药以及非水溶态氯化物（如 TCE）等污染物污染的土壤，通常这些污染物在污染土壤中长期存在，很难被生物所降解。而化学氧化修复技术不但可以对这些污染物起到降解脱毒的效果，而且反应产生的热量能够使土壤中的一些污染物和反应产物挥发或变成气态溢出地表，这样可以通过地表的气体收集系统进行集中处理。该技术的缺点是加入氧化剂后可能生成有毒副产物，使土壤生物量减少或影响重金属存在形态（图 4-4-1）。

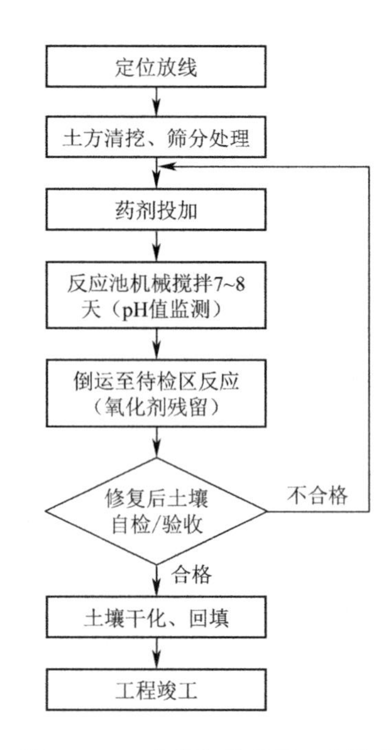


图 4-4-1 化学氧化处理工艺流程

异位化学氧化技术是向污染土壤添加氧化剂或还原剂，通过氧化或还原作用，使土壤中的污染物转化为无毒或相对毒性较小的物质。常见的氧化剂包括高锰酸盐、过氧化氢、芬顿试剂、过硫酸盐和臭氧。

### 4.4.2 系统构成和主要设备

（1）原位化学氧化

原位化学氧化系统由药剂制备/储存系统、药剂注入井（孔）、药剂注入系统（注入和搅拌）、监测系统等组成。其中，药剂注入系统包括药剂储存罐、药剂注入泵、药剂混合设备、药剂流量计、压力表等。药剂通过注入井注入污染区，注入井的数量和深度根据污染区的大小和污染程度进行设计。在注入井的周边及污染区的外围还应设计监测井，对污染区的污染物及药剂的分布和运移进行修复过程中及修复后的效果监测。可以通过设置抽水井促进地下水循环以增强混合，有助于快速处理污染范围较大的区域。

（2）异位化学氧化

异位化学氧化修复系统包括土壤预处理系统、药剂混合系统和防渗系统等。

①预处理系统

对开挖出的污染土壤进行破碎、筛分或添加土壤改良剂等。该系统设备包括破碎筛分铲斗、挖掘机、推土机等。

②药剂混合系统

将污染土壤与药剂进行充分混合搅拌，按照设备的搅拌混合方式，可分为两种类型：采用内搅拌设备，即设备带有搅拌混合腔体，污染土壤和药剂在设备内部混合均匀；采用外搅拌设备，即设备搅拌头外置，需要设置反应池或反应场，污染土壤和药剂在反应池或反应场内通过搅拌设备混合均匀。该系统设备包括行走式土壤改良机、浅层土壤搅拌机等。

③防渗系统

防渗系统为反应池或是具有抗渗能力的反应场，能够防止外渗并且能够防止搅拌设备对其损坏，通常做法有两种：一种是采用抗渗混凝土结构，另一种是采用防渗膜结构加保护层。

### 4.4.3 影响因素

化学氧化技术主要影响因子列于表 4-4-1。

化学氧化技术主要影响因子　　表 4-4-1

| 土壤特性 | 污染物特性 |
|---|---|
| 渗透系数 | 污染物种类 |
| 土壤及土层结构 | 化学性质 |
| 水力梯度 | 溶解度 |
| 地下水中溶解的铁等还原性物质 | 分配系数 |

（1）土壤的渗透性

土壤渗透系数 $k$ 是一个代表土壤渗透性强弱的定量指标，也是渗流计算时必须用到的一个基本参数。不同种类的土壤，$k$ 值差别很大，一般在 $10^{-16}$～$10^{-3}$cm/s。化学氧化技术适用于渗透系数大于 $10^{-9}$cm/s 的土壤，随着化学氧化技术对土壤的净化，渗透系数由于二价铁离子等被氧化沉淀堵塞土壤微孔而有所降低。土壤的非均质性也会影响氧化剂、催化剂和活化剂在土层中的扩散，如在砂质、淤泥和黏土混杂土壤中，砂质中的污染物相对比较容易被氧化去除。如果淤泥和黏土层较厚而且污染较重，氧化剂会向砂土层扩散，净化达不到预期效果，采用芬顿试剂或者臭氧时，还容易使污染扩散，加大修复难度。很多土壤中黏土、淤泥和砂质土壤混杂在一起，需要调查污染物分别在各种土质中的分布，分别考虑不同土质中的净化效率，以判断是否能够到达总净化效率目标。化学氧化剂在土壤中的输送扩散还与地下水水力梯度相关，在土壤多孔介质中，流体通过整个土层横截面积的流动速度叫做渗流速度，渗流速度与地下水水力梯度和水力渗透系数呈正比，与土壤孔隙体积呈反比。地下水中的还原态物质，例如二价铁和氧化剂反应后容易产生沉淀，堵塞土壤微孔，影响氧化剂的输送和扩散。

（2）土壤有机碳

有机污染物种类繁多，比如油类污染物质就由成百上千种碳水化合物组成，由于结构不同其被氧化分解的特性也不同，上述所有氧化剂都可以氧化分解除苯系物以外的大部分油类碳水化合物，氧化剂对苯系物和甲基叔丁基醚（MTBE）等污染物的实际现场修复经验还远远不足。大部分油类污染物在水中的溶解度都较低，油类污染物分子量越小、极性越大，其溶解度也越高；反之，水中溶解度低的物质在土壤中的吸附能力较强，而且更难以用化学氧化法降解。污染物在地下水中的溶解浓度和土壤中有机碳吸附之间的相关关系称为有机碳分配系数（$K_{oc}$），有机碳分配系数由污染物的性质和土壤中有机碳含量决定，一般表土中有机碳含量为 1%～3.5%，深层土一般为 0.01%～0.1%，因此同一污染物在不同土壤中的分配系数也不尽相同。化学氧化技术更加适用于溶解度高、有机碳分配系数小的有机污染土壤的修复。

（3）氧化剂

化学氧化剂、催化剂和活化剂等注入土壤饱和带后，在输送和扩散过程中，不断与土壤和地下水中有机质和还原性物质反应而消耗，从而在计算氧化剂投加量时，要考虑上述自然需氧量（NOD，Natural Oxidant Demand）。自然需氧量与土壤中有机质（NOM，Natural Organic Material）和地下水中还原性物质含量相关，实际工程中很难准确估算自然需氧量。为了达到土壤修复目标，往往要注入高出 3~3.5 倍理论值的氧化剂（表 4-4-2）。

常见化学氧化剂的特点　　表 4-4-2

| 特点 | $H_2O_2$/芬顿试剂 | 高锰酸盐 | 臭氧 | 过硫酸盐 |
|---|---|---|---|---|
| 快速 | ✓ | | | |
| 不产生尾气 | | ✓ | | ✓ |
| 持续生效 | | ✓ | | |
| 人体健康风险小 | | ✓ | | ✓ |
| 增加氧气含量 | ✓ | | ✓ | |
| 可氧化 MTBE 和苯 | ✓ | | ✓ | ✓ |
| 可自动化 | | | ✓ | |
| 不能氧化 MTBE 和苯 | | ✓ | | |
| 产生尾气，人体健康风险 | ✓ | | ✓ | |
| 扰动污染云分布形态 | ✓ | | ✓ | |
| 氧化剂注入缓慢 | ✓ | ✓ | ✓ | ✓ |
| 需要氧化剂储罐 | ✓ | ✓ | | |
| 需要臭氧生产系统 | | | ✓ | |
| 在土壤中产生副产物 | ✓ | ✓ | ✓ | ✓ |
| 产生沉淀堵塞孔隙 | ✓ | ✓ | | ✓ |

注："✓"代表具有这种特点。

### 4.4.4 常用氧化剂

最常用的氧化剂是 $K_2MnO_4$、$H_2O_2$、过硫酸盐和臭氧气体（$O_3$）等。

（1）过氧化氢和芬顿（Fenton）试剂

过氧化氢化学式为 $H_2O_2$，纯过氧化氢是淡蓝色的黏稠液体，可任意比例与水混合，是一种强氧化剂，水溶液俗称双氧水，为无色透明液体。在一般情况下会缓慢分解成水和氧气。过氧化氢可以直接以 5%~50% 浓度注入污染土壤中，与土壤中有机污染物和有机质发生反应，或者在数小时之内分解为水和二氧化碳，并放出热量，所以要采取特别的分散技术避免氧化剂的失效。

也可以利用Fenton反应（加入$FeSO_4$）开展原位化学氧化技术，产生的自由基·OH能无选择性地攻击有机物分子中的C–H键，对有机溶剂、酯类、芳香烃以及农药等有害有机物的破坏能力高于$H_2O_2$本身。芬顿试剂反应pH值相对较低，一般在2～4，因此需要调节过氧化氢溶液pH值，硫酸铁同时具有提供催化剂和调节pH值的作用。由于在高碱度土壤、含石灰岩土壤或者缓冲能力很强的土壤中使用芬顿试剂将消耗大量的酸，不利于经济、高效地修复土壤。

（2）高锰酸盐

高锰酸盐又名过锰酸盐，是指所有阴离子为高锰酸根离子（$MnO_4^-$）的盐类的总称，其中锰元素的化合价为+7价。通常高锰酸盐都具有氧化性，常见的高锰酸盐，如$KMnO_4$，$NaMnO_4$易溶于水，与有机物反应产生$MnO_2$、$CO_2$和反应中间产物。锰是地壳中储量丰富的元素，$MnO_2$在土壤中天然存在，因此向土壤中引入$MnO^-{}_4$，氧化反应产生$MnO_2$没有环境风险，并且$MnO_2$比较稳定，容易控制；不利因素在于对土壤渗透性有负面影响。Gates等发现，每1kg土壤中加入20g$KMnO_4$可降解100%TCE、90%PCE。West等也注意到$KMnO_4$处理TCE的高效性，作为技术推广前的筛选试验，他们发现90min内，1.5%$KMnO_4$能将溶液中的TCE浓度从1000mg/L降低到10mg/L。

高锰酸盐的氧化性弱于臭氧、过氧化氢等其他氧化剂，难于氧化降解苯系物、MTBE等常见的有机污染物，但是有pH值适用范围广、氧化剂持续生效、不产生热、尾气等二次污染物的优点。由于价格低廉的高锰酸盐采自矿石，一般钾矿都伴随砷、铬、铅等重金属，使用时要避免二次污染，另外注意对注入井和格栅的堵塞问题。

（3）臭氧

臭氧（$O_3$）是氧气（$O_2$）的同素异形体。在常温下，臭氧是一种有特殊臭味的淡蓝色气体。臭氧主要存在于距地球表面20～35km的同温层下部的臭氧层中。在常温常压下，稳定性较差，可自行分解为氧气。臭氧具有青草的味道，吸入少量对人体有益，吸入过量对人体健康有一定危害，氧气通过电击可变为臭氧。$O_3$是活性非常强的化学物质，在土壤下表层反应速率较快。因此，一般在现场通过氧气发生器和臭氧发生器制备臭氧，然后通过管道注入污染土层中，另外也可以把臭氧溶解在水中注入污染土层中。臭氧混合气体浓度在5%以上可以直接降解土壤中的有机污染物，也会溶解于地下水中，与土壤和地下水中的有机污染物发生氧化反应，自身分解为氧气，也可以在土壤中一些过渡金属氧化物的催化下产生氧化能力更强的羟基自由基，分解难降解有机污染物，臭氧氧化法可以降解 BTEX、PAHs、MTBE 等难降解有机污染物。Day 发现，在含有 100mg/kg 苯的土壤中，通入 500mg/kg 的臭氧能够达到 81% 的去除率。Masten 等的试验证明，向含有萘酚的土壤中以 250mg/h 的速度通入臭氧，3h 后可达到 95% 的降解率。如果污染物是苯，在流速为 600mg/h、时间为 4h 的情况下，其降解率为 91%。如果采用高浓度的臭氧混合气体，臭氧与 VOCs 发生氧化反应时会放出热量，尾气中会含有一定浓度的 VOCs，需要考虑对尾气的收集和处置。臭氧氧化技术在净化土壤的过程中会产生大量氧气，使土壤中的好氧微生物活跃起来，臭氧在水中的溶解度远大于氧气，臭氧的注入往往使局部地下水的溶解氧达到饱和，这些都有助于土壤中微生物的繁衍和持续对有机污染物的降解。

（4）过硫酸盐

过硫酸盐也称为过二硫酸盐，常温常压下为白色晶体，65℃熔化并有分解，有强吸水性，极易溶于水，热水中易水解，在室温下慢慢地分解，放出氧气。过硫酸盐具有强氧化性，酸及其盐的水溶液全是强氧化剂。过硫酸盐技术处理有机污染物也受环境温度、pH 值、反应中间产物、过渡金属等因素的影响，一些研究表明，在不同 pH 值下活化过硫酸盐氧化降解有机污染物的效率会不同。Huang 等研究表明随着 pH 值（1.1～2.5）的升高，甲基叔丁基醚（MTBE）的降解速率逐渐下降，这可能是因为 MTBE 氧化产生的二氧化碳在碱性溶液中会形成碳酸氢根离子和碳酸根离子（自由基清除剂），从而抑制了 MTBE 的氧化降解。此外，过硫酸盐氧化的有机污染物不同，pH 值对反应过程的影响效果也不同，Liang 等在 10℃、20℃和 30℃的条件下，发现 pH 值为 7 时 TCE 的过硫酸盐降解速率达到最大，降低 pH 值比增加 pH 值更易使 TCE 的过硫酸盐降解速率下降。过硫酸盐氧化的有机污染物不同，其产生的中间产物也不同。MTBE 的过硫酸盐氧化产物主要为三丁基甲酸盐、叔丁醇、丙酮和乙酸甲酯，这些产物也都能被过硫酸盐所氧化。Fe（0）活化过硫酸盐氧化 PVA 的产物为乙酸乙烯，其可生物降解。过硫酸盐氧化技术除了降解有机污染物外，还产生了大量硫酸，使 pH 值可达 5 甚至是 3。pH 值太低会使土壤中的金属向地下水中析出，增大金属的迁移性。Huang 等的研究表明，随着过硫酸钠浓度（7mmol/L、15mmol/L、32mmol/L、43mmol/L 和 52mmol/L）的升高，MTBE 的降解速率随之升高；随着离子强度（0.11～0.53mol/L）的升高，MTBE 的降解速率随之下降。过硫酸盐在一定的活化条件下可产生硫酸自由基，具有强氧化性，在环境污染治理领域的应用前景越来越广，所以有关它的研究十分有意义。但是目前有关活化过酸盐氧化技术的研究还主要集中在试验规模上，缺少实际应用实例。

### 4.4.5 适用性

采用化学氧化技术修复有机污染土壤时，针对土壤和污染物特性，首先快速判断化学氧化技术处理目标污染土壤的可行性，然后通过实验室试验，研究各种影响因子，评价化学氧化的技术和经济可行性，进而考察各种设计参数的可靠性，然后要充分考虑试运行、调试、运营、监理、监控指标、应急预案等。

（1）原位化学氧化技术

原位化学氧化技术能有效处理的有机污染物包括：挥发性有机物如二氯乙烯（DCE）、三氯乙烯（TCE）、四氯乙烯（PCE）等氯化溶剂，以及苯、甲苯、乙苯和二甲苯（BTEX）等苯系物；半挥发性有机化学物质，如农药、多环芳烃（PAHs）和多氯联苯（PCBs）等。对含有不饱和碳键化合物（如石蜡、氯代芳香族化合物）的处理十分高效且有助于生物修复作用。

（2）异位化学氧化技术

异位化学氧化技术可处理石油烃、BTEX（苯、甲苯、乙苯、二甲苯）、酚类、MTBE（甲基叔丁基醚）、含氯有机溶剂、多环芳烃、农药等大部分有机物。异位化学氧化不适用于重金属污染土壤的修复，对于吸附性强、水溶性差的有机污染物应考虑必要的增溶、脱附方式。

## 4.5 其他修复技术

### 4.5.1 溶剂萃取技术

溶剂萃取是一种利用溶剂来分离和去除污泥、沉积物、土壤中危险性有机污染物的修复技术，这些危险性有机物包括多氯联苯（PCBs）、多环芳烃（PAHs）、二噁英、石油产品、润滑油等。这些污染物通常都不溶于水，而会牢固地吸附在土壤以及沉积物和污泥中，从而用一般的方法难以将其去除。而对于溶剂萃取中所用的溶剂，则可以有效溶解并去除相应的污染物。另外，由于溶剂萃取不会破坏污染物，因此污染物经溶剂萃取技术收集和浓缩后，可以回收利用或者用其他技术进行无害化处理。在原理上，溶剂萃取修复技术是利用批量平衡法，将污染土壤挖掘出来并放置在一系列提取箱（除出口外密封很严的容器）内，在其中进行溶剂与污染物的离子交换等化学反应。溶剂的类型依赖于污染物的化学结构和土壤特性。当监测表明土壤中的污染物基本溶解于浸提剂时，再借助泵的力量将其中的浸出液排出提取箱并引导到溶剂恢复系统中。按照这种方式重复提取过程，直到目标土壤中污染物水平达到预期标准。同时，要对处理后的土壤引入活性微生物群落和富营养介质，快速降解残留的浸提液。

由于溶剂萃取可以有效清除污染介质中的危险性污染物，对于从土壤中提取或浓缩后的污染物，具有一定经济价值的部分可以进行回收利用，而对于不可利用的部分可进行相应的无害化处理。从物质循环的角度讲，由于溶剂萃取技术在运行过程中不破坏污染物的结构，可以使污染物的资源化和价值化达到最大值。同时，萃取过程中所使用的溶剂也可以再生和重复利用。因此，可以说溶剂萃取技术是一种可持续的修复技术。

溶剂萃取技术的运行过程如图 4-5-1 所示，具体操作方法如下：首先对污染的土壤进行筛分处理以除去较大的石块和植物根茎；然后将过筛后的土壤加入萃取设备中，溶剂与土壤经过充分混合接触后可使污染物溶解到溶剂中。通常所用溶剂的类型取决于污染物和污染介质的性质，而且萃取过程也分为间歇、半连续和连续模式。其中在连续操作过程中，通常需要较多溶剂来使土壤呈流化状态以便于输送；当污染物溶解到溶剂中后需要进行分离处理，通过分离设备的作用，溶剂可实现再生并可重复使用。对于浓缩后的污染物，也可以重复利用具有一定经济价值的部分，或者利用其他技术进行进一步的无害化处理；最后需要对残余在土壤中的溶剂进行处理。由于所用的溶剂会对人类健康和环境带来一定的危害，因此对于残余在土壤中的溶剂，若处理不当将会引发二次污染问题。

综上所述，溶剂萃取过程可分为五个部分：（1）预处理（土壤、沉积物和污泥）；（2）萃取；（3）污染物与溶剂的分离；（4）土壤中残余溶剂的去除；（5）污染物的进一步处理。

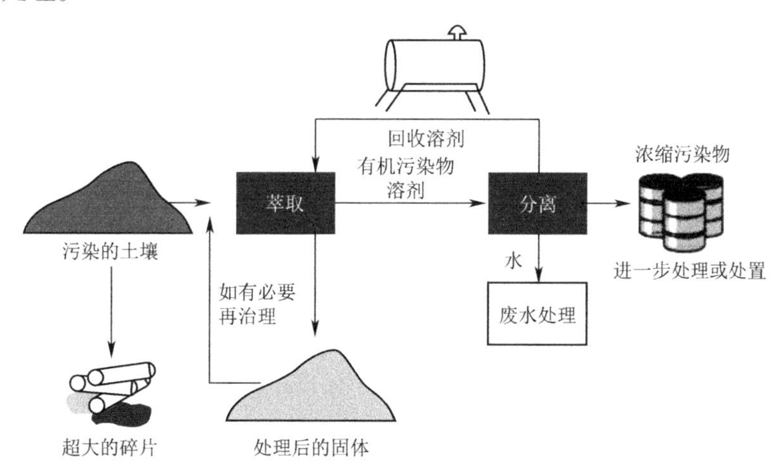


图 4-5-1　溶剂萃取过程

## 4.5.2　固化 / 稳定化技术

固化 / 稳定化技术（Solidification/Stabilization，S/S）是将污染土壤与粘结剂或

稳定剂混合，使污染物实现物理封存或发生化学反应形成固体沉淀物（如形成氢氧化物或硫化物沉淀等），从而防止或降低污染土壤释放有害化学物质过程的一组修复技术，实际上分为固化和稳定化两种技术。其中，固化技术是将污染物封入特定的晶格材料中，或在其表面覆盖渗透性低的惰性材料，以限制其迁移活动的目的；稳定化技术是从改变污染物的有效性出发，将污染物转化为不易溶解、迁移能力或毒性更小的形式，以降低其环境风险和健康风险。一般情况下，固化技术和稳定化技术在处理污染土壤时是结合使用的，包括原位和异位固化/稳定化修复技术。

固化/稳定化技术可以用于处理大量的无机污染物，也可适用于部分有机污染物，与其他技术相比，突破了将污染物从土壤中分离出来的传统思维，转而将其固定在土壤介质中或改变其生物有效性，以降低其迁移性和生物毒性，其处理后所形成的固化物（称S/S产物）还可被建筑行业所采用（路基、地基、建筑材料），而且具有费用低、修复时间短、易操作等优点，是一种经济有效的污染土壤修复技术，目前已从现场测试阶段进入了商用阶段。EPA已把它确定为一种“最佳的示范性实用处理技术”，是污染场地常用的修复方法之一。

但固化/稳定化技术最主要的问题在于它不破坏、不减少土壤中的污染物，而仅是限制污染物对环境的有效性。随着时间的推移，被固定的污染物有可能重新释放出来，对环境造成危害，因此它的长期有效性受到质疑。

固化/稳定化技术包括固化和稳定化两个概念，固化是指将污染物包裹起来，使之呈颗粒状或者板块状形态，进而使污染物处于相对稳定的状态；稳定化是指利用氧化、还原、吸附、脱附、溶解、沉淀、生成络合物中的一种或多种机理改变污染物存在的形态，从而降低其迁移性和生物有效性。虽然固化和稳定化这两个专业术语常常结合使用，但是它们具有不同的含义。

固化技术是将低渗透性物质包裹在污染土壤外面，以减少污染物暴露于淋溶作用的表面，限制污染物迁移的技术，其中污染土壤与粘合剂之间可以不发生化学反应，只是机械地将污染物固封在结构完整的固态产物（固化体）中，隔离污染土壤与外界环境的联系，从而达到控制污染物迁移的目的。固化技术涉及包裹污染物以形成一个固化体，通过废物和水泥、炉灰、石灰和飞灰等固化剂之间的机械过程或者化学反应来实现。在细颗粒废物表面的包囊作用称为微包囊作用，而大块废物表面的包囊作用称为大包囊作用。

稳定化技术是用化学反应来降低废物浸出性的过程，是通过和污染土壤发生化学反应或者通过化学反应来降低污染物溶解性来达到目的。在稳定化的过程中，废物的物理性质可能在这个过程中改变或者不变。

在实践上，商业的固化技术包括了某种程度的稳定化作用，而稳定化技术也包括了某种程度的固化作用，两者有时候是不容易区分的。固化 / 稳定化修复技术通常采用的方法为：先利用吸附质如黏土、活性炭和树脂等吸附污染物，浇上沥青，然后添加某种凝固剂或粘合剂（可用水泥、硅土、小石灰、石膏或碳酸钙），使混合物成为一种凝胶，最后固化为硬块，其结构类似矿石，使金属离子和放射性物质的迁移性和对地下水污染的威胁大大减轻，图 4–5–2 是污染土壤的固化 / 稳定化修复示意。

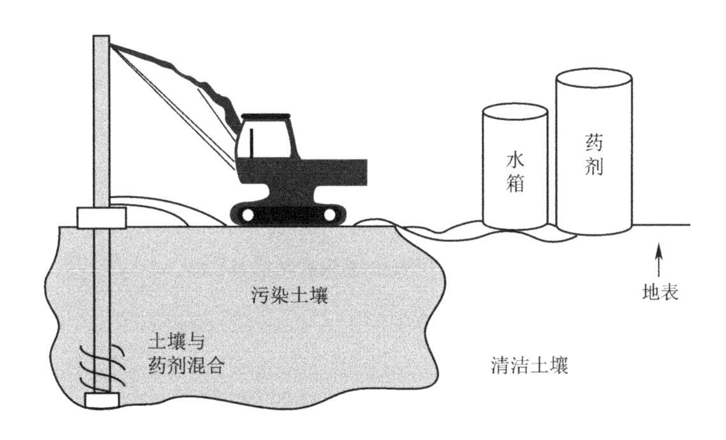


图 4–5–2　污染土壤的固化 / 稳定化修复示意

## 4.5.3　热脱附技术

热脱附是用直接或间接的热交换加热土壤中有机污染组分到足够高的温度（通常被加热到 150～540℃），使其蒸发并与土壤介质相分离的过程。空气、燃气或惰性气体常被作为被蒸发成分的传递介质。热脱附系统是将污染物从一相转化成另一相的物理分离过程，热脱附并不是焚烧，因为修复过程并不出现对有机污染物的破坏作用，而是通过控制热脱附系统的床温和物料停留时间可以有选择地使污染物得以挥发，而不是氧化、降解这些有机污染物。因此，人们通常认为，热脱附是一种物理分离过程，而不是一种焚烧方式。

热脱附修复技术是利用直接或间接热交换，通过控制热脱附系统的床温和物料停留时间有选择地使污染物得以挥发去除的技术。热脱附技术可分为两步，即加热污染介质使污染物挥发和处理废气防止污染物扩散到大气。污染土壤热脱附修复过程见图 4–5–3。

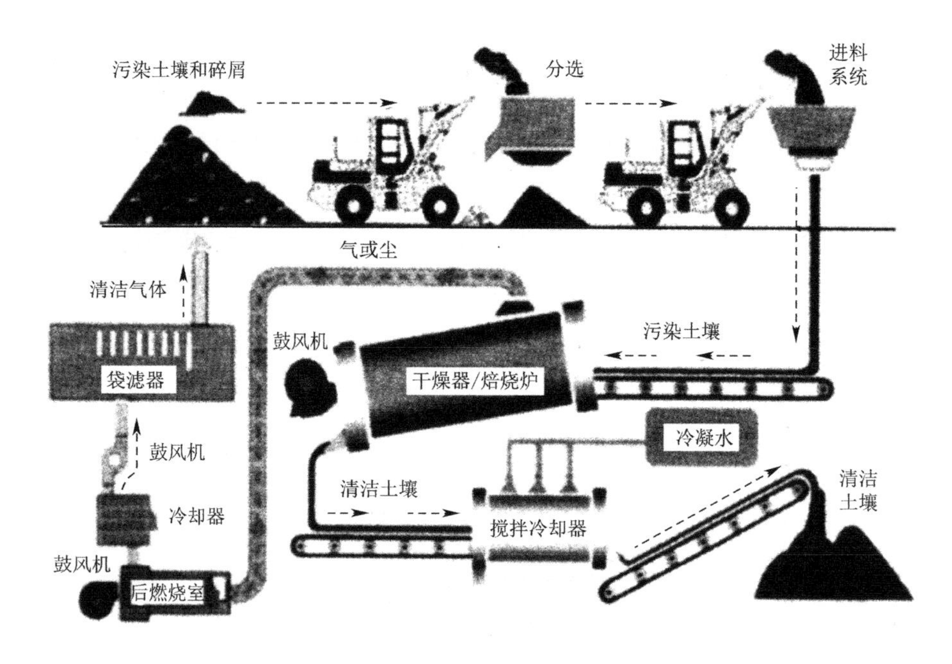


图 4-5-3　污染土壤热脱附修复流程

（1）直接接触热脱附修复技术

直接接触热脱附修复采用的是直接接触热脱附系统，它是一个连续的给料系统，已经过了 3 个发展阶段。第一代直接接触热脱附系统采用最基础的处理单元，依次为旋转干燥机、纤维过滤设备和喷射引擎再燃装置，只适用于低沸点（低于 260～315℃）的非氯代污染物的修复处理，整个系统加热温度大致为 150～200℃。第二代直接接触热脱附系统在原来的基础上，扩大了可应用范围，对高沸点（大于 315℃）的非氯代污染物也适用，系统中依次包括旋转干燥机、喷射引擎再燃装置、气流冷却设备和纤维过滤设备等基本组成部分。第三代直接接触热脱附系统是用来处理高沸点氯代污染物的，旋转干燥机内的物料通常被加热到 260～650℃。

（2）间接接触热脱附修复技术

间接接触热脱附修复包括两个阶段：第一阶段，污染物被脱附下来，也就是在相对低的温度下使污染物与污染介质分离；第二阶段，它们被浓缩成浓度较高的液体形式，适合运送到特定地点的工厂做进一步的传统处理。在这类热脱附修复中，污染物不是通过热氧化方式降解，而是从污染介质中分离出来在其他地点做后续处理，这种处理方法减少了需要进一步处理的污染物的体积。

间接接触热脱附修复系统也是连续给料系统，它有多种设计方案。其中，有一种双板旋转干燥机，在两个面的旋转空间中放置几个燃烧装置，它们在旋转时加热包含污染物的内部空间。由于燃烧装置的火焰和燃烧气体都不接触污染物或处理尾气，可以认为这种热脱附系统采用的是非直接加热的方式。

热脱附技术分成两大类：土壤或沉积物加热温度为150～315℃的技术为低温热脱附技术；温度达到315～540℃的技术为高温热脱附技术。目前，许多此类修复工程已经涉及的污染物包括苯、甲苯、乙苯、二甲苯或石油烃化合物（TPH）。对这些污染物采用热脱附技术，可以成功并很快达到修复目的。通常，高温修复技术费用较高并且对这些污染物的处理并不需要这么高的温度，因此利用低温修复系统就能满足要求。

# 5 生物技术在污染土壤及固废处置中的应用

## 5.1 污染土壤生物修复

### 5.1.1 土壤生物修复简介

环境污染物清除治理的方法有很多，常用的是物理和化学方法，包括化学淋洗、填埋、客土改良、焚烧和电磁分解等。这些方法虽然行之有效，但是一般成本较高，并且物理化学试剂在土壤修复中的应用通常会造成二次污染。采用生物清除环境中污染物的生物修复技术则极具应用前景，代表了未来的发展（表 5-1-1）。生物修复，指一切以利用生物为主体的环境污染的治理技术。它包括利用植物、动物和微生物吸收、降解、转化土壤和水体中的污染物，使污染物浓度降到可接受的水平，或将有毒有害的污染物转化为无害物质，也包括将污染物稳定化，以减少其向周边环境的扩散，其一般可分为微生物修复、植物修复和动物修复三种类型。根据生物修复的污染物种类，可分为有机污染生物修复、重金属污染的生物修复和放射性物质的生物修复等。

不同修复方法比较　　表 5-1-1

| 修复方法 | | 优势 | 不足 |
|---|---|---|---|
| 物理化学修复 | 稳定固化 | 土壤结构不受扰动，适合大面积地区操作 | 固化剂的成本较高且需要避免可能造成的对土壤生态环境的二次污染 |
| | 土壤淋洗 | 适用于小面积地区或者某些特殊情况下例如严重污染的土壤 | 易造成二次污染且可能需要采取土壤离地，进行场外修复或异地修复 |
| | 电动修复 | 对质地黏重的土壤效果良好，在饱和和不饱和土壤中皆可以应用 | 必须在酸性条件下进行，消耗较多时间 |
| 生物修复 | 植物修复 | 廉价、原位、土壤免受扰动，具有生态效益、社会效益、经济效益 | 多数重金属超积累植物，只能积累 1 种或 2 种重金属元素，而实际情况大多为数种重金属的复合污染 |
| | 微生物修复 | | 菌株的筛选、环境对微生物的变异作用等都有待研究 |

生物修复技术是20世纪80年代以来出现和发展的清除和治理环境污染的生物工程技术。在其发展初期，人们主要利用微生物特有的分解有毒有害物质的能力去除环境中的有机污染物，达到清除环境污染的目的。该技术在萌芽阶段时，人们将其应用于环境中有机污染物污染的治理并取得成功。Jone Llidstrom等在1990年夏到1991年应用投加营养和高效降解菌对阿拉斯加王子海湾由于油轮泄漏造成的污染进行处理，取得非常明显的效果，使近百公里海岸的环境质量得到明显改善，引起了人们的研究和开发生物修复技术的热潮。此后生物修复技术被不断扩大应用于其他环境污染类型的治理。

微生物能通过氧化还原、甲基化和去甲基化作用转化重金属，将有毒物质转化成无毒或低毒物质，如某些细菌对$As^{3+}$、$Hg^{2+}$、$Se^{4+}$具有还原作用，而另一种菌对$Fe^{2+}$、$As^{3+}$等有氧化作用。随着金属价态的改变，金属的稳定性也随之变化。人们利用微生物在土壤中对于重金属这一系列独特的作用，对重金属污染土壤进行修复。土壤中一些微生物能够还原汞离子，生成汞蒸气因而挥发于大气中，达到去除土壤中汞的目的。然而，在微生物修复中，其他重金属离子依然以低毒的形式存在于土壤环境中。

20世纪80年代，人们发现很多植物能够吸收、转运土壤中的重金属并富集于植物的地上部分。1983年美国科学家Chaney正式提出了植物修复（phytoremediation）的新概念，旨在利用植物修复重金属污染的土壤和水体，是一种绿色、低成本的土壤修复技术，主要包括植物提取（phytoextraction）、植物稳定（phytostabilization）和植物挥发（phytovolatilization）。植物提取修复是指利用重金属富集植物或者超富集植物将土壤中的重金属提取出来，富集于植物根部可收割部位和植物根上部位，最后通过收割的方式带走土壤中的重金属。植物稳定修复是指利用植物提取和植物茎的作用，将土壤中的重金属污染物转化为相对无害或者低毒的物质，这种方法虽然不能降低重金属的含量，但是重金属在土壤中的形态及所处位置等发生了变化，从而达到减轻污染的效果。

随着人们对植物修复研究的加深，菌根修复逐渐引起人们的关注。德国植物生理学和森林学家Frank首创“菌根”这一术语。菌根是自然界中一种普遍的植物共生现象，它是土壤中的菌根真菌菌丝与高等植物营养根系形成的一种联合体。1989年，Harley根据参与共生的真菌和植物种类及它们形成共生体系的特点，将菌根分为7种类型，即丛枝菌根、外生菌根、内外菌根、浆果鹃类菌根、水晶兰菌根、欧石楠类菌根和兰科菌根。其中丛枝菌根是一种内生菌根真菌，能在植物根细胞内产生“泡囊（vesicles）”和“丛枝（arbuscles）”两大典型结构，名为泡囊－丛枝菌根（Vesiclar-Arbuscular

Mycorrhiza，VAM）。部分真菌不在根内产生泡囊，但都形成丛枝，故简称丛枝菌根（Arbuscular Mycorrhiza，AM）。

共生真菌从植物体内获取必要的碳水化合物及其他营养物质，而植物也从真菌那里得到所需的营养及水分等，从而达到一种互利互助、互通有无的高度统一。认识菌根在重金属污染土壤中的作用并不是从丛枝菌根开始的，Bradley 等 1981 年在 Nature 上报道石楠菌根降低植物对过量重金属 Cu 和 Zn 的吸收以后，人们对菌根与重金属的研究产生了浓厚的兴趣。之后的研究涉及重金属污染下的菌根生理、生态、应用等多个方面。2002 年 Jamal 等发现接种丛枝菌根真菌提高了污染土壤中大豆和小扁豆对 Zn 和 Ni 的吸收，并提出了菌根修复的概念。之后，Khan 提出利用香根草和 AM 真菌共同修复重金属污染土壤。因为菌根是植物与菌根真菌的共生体，菌根修复只是植物、微生物联合修复的一种，菌根修复的核心仍是植物修复。针对重金属污染的植物修复来说，可以利用土著的或外接的 AM 真菌，调节菌根化植物的生长和对重金属的吸收与转运，从而达到强化修复重金属污染土壤的目的。

美国国家环保局、国防部、能源部都积极推进生物修复技术的研究和应用。美国的一些州也对生物修复技术持积极态度，如新泽西州、威斯康星州规定将该技术列为净化受储油罐泄漏污染土壤治理的方法之一。美国能源部 20 世纪 90 年代制定了土壤和地下水的生物修复计划，并组织了一个由联邦政府、学术和实业界人员组成的“生物修复行动委员会”（Biore-mediation Action Committee）来负责生物修复技术的研究和具体应用实施。欧洲各国如德国、丹麦、荷兰等对生物修复技术非常重视，全欧洲从事该项技术的研究机构和商业公司大约有近百个，他们的研究证明，利用生物修复技术治理大面积污染区域是一种经济有效的方法。

我国生物修复技术相关基础研究起步较晚，理论储备很不充分，市场应用也尚未形成。可喜的是，随着国内对于环境保护理念认识的加深及国家政策方面的引导，我国生物修复相关基础理论研究正蓬勃发展。

### 5.1.2 微生物修复

微生物是土壤最活跃的成分。从定植于土壤母质的蓝绿藻开始到土壤肥力的形成，土壤微生物参与了土壤发生、发展、发育的全过程。土壤微生物在维持生态系统整体服务功能方面发挥着重要作用，常被比拟为土壤 C、N、S、P 等养分元素循环的“转化器”、环境污染物的“净化器”、陆地生态系统稳定的“调节器”。土壤微生物是土壤生态系统的重要生命体，它不仅可以指示污染土壤的生态系统稳定性，而且还具有巨大的潜在环境修复功能。由此，污染土壤的微生物修复理论及修复技术便应运而生。微生物修复是指利用天然存在的或所培养的功能微生物群，在适宜环境条件下，促进或强化微生物代谢功能，从而达到降低有毒污染物活性或降解成无毒物质的生物修复技术，它已成为污染土壤生物修复技术的重要组成部分和生力军。本节将以土壤中污染物（重金属及典型有机污染物）为对象，从土壤微生物与污染物质的相互作用入手，较为系统地综合评述污染土壤的微生物修复原理与技术。

#### 5.1.2.1 重金属污染土壤的微生物修复

1. 修复机制

重金属对生物的毒性作用常与它的存在状态有密切关系，这些存在形式对重金属离子的生物利用活性有较大影响。重金属存在形式不同，其毒性作用也不同。不同于有机污染物，金属离子一般不会发生微生物降解或者化学降解，并且在污染以后会持续很长时间。金属离子的生物利用活性在污染土壤的修复中起着至关重要的作用。根据 Tessier 的重金属连续分级提取法可以将土壤中的重金属分为水溶态与交换态、碳酸盐结合态、铁猛氧化物结合态、有机结合态和残渣态 5 种存在形态。不同存在形态的重金属，其生物利用活性有极大区别。处于水溶态与交换态、碳酸盐结合态和铁锰氧化物结合态的重金属稳定性较弱，生物利用活性较高，因而危害强；而处于有机结合态和残渣态的重金属稳定性较强，生物利用活性较低，不容易发生迁移与转化，因而所具有的毒性较弱、危害较低。土壤中的微生物可以对土壤中的重金属进行固定或转化，改变它们在土壤中的环境化学形态，达到降低土壤重金属污染毒害作用的目的。

一些重金属的生物学毒性和它的价态有着密切关系。典型的诸如 $Cr^{3+}$ 和 $Cr^{6+}$，$As^{3+}$ 和 $As^{5+}$ 之间的毒性差别：$Cr^{6+}$ 的毒性远高于 $Cr^{3+}$，而 $As^{3+}$ 的毒性则远高于 $As^{5+}$。一些土壤微生物能够通过氧化还原作用改变土壤重金属的价态，进而降低它们的生物学毒性以及土壤中的存在形态，这些都有助于降低重金属对生态环境的污染。此外一些土壤微生物能够将 $Hg^{2+}$ 还原成低毒性可挥发的 Hg 单质，进而挥发至大气中，达到去除土壤中汞的目的。

微生物对土壤中重金属活性的影响主要体现在 4 个方面：生物富集作用、氧化还原作用、沉淀及矿化作用以及微生物 – 植物相互作用。微生物 – 植物相互作用主要涉及菌根修复，而菌根修复的本质属于植物修复，我们将放在后续小节进行讨论，以下将简要介绍重金属微生物修复的生物富集作用、氧化还原作用、沉淀及矿化作用。

（1）微生物对重金属的生物富集

1949 年，Ruchhoft 首次提出了微生物吸附的概念，它在研究活性污泥去除废水中的污染物时发现，污泥内的微生物对 Pu 具有一定的吸附能力，可以去除废水中的

Pu。由于死亡细胞对重金属的吸附难以实用化，故目前研究的重点是活细胞对重金属离子的吸附作用。活性微生物对重金属的生物富集作用主要表现在胞外络合、沉淀以及胞内积累三种形式，其作用方式有以下几种：①金属磷酸盐、金属硫化物沉淀；②细菌胞外多聚体；③金属硫蛋白、植物螯合肽和其他金属结合蛋白；④铁载体；⑤真菌来源物质及其分泌物对重金属的去除。微生物中的阴离子型基团，如 –NH、–SH、$PO_4^{3-}$ 等，可以与带正电的重金属离子通过离子交换、络合、螯合、静电吸附以及共价吸附等作用进行结合，从而实现微生物对重金属离子的吸附。微生物富集是一个主动运输的过程，发生在活细胞中，在这个过程中需要细胞代谢活动来提供能量。在一定的环境中，以通过多种金属运送机制如脂类过度氧化、复合物渗透、载体协助、离子泵等实现微生物对重金属的富集。

由于微生物对重金属具有很强的亲和吸附性能，有毒重金属离子可以沉积在细胞的不同部位或结合到胞外基质上，或被轻度螯合在可溶性或不溶性生物多聚物上。研究表明，许多微生物，包括细菌、真菌和放线菌可以生物积累（bioaccumulation）和生物吸附（biosorption）环境中多种重金属和核素。一些微生物如动胶菌、蓝细菌、硫酸盐还原菌以及某些藻类，能够产生胞外聚合物如多糖、糖蛋白等具有大量的阴离子基团，与重金属离子形成络合物。Macaskie 等分离的柠檬酸细菌属（Citrobacer），具有一种抗 Cd 的酸性磷酸酯酶，分解有机的 2– 磷酸甘油，产生 $HPO_4^{2-}$ 与 $Cd^{2+}$ 形成 $CdHPO_4$ 沉淀。Bargagli 在 Hg 矿附近土壤中分离得到许多高级真菌，一些菌根种和所有腐殖质分解菌都能积累 Hg 达到 100mg/kg 干重。

重金属进入细胞后，可通过“区域化作用”分配于细胞内的不同部位，体内可合成金属硫蛋白（MT），MT 可通过 Cys 残基上的巯基与金属离子结合形成无毒或低毒络合物。研究表明，微生物的重金属抗性与 MT 积累呈正相关，这使细菌质粒可能有抗重金属的基因，如丁香假单胞菌和大肠杆菌均含抗 Cu 基因，芽孢杆菌和葡萄球菌含有抗 Cd 和抗 Zn 基因，产碱菌含抗 Cd、抗 Ni 及抗 Co 基因，革兰氏阳性和革兰氏阴性菌中含抗 As 和抗 Sb 基因。Hiroki 发现在重金属污染土壤中加入抗重金属产碱菌，可使得土壤水悬浮液得以净化。可见，微生物生物技术在净化污染土壤环境方面具有广泛的应用前景。

（2）微生物对重金属离子的氧化还原作用

金属离子，如铜、铬、汞等，是最常发生微生物氧化还原反应的金属离子。生物氧化还原反应过程可以影响金属离子的价态、毒性、溶解性和流动性等。例如，铜和汞在其高价氧化态时通常是不易溶的，其溶解性和流动性依赖于其氧化态和离子形式。重金属参与的微生物氧化还原反应可以分为同化（assimilatory）氧化还原反应和异化

（dissimilatory）氧化还原反应。在同化氧化还原反应中，金属离子作为末端电子受体参与生物体的代谢过程，而在异化氧化还原反应中，金属离子在生物体的代谢过程中未起到直接作用，而是间接地参与氧化还原反应。

某些微生物在新陈代谢的过程中会分泌氧化还原酶，催化重金属离子进行变价，发生氧化还原反应，使土壤中某些毒性强的氧化态金属离子还原为无毒性或低毒性的离子，进而降低重金属污染的危害。例如，可以利用微生物作用将高毒性的 $Cr^{6+}$ 还原为低毒性的 $Cr^{3+}$。通过生物氧化还原来降低 $Cr^{6+}$ 毒性的方法由于其环境友好性和经济性，引起了持续的关注。相反，$Cr^{3+}$ 被氧化成 $Cr^{6+}$ 时，Cr 的流动性和生物利用活性提高了。$Cr^{3+}$ 的氧化主要是通过非生物氧化剂的氧化，如 $Mn^{4+}$，其次是 $Fe^{3+}$；而 $Cr^{6+}$ 到 $Cr^{3+}$ 的还原过程则可以通过非生物和生物过程来实现。当环境中的电子供体 $Fe^{2+}$ 充足时，$Cr^{6+}$ 可以被还原为 $Cr^{3+}$。当有机物作为电子供体时，$Cr^{6+}$ 可以被微生物还原为 $Cr^{3+}$。Yang 等考察了 Pannonibacter phragmitetus BB 在强化铬污染修复过程中的作用，并且考察了土壤土著微生物群落变化的规律。结果表明，在 $Cr^{6+}$ 浓度为 518.84mg/kg，pH 值为 8.64 的条件下，Pannonibacter phrag mitetus BB 可以在 2 天内将 $Cr^{6+}$ 全部还原。该菌在接入土壤后的 48h 内数量显著上升，相对比例由 35.5% 上升至 74.8%，并维持稳定。该菌在与土著微生物竞争过程中取得优势地位，具有很好的应用前景。Polti 等则从铬铁矿中分离并鉴定了一株 Bacillus amyloliquefaciens（CSB9）。该菌可以耐受 900mg/L $Cr^6+$，在最佳条件下具有较快的还原速度［2.22mg $Cr^{6+}$/（L·h）］。该菌的最佳还原条件为 100mg/L $Cr^6+$、pH 值为 7、温度为 35℃、处理时间 45h。

在生命系统中，硒更容易被还原而不是被氧化，还原过程可以在有氧和厌氧条件下发生。$Se^{4+}$ 异化还原成 Se 的过程可以在化学还原剂如硫化物或羟胺或生物化学还原剂（如谷胱甘肽还原酶）的作用下完成，后者是缺氧沉积物中硒的生物转化的主要形式。$Se^{4+}$ 到 Se 的异化还原过程与细菌密切相关，具有重要的环保意义。微生物尤其是细菌在将活性的 $Hg^{2+}$ 还原为非活性 Hg 的过程中起到了重要作用，Hg 可以通过挥发减少其在土壤中的含量。$Hg^{2+}$ 可以在汞还原酶作用下被还原成 Hg，也可以在有电子供体的条件下，由异化还原细菌还原为 Hg。

微生物氧化还原反应在降低高价重金属离子毒性方面具有重要地位，该过程受到环境 pH 值、微生物生长状态，以及土壤性质、污染物特点等多种因素的共同影响。

（3）微生物对重金属离子的沉淀作用及矿化作用

一般认为重金属沉淀是由于微生物对金属离子的氧化还原作用或是由于微生物自身新陈代谢的结果。一些微生物的代谢产物（如硫离子、磷酸根离子）与金属离子发生沉淀反应，使有毒有害的金属元素转化为无毒或低毒金属沉淀物。VanRoy 等的研究表明，硫酸盐还原细菌可将硫酸盐还原成硫化物，进而使土壤环境中重金属产生沉淀而钝化。特别是在沸石与碳源配合使用的情况下，在 2d 内能钝化 100% 的处于可交换态的 Ba 和 Sr。

生物矿化作用是指在生物的特定部位，在有机物质的控制或影响下，将重金属离子转变为固相矿物。生物矿化作用是自然界广泛发生的一种作用，它与地质上的矿化作用明显不同的是无机相的结晶严格受生物分泌的有机质控制。生物矿化的独特之处在于高分子膜表面的有序基团引发无机离子的定向结晶，可对晶体在三维空间的生长情况和反应动力学等方面进行调控。

目前，应用微生物矿化作用固结重金属的相关研究并不多。Macaskie 等研究表明，革兰阴性细菌 Citrobacer 通过磷酸酶分泌大量磷酸氢根离子在细菌表面与重金属形成矿物。Sondi 等利用尿素酶成功沉淀 SrCb 和 $BaCl_2$ 溶液中的重金属离子，得到 $SrCO_3$ 和 $BaCO_3$，并研究了尿素酶在沉淀过程中对晶体生长过程和最终晶型的影响，在反应初期形成均匀的纳米级球状颗粒，后期发现球形颗粒转变为棒状聚集（rodlikeclusters）的碱式矿物。Fujita 等通过细菌将 Sr 共沉淀在方解石矿物中，修复被 Sr 污染的地下水。也有研究者发现，在 pH 值为中性的被尾矿污染的溪水中有重金属离子协同沉淀水锌矿［$Zn_5(CO_3)_2(OH)_6$］。通过在沉淀物中发现的残余有机质，可确定环境中存在一种光合微生物，而该种光合微生物是造成这种重金属自然消除并最终共同沉淀的根本原因。

王瑞兴等选取土壤菌作为碳酸盐矿化菌，利用其在底物诱导下产生的酶化作用，分解产生 $CO_3^{2-}$，矿化固黏土壤中的有效态重金属，如使 $Cd^{2+}$ 沉积为稳定态的碳酸盐，可使得有效态重金属去除率达到 50% 以上。文献指出，在溶液中 $Cd^{2+}$ 的添加降低了菌株的酶活性，但随着重金属含量的增加，酶活性的丧失并不会随之加深，而是趋于一定值，且菌株在土壤中的活性可以保持在 3d 以上，因此可以采用多次添加底物的方法来达到更好的处理效果。而固结金属 $Cd^{2+}$ 最理想的状态就是在重金属离子附近的微区域形成大量 $CO_3^{2-}$，因此想获得较好的处理效果，后期必须添加底物。

2. 影响重金属污染土壤微生物修复的因素

（1）菌株

不同类型的微生物对重金属的修复机理各不相同，如原核微生物主要通过减少重金属离子的摄取，增加细胞内重金属的排放来控制胞内金属离子浓度。细菌的修复机理主要在于改变重金属的形态从而改变其生态毒性，而真核微生物能够减少破坏性较大的活性游离态重金属离子，原理是其体内的金属硫蛋白（Metallothionein，MT）可以螯合重金属离子。不同类型微生物对重金属污染的耐性也不同，通常认为：真菌＞

细菌>放线菌。目前，研究较多的微生物种类见表 5-1-2。

微生物修复重金属的种类　　表 5-1-2

| | |
|---|---|
| 细菌 | 假单胞菌属（Pscudo-momissp）、芽花杆菌属（Bacillussp）、根瘤菌属（RhizobiumFrank）包括特殊的趋磁性细菌（Magnetacticbacteria）和工程菌等 |
| 真菌 | 酿酒酵母（Saccharomycescerevisia）、假丝酵母（Candida）、黄曲霉（AspergillusFlavus）、黑曲霉（AspergillusNiger）、白腐真菌（Whiterotfungi）、食用菌等 |
| 藻类 | 绿藻（Greenalgae）、红藻（Redalgae）、褐藻（Brownalgae）、鱼腥藻属（Anabaenasp.）、颤藻属（Oscillato-ria）、束丝藻（Aphanizomenon）、小球藻（Chlorella）等 |

微生物修复过程中所加入的高效菌株主要由两种途径获得，即野外筛选培育和基因工程菌的构建。野外筛选培育既可以从重金属污染土壤中筛选，也可以从其他重金属污染环境中筛选，如在水污染环境中筛选目标菌株。但是一般而言，从重金属污染土壤中筛选获得的土著菌株将其富集培养后再投入到原污染土壤，其效果往往较好。筛选、富集的土著微生物更能适应土壤的生态条件，进而更好地发挥其修复功能。Barton 等从 $Cr^{6+}$、Zn、Pb 污染土壤中筛选分离出两种菌种 Pseudomonasmesophillca 和 maltophiliaP，并对这两种菌株修复 Se、Pb 污染土壤的能力进行了研究。研究发现上述菌种均能将硒酸盐、亚硒酸盐和二价铅转化为毒性较低且结构稳定的胶态硒与胶态铅。Robinson 等则研究了从土壤中筛选的 4 种荧光假单胞菌对 Cd 的富集与吸收效果，发现这 4 种细菌对 Cd 的富集达到环境中的 100 倍以上。Bargagli 在 Hg 矿附近土壤中分离得到很多高级真菌，一些腐殖质分解菌都能积累 Hg 达到 1mg/kg 土壤干重。汞所造成的污染最早受到关注，汞的微生物转化主要包括三个方面：无机汞 $Hg^{2+}$ 的甲基化；无机汞 $Hg^{2+}$ 还原成 Hg 单质；甲基汞和其他有机汞化合物裂解并还原成 Hg 单质。包括梭菌、脉胞菌、假单胞菌等和许多真菌在内的微生物都具有甲基化汞的能力，能使无机汞和有机汞转化为单质汞的微生物有铜绿假单胞菌、金黄色葡萄糖菌、大肠埃希菌等。

基因工程可以打破种属的界限，把重金属抗性基因或编码重金属结合肽的基因转移到对污染土壤适应性强的微生物体内构建高效菌株。由于大多数微生物对重金属的抗性系统主要由质粒上的基因编码，且抗性基因亦可在质粒与染色体间相互转移，许多研究工作开始采用质粒来提高细菌对重金属的累积作用，并取得了良好的应用效果。分子生物学和基因工程技术的应用有助于构建具有高效转化和固定重金属能力的菌株。

自 1985 年 Smith 等创建噬菌体表面展示技术以来，微生物表面展示技术在许多研究领域一直被寄予厚望，经过 20 多年的发展，已经在土壤修复工程菌的构建方面展示出独特的优势。微生物表面展示技术是将编码目的肽的 DNA 片段通过基因重组的方法构建和表达在噬菌体表面、细菌表面（如外膜蛋白、菌毛及鞭毛）或酵母菌表面（如糖蛋白），从而使每个颗粒或细胞只展示一种多肽。微生物表面展示技术可以把编码重金属离子高效结合肽的基因通过基因重组的方法与编码细菌表面蛋白的基因相连，重金属离子高效结合肽以融合蛋白的形式表达在细菌表面，可以明显增强微生物的重金属结合能力，这为重金属污染的防治提供了一条崭新途径。SousaC 等将六聚组氨酸多肽展示在 E.coll 的 LamB 蛋白表面，可以吸附大量的金属离子。该重组菌株对 $Cd^{2+}$ 的吸附和富集比野生型 E.coh 大 11 倍；XuZ、LeeSY 将多聚组氨酸（162 个氨基酸）与 OmpC 融合，重组菌株吸附 Cd 的能力达 32mol/g 干菌；SchembriMA 等将随机肽库构建于 E.coli 的表面菌毛蛋白 FimH 粘附素上，经数轮筛选和富集，获得对 $PbO_2$、CoO、$MnO_2$、$Cr_2O_3$ 具有高亲和力的多肽；KurodaK、UedM 等则将酵母金属硫蛋白（YMT）串联体在酵母表面展示表达后，四聚体对重金属吸附能力提高 5.9 倍，八聚体提高 8.7 倍。微生物表面展示技术用于重金属污染土壤原位修复的研究虽然取得了许多成果，但是离实际应用尚有一段距离。其主要原因是用于展示金属结合肽的受体微生物种类及适应性有限，并且缺乏选择金属结合肽的有效方法。

（2）其他理化因素

pH 值是影响微生物吸附重金属的重要因素之一。在 pH 值较低时，水合氢离子与细菌表面的活性点位结合，阻止了重金属与吸附活性点位的接触；随着 pH 值的增加，细胞表面官能团逐渐脱质子化，金属阳离子与活性电位结合量增加。pH 值过高也会导致金属离子形成氢氧化物而不利于菌体吸附金属离子。

某些微生物对多种重金属均有吸附作用，例如 Choudhary 和 Sar 在铀矿中分离出一种新型的假单胞菌属的微生物，这种微生物对 $Ni^{2+}$、$Co^{2+}$、$Cu^{2+}$ 和 $Cd^{2+}$ 均有吸附作用。但多种重金属离子的吸附往往会相互抑制。例如，自然水体生物膜对 $Ni^{2+}$、$Co^{2+}$、$Pb^{2+}$、$Cu^{2+}$ 和 $Cd^{2+}$ 吸附时，金属两两之间相互干扰，使生物膜对重金属的吸附量有所降低。这是因为吸附剂表面带负电荷基团的数目是有限的，共存金属离子之间存在竞争吸附。少数情况下，共存离子会出现协同作用，但作用机制尚不清楚。例如，经 $Cu^{2+}$ 的诱导培养后的沟戈登氏菌对 $Pb^{2+}$ 和 $Hg^{2+}$ 的吸附活性增强。

目前的研究成果显示，在适宜菌体生长的温度范围内，温度对微生物吸附重金属效率的影响不大。许旭萍等的试验证实球衣菌对 $Hg^{2+}$ 的吸附是一种不依赖于温度的吸附过程。康春莉等发现在温度低于 30℃时，温度对 $Pb^{2+}$、$Cd^{2+}$ 的吸附没有影响；当温度高于 30℃时，吸附量略有下降，这可能是因为温度过高影响了胞外聚合物的活性，从而使吸附量降低。

3. 存在的问题及研究趋势

重金属污染土壤原位微生物修复技术目前还存在以下几个方面的问题。

（1）修复效率低，不能修复重污染土壤。

（2）加入修复现场中的微生物会与土著菌株竞争，可能因其竞争不过土著微生物而导致目标微生物数量减少或其代谢活性丧失，达不到预期的修复效果。

（3）重金属污染土壤原位微生物修复技术大多处于研究阶段和田间试验与示范阶段，还存在大规模实际应用的问题。

通过以上分析，我们认为今后应从以下几个方面加强研究和应用。

（1）应加强具有高效修复能力的微生物的研究。

分子生物学和基因工程技术的应用有助于构建具有高效转化和固定重金属能力的菌株，尤其是微生物表面展示技术的不断成熟与完善将会极大地提高微生物对重金属的固定能力，在重金属修复中发挥重要作用。

（2）加强微生物修复技术与其他环境修复技术有效的集成。

可以采用植物－微生物联合修复技术，充分发挥植物与微生物修复技术各自的优势，弥补它们的不足；研究土壤环境条件变化对重金属微生物转化的影响，通过应用化学试剂（络合剂、螯合剂）或土壤改良剂、酸碱调节剂等加速微生物修复作用；结合生物刺激技术添加修复微生物所需的营养物质，以增加其竞争力和修复效果。

（3）评价指标体系的建立。

建立重金属污染土壤修复的评价指标体系是一项艰巨且十分重要的工作，可以明确土壤修复的方向，并为广大的科研工作者提供重要参考。尽管这部分工作已经开展，但仍需进一步加强，尤其需要建立不同区域环境条件和污染状况下的评价指标体系。

虽然重金属污染土壤的原位微生物修复技术还存在一定的问题，目前的应用和市场还很有限，但是这种方法具有物理和化学方法所不及的经济和生态的双重优势，潜力巨大。微生物修复将成为一种广泛应用、环境良好和经济有效的重金属污染土壤修复方法，为重金属污染土壤的治理开辟了一条新途径。

5.1.2.2 有机污染土壤的微生物修复

近 20 年来，随着工、农业生产的迅速发展，农业污染特别是土壤受污染的程度日趋严重。据粗略统计，我国受农药、化学试剂污染的农田达到 6000 多万公顷，污染程度达到了世界之最。有机物污染土壤的修复及治理已经成为环境科学领域的热门话题之一。目前国内外相关研究从有机物污染种类而言，主要集中于多环芳烃（Polycyclic Aromatic Hydrocarbons，PAHs）和多氯联苯（Poly chlorinated biphenyl，PCBs）污染的土壤修复研究；从污染源进行划分则主要集中于农药和石油污染土壤的修复研究。

土壤中的多环芳烃和多氯联苯属于典型的持久性有机污染物（Persistent Organic Pollutants，POPs），具有潜在的致癌性和致畸性。土壤微生物对这类物质的修复机制近年来受到广泛关注。PAHs 和 PCBs 具有庞大的衍生物体系，在土壤中可以长期滞留而不被分解。PAHs 和 PCBs 往往具有致癌、致突变性，危害极大。近年来针对 PAHs 和 PCBs 污染特征、污染控制与削减、修复关键技术等方面取得了明显的研究进展，特别是在其微生物修复原理与技术研究方面的成果较为突出。

随着农业的发展，农民使用农药的量越来越多，由此造成的危害也越来越大。据统计，中国每年使用 50 多万吨农药。这些农药主要包括杀虫剂、杀菌剂和除草剂等，多是有机氯、有机磷、有机氮、有机硫农药，这些农药对土壤硝化作用、呼吸作用和固氮作用均会产生暂时的或永久性的影响，因为在施用农药时，不管采取什么方式大部分农药都会落入土壤中，同时附着在作物上的那一部分农药以及飘浮在空气中的农药也会因风吹落入土壤。另外，使用浸种、拌种等施药方式更是将农药直接混入到土壤中。所以，土壤中的农药污染是相当严重的，已引起土壤生产力和农产品质量的明显下降。

石油污染的主要污染物是各种烃类化合物，包括烷烃、烯烃、环烷烃、苯、甲苯、二甲苯等多种复杂芳香烃。因为这些物质（尤其是多环芳烃）能够致癌、致基因突变、致畸，所以在石油的开采、运输、储藏和加工过程中，由于意外事故或管理不当，排放到农田、地下水后，往往也会造成土壤的污染，影响土壤的通透性、降低土壤质量、阻碍植物根系的呼吸与吸收、破坏植被，从而直接影响人类的生产和生活。

1. 修复机制

微生物降解和转化土壤中有机污染物，通常依靠氧化作用、还原作用、基团转移作用、水解作用以及其他机制进行。

土壤有机污染修复中的氧化作用包括：（1）醇的氧化，如醋化醋杆菌（Acetobacteraceti）将乙醇氧化为乙酸，氧化节杆菌（Arthrobacteroxydans）可将丙二醇氧化为乳酸；（2）醛的氧化，如铜绿假单胞菌（Pseudomonasaeruginosa）将乙醛氧化为乙酸；（3）甲基的氧化，如铜绿假单胞菌将甲苯氧化为苯甲酸，表面活性剂的甲基氧化主要是亲油基末端的甲基氧化为稜基的过程；（4）氧化去烷基化，如有机磷杀虫剂可进行此反应；（5）硫的氧化，如三硫磷、扑草净等的氧化降解；（6）过氧化，艾氏剂和七氯可被微生物过氧化降解；（7）苯环羟基化，2，4-D 和苯甲酸等化合物可通过微生物的氧化作用使苯环羟基化；（8）芳环裂解，苯酚系列的化合物可在微生物作用下使环裂解；（9）杂环裂解，五元环（杂环农药）和六元环（吡啶类）

化合物的裂解；（10）环氧化，环氧化作用是生物降解的主要机制，如环戊二烯类杀虫剂的脱卤、水解、还原及羟基化作用等。

还原作用主要有：（1）乙烯基的还原，如大肠杆菌（Escherichiacoliform）可将延胡索酸还原为琥珀酸；（2）醇的还原，如丙酸梭菌（Clostridiumpropionicum）可将乳酸还原为丙酸；（3）芳环羟基化，甲苯酸盐在厌氧条件下可以羟基化；也有醌类还原、双键、三键还原作用等。

基团转移作用主要包括有：（1）脱羧作用，如戊糖丙酸杆菌（Propionibacterium pentosaceum）可使琥珀酸等羧酸脱羧为丙酸；（2）脱卤作用，是氯代芳烃、农药、五氯酚等的生物降解途径；（3）脱烃作用，常见于某些有烃基连接在氮、氧或硫原子上的农药降解反应；（4）还存在脱氢卤以及脱水反应等。

水解作用主要包括有酯类、胺类、磷酸酯以及卤代烃等的水解类型。而一些其他的反应类型包括酯化、缩合、氨化、乙酰化、双键断裂及卤原子移动等。

以下将按照污染物的分类介绍其在土壤修复中的主要机制。

（1）多环芳烃的微生物降解

多环芳烃（PAHs）是一类普遍存在于环境中的剧毒有机污染物，具有致突变、致癌特征。多环芳烃是由 2 个或者 2 个以上的苯环以线性排列、弯接或者簇聚的方式构成的化合物。美国环境保护署将 16 种 PAHs 列入优先控制有机污染物名单中；欧洲则将 6 种 PAHs 作为主控污染物；1990 年，中国环保总局第一批公布的 68 种优先控制污染物中，7 种为 PAHs。PAHs 因其疏水性、辛醇水分配系数高，而易于从水生态系统向沉积层迁移，最终造成沉积层土壤的污染。研究表明，沈阳抚顺灌区土壤表层 16 种优先控制 PAHs 的平均含量达 2.22mg/kg，亚表层为 0.75mg/kg，且多环芳烃均以四环和五环为主，占总 PAHs 的 34% 以上。

微生物修复多环芳烃是研究最早、最深入、应用最为广泛的一种修复方法。其修复机理有两种，即一些微生物能够以 PAHs 为唯一碳源和能源，对其进行降解，乃至矿化；另外某些有机物在环境中不能作为微生物的唯一碳源与能源，必须有另外的化合物存在提供碳源与能源时该有机物才能被降解，即共代谢途径（co-metabolism），提供碳源与能源的底物被称作共代谢底物。前者的降解程度随着苯环数和苯环密集程度增加而降低，尤其是四环以上的 PAHs 降解效率低甚至不能降解；微生物的共代谢作用是目前降解多环 PAHs 较多使用的方法。

（2）多氯联苯的微生物降解

多氯联苯亲脂性高、抗生物降解、具有半挥发性，能够在环境中长期存留。PCBs 是联苯分子中的氢被 1~10 个氯原子所取代的一类化合物，分子式为 $C_{12}H_{10-x}Cl$，每个苯环上有5个取代位点（ortho，meta，para），根据氯原子取代个数和位置的不同，PCBs化合物共有209种同族体（congener）。其中，多数PCBs同族体或者其混合物都工业生产过，是PCBs最主要的环境污染源。虽然PCBs早在20世纪70年代就被停用，但是由于其所具有的难降解性和持久性，仍然有大量文献报道其在各种环境介质中被不断检出，而在土壤中其含量相对较高。作为斯德哥尔摩公约首批优先控制的12种持久性有机污染物之一，其具有潜在的致癌性、毒性，严重威胁着人体健康和生态系统安全，因此修复多氯联苯污染土壤，加快其降解受到越来越多的关注。其中，利用微生物修复土壤的多氯联苯污染取得了较好的效果。

微生物降解PCBs主要分为2个方向，即好氧菌的氧化途径和厌氧菌的还原脱氯途径。研究表明，有氧条件下，分子中少于5个氯原子的PCBs能够被多种微生物氧化成氯代苯甲酸，而随着氯原子取代位点增多，PCBs的持久性和难降解性增强。厌氧条件下，9氯以上的PCBs能够被厌氧微生物降解为低氯PCBs，但却不能破坏苯环的结构，降解不彻底。这是因为氯原子强烈的吸电子性使苯环上的电子云密度下降，氯的取代个数越多，苯环上的电子云密度越低，氧化越困难，表现为生化降解性越低；而厌氧或缺氧条件下环境的氧化还原电位低，电子云密度较低的苯环在酶的作用下容易受到还原剂的亲核攻击，氯原子容易被取代，显示出较好的厌氧生物降解性。因此，好氧氧化途径和厌氧脱氯过程具有一定的互补性，厌氧菌和好氧菌共同作用能够促进PCBs的降解。

厌氧的微生物修复需要电子供体如葡萄糖、乙酸等提供电子，使PCBs在厌氧条件下还原脱氯同时获得电子，降低其致癌性和二噁英类似物的毒性，生成的低氯代PCBs会进一步被好氧微生物彻底降解。徐莉等研究了不同调控措施对多氯联苯污染土壤的修复效应，覆膜处理能促进供试土壤中多氯联苯的去除，可能的机制是覆膜能够提供低氧环境，导致多氯PCBs的降解。目前对PCBs厌氧微生物降解的研究中，主要侧重于菌种的筛选分离和脱氯机理的研究，较少有关厌氧降解相关基因的分离和酶学机理的研究。低氯代的多氯联苯将进一步被好氧菌氧化成氯代苯甲酸。好氧降解途径本质上是联苯氧化酶参与的酶解过程，以较彻底地消除PCBs在土壤中的滞留。一些微生物含有编码PCBs酶的基因产生相关酶，降解含3~4个氯基团的PCBs。例如联苯双氧化酶能够攻击氯原子少的苯环上的2、3位，形成儿茶酚，再进行降解，进而形成氯代苯甲酸；或者氧化苯环的3、4位，形成非氯代苯甲酸类产物。Pieper等对联苯及其类似物的好氧降解过程进行了研究，认为降解过程中还有其他一些关键性的酶如加氧酶、氧化还原酶、二氢二醇脱氢酶、谷胱甘肽转移酶、乙醛脱氢酶，以及乙酸醛缩酶、二甲苯单氧酶、半醛水解酶、双烯内酯水解酶、苯酚羟化酶等的参与。目前对 PCBs 降解机理及降解相关的酶和基因方面的研究多限于 5 个及以下的氯代 PCBs 的降解。

为了达到理想的 PCBs 处理效果，厌氧脱氯和好氧降解进行联合降解应是该领域研究方向之一。例如 Master 用厌氧 – 好氧连续处理高氯代 PCBs 污染的土壤，厌氧处理 4 个月后，虽然 PCBs 总量没有明显减少，但大部分转化为低氯同系物，随后用 Bukholderiasp.LB400 菌株进行 28d 的好氧处理，检测 PCBs 含量降低了 66.10%。目前，厌氧 – 好氧联合修复 PCBs 污染仍处于室内模拟，广泛的应用还存在困难，所以利用淹水 – 翻耕交替结合厌氧 – 好氧降解菌的投入可能能够较好地修复土壤中难降解的 PCBs。

（3）有机农药的微生物降解

大量研究表明，农药污染已经严重威胁到食品安全和人畜健康。2012 年浙江省农业科学院农产品质量标准研究所和农业部农药残留检测重点实验室等单位对浙江省蔬菜生产中主要使用的 9 种农药（主要为低毒农药）进行残留检测。研究结果显示所产蔬菜中均发现大量农药残留，主要的残留农药就有 59 种。而环境中拟除虫菊酯类杀虫剂的残留会导致哺乳动物免疫系统、荷尔蒙、生殖系统疾病，甚至诱发癌症。有机氯农药暴露可能与乳腺癌、阿尔茨海默病、帕金森综合征的发生有关。在棉花上应用的杀雄剂甲基砷酸锌、甲基砷酸钠为砷类化合物，对人体危害也很大。因此，人们迫切需要寻求治理土壤农药污染的有效途径，而一直被认为最安全、有效、经济且无二次污染的生物修复技术无疑是最佳选择。

进入土壤中的农药通过吸附与解吸、径流与淋溶、挥发与扩散等过程，可从土壤中转移和消失，但往往会造成生态环境的二次污染。能够彻底消除农药土壤污染的途径是农药的降解，包括土壤生物降解和土壤化学降解。前者是首要的降解途径，亦是污染土壤生物修复的理论基础。生物降解的生物类型主要为土壤微生物，此外有植物和动物。土壤微生物是污染土壤生物降解的主体，由于微生物具有种类多、分布广、个体小、繁殖快、表面积大、容易变异、代谢多样性的特点，当环境中存在新的有机化合物（如农药）时，其中部分微生物通过自然突变形成新的变种，并由基因调控产生诱导酶，在新的微生物酶作用下产生了与环境相适应的代谢功能，从而具备了新的污染物的降解能力。

环境中存在的各种天然物质，包括人工合成的有机污染物，几乎都有使之降解的相应微生物。经过多年的努力，微生物修复已在许多农药污染土壤的消除实践中取得了成功。郑天凌等从沿岸海域分离了 38 株有机磷农药的耐药菌，用分批培养法进行富集培养，得到有机磷农药降解菌，并着重研究了其中两株菌对甲胺磷农药的降解情况。结果表明，在10d内，降解菌株1比降解菌株2的降解率高6%，在各自的甲胺磷培养液中，降解菌株1的数量也多于2，在降解过程中降解菌株1的毒性要比2下降幅度大。张瑞福等采用添加有机磷农药的选择性培养基，在长期受有机磷农药污染的土壤中分离到7株有机磷农药降解菌。经生理生化鉴定和系统发育分析，16SrDNA序列同源比较，系统发育分析和染色体ERIC-PCR指纹图谱扩增表明有机磷农药长期污染的土壤中有机磷农药降解菌具有丰富的多样性。在进一步的研究中，张瑞福等又对分离自同一有机磷农药污染土壤的7株有机磷农药降解菌的降解特性进行了比较，7株降解菌都能利用甲基对硫磷为唯一碳源生长，并生成中间代谢产物对硝基苯酚。对硝基苯酚的降解经过一段延滞期，不同菌株降解对硝基苯酚的能力和延滞期有很大差异，丰富了有机磷农药降解菌的多样性，并比较了分离至同一污染土壤的有机磷农药降解菌的降解特性，微生物具有降解农药的功能，优良菌株被不断地从受农药污染的土壤和水体中筛选出来。近年来人们开始尝试着运用基因工程的手段创建农药降解工程菌株。王永杰等以一株可广谱降解有机磷农药的地衣芽孢杆菌为出发菌株，进行了紫外诱变和甲胺磷梯度平板选育高效降解甲胺磷突变株的研究。筛选出突变菌株P12，在30℃，溶解氧2.5mg/L的培养条件下，在3d内对甲胺磷的降解率为80.1%，比出发株菌提高了将近10%的降解率，农药斜面连续传代10次，降解活力保持稳定。如表5-1-3所示为部分农药污染土壤微生物修复小规模田间试验结果。

**农药污染土壤微生物修复的小规模田间试验　　表5-1-3**

| 试验设计 | 农药污染物 | 试验时间 | 结果/去除率 |
|---|---|---|---|
| 白腐真菌降解 | DDT | 30d | 69%降解，3%矿化 |
| 白腐真菌降解 | 灭蚊灵，艾氏剂，七氯，林丹，狄氏剂，氯丹 | 21d | 氯丹：9%~15%矿化；林丹：23%矿化 |
| 泥炭吸附加堆剂 | 马拉硫磷，克菌丹，林丹二嗪农 | — | 98%去除 |
| 细菌过滤 | 2，4-D，DDT | 168h | 2，4-D：99%去除；DDT：58%~99%去除 |
| 实验室细菌过滤 | 蝇毒磷 | 7~10d | 从1200mg/L降低到0.02~0.1mg/L |
| 田间规模细菌过滤降解 | 蝇毒磷 | 30d | 从2000mg/L降低到8~10mg/L |
| 农药废水的生物膜/生物膜激活炭柱处理 | 有机磷农药（三嗪等） | 4m | 88%~99%去除（西玛津不能去除） |
| 5种不同的废水 | 2，4-D，林丹，七氯 | 8m | 去除73%的2，4-D，80%的林丹和62%的七氯 |

续表

| 试验设计 | 农药污染物 | 试验时间 | 结果 / 去除率 |
| --- | --- | --- | --- |
| 氧化 / 厌氧循环 DARAMEND™ 技术 | BHC | 405d | 41%~96% 去除 |
| 污染地下水修复 | 氯苯，氯酚，BTXE，六氯环己烷 | 4w | 高效脱氯 |
| 厌氧还原脱氯 | 六氯苯 | 37d | 79% 转化成 1，3，5- 三氯苯 |
| 外源投加降解性微生物 | 有机磷、菊酯、有机氯农药 | 3~30d | 80% 以上去除 |
| 厌氧降解（补加营养） | 毒杀芬 | 14~21d | 58%~95% 还原 |

农药污染土壤的微生物修复研究呈现两个方面的研究重点。一方面，许多研究表明，通过添加营养元素等外在条件，可刺激土著降解性微生物的作用，提高修复效果。Fulthorpe 等从巴基斯坦土壤中分离的微生物都能矿化 2，4–D，并发现添加硝酸盐、钾离子和磷酸盐能增加降解率。加拿大的 Stauffer Management 公司数年来发展了一些农药污染土壤的生物修复技术，他们在特定环境中通过激发降解性土著微生物群落的功能达到修复目的，并且在美国专利局获得了 3 项专利。另一方面，许多研究证实了通过接种外源降解性微生物，可以达到很好的生物修复效果。Spadaro 在波兰的 ODOT 进行了土壤中 2，4–D 的生物修复田间试验，在厌氧环境下加入厌氧消化污泥，经过 7 个月的处理，土壤中 2，4–D 从 1100mg/kg 降低到 18mg/kg，并在大规模试验中证实了微生物修复的可行性。国内的一些单位也进行了大量的微生物修复研究，南京农大研制成的农药残留微生物降解菌剂已获得中国专利优秀奖，并授权江苏省江阴市利泰应用生物科技有限公司推广应用，其商品名称为“佰绿得”（BiORD），施用后可有效降解作物和土壤中农药残留量的 95% 以上，明显改善农产品品质，提高附加值。因此，通过研究降解性微生物，认为其体内的酶处理农药污染的土壤、农产品和水源有很大的应用潜力。充分研究降解性微生物的生物学特性，将为微生物应用于污染物的实际修复提供理论指导。

（4）石油污染土壤的微生物降解

在石油生产、储运、炼制、加工及使用过程中，由于各种原因，总会有石油烃类的溢出和排放。据 2011 年报道，我国石油企业生产落地原油约 700 万 t，其中约 7 万 t 进入土壤环境。石油污染问题引起了人们越来越多的关注，刺激了他们发明有效的技术方法对其进行治理。石油生产和运输造成的污染随处可见，如油轮泄漏、石油加工企业排污、输油管道破裂等造成水体、土壤和地下水的污染。降解石油的微生物广泛分布于海洋、淡水、陆地、寒带、温带、热带等不同环境中，能够分解石油烃类的微生物包括细菌、放线菌、霉菌、酵母以及藻类等共100余属、200多种。

通常认为，在微生物作用下，石油烃的代谢机理包括脱氢作用、轻化作用和氢过氧化作用。其中烷烃的氧化途径有单末端氧化、双末端氧化和次末端氧化。直链烷烃首先被氧化成醇，在醇脱氢酶的作用下醇被氧化为相应的醛，通过醛脱氢酶的作用醛被氧化成脂肪酸。正烷烃的生物降解是由氧化酶系统酶促进的，而链烷烃也可以直接脱氢形成烯，烯再进一步氧化成醇、醛，最后形成脂肪酸。链烷烃也可以被氧化成烷基过氧化氢，然后直接转化成脂肪酸。一些微生物能将烯烃代谢为不饱和脂肪酸并使某些双键的位移或产生甲基化，形成带支链的脂肪酸，再进行降解。多环芳烃的降解是通过微生物产生加氧酶后进行定位氧化反应。真菌可以产生单加氧酶，在苯环上加氧原子形成环氧化物，再在其上加入 $H_2O$ 转化为酚和反式二醇。而细菌可以产生双加氧酶，苯环上加双氧原子形成过氧化物，其被氧化成为顺式二醇，再脱氢转化为酚。经过微生物代谢产生的物质可被微生物自身利用合成细胞成分，或者可以继续被氧化成 $CO_2$ 和 $H_2O$。好氧微生物降解一直是石油污染物的主要处理方式，对其已有较深的研究。近年来，对石油污染的厌氧处理开始引起国内外研究者的关注。与好氧处理相比，厌氧处理有优点也有缺点。在好氧条件下，好氧微生物降解低环芳烃，但四环以上的多环芳烃却没有明显降解效果。厌氧微生物可以利用 $NO_3^-$、$SO_4^{2-}$、$Fe^{3+}$ 等作为电子受体，将好氧处理不能降解的部分物质降解掉。但是与好氧处理相比，厌氧菌的培养速度和对污染物的降解速度都很慢。电子受体对厌氧降解的影响也很大，有研究表明，在有混合电子受体的条件下，更有利于石油烃的降解，故可通过加混合电子受体的方式加强修复。微生物对不同的烃类降解能力不同。一般认为，可降解性次序为：小于C10的直链烷烃＞C10～C24或更长的直链烷烃＞小于C10的支链烷烃＞C10～C24或更长的支链烷烃＞单环芳烃＞多环芳烃＞杂环芳烃。微生物对石油烃代谢降解的基本过程可能包括：微生物接近石油烃，吸附摄取石油烃，分泌胞外酶，物质的运输和胞内代谢。

1989年Exxon石油公司的油轮在阿拉斯加Prince Willian海湾发生溢油事故，溢油量达4170m$^3$，污染海岸线长达500～600km。为了消除污染，该公司采用原位生物修复措施，通过喷施营养物（N源、P源）加速海滩上自然存在的微生物对污染石油的降解，使石油污染程度明显减轻，并未向周围海滩及海水中扩散。美国犹他州某空军基地采用原位生物降解修复航空发动机油污染的土壤。在土壤湿度保持8%～12%条件下，添加N、P等营养物质，并通过在污染区打竖井增加 $O_2$ 供应。13个月后土壤中平均油含量由410mg/kg降至38mg/kg。荷兰一家公司应用研制的回转式生物反应器，使土壤在反应器内与微生物充分接触，并通过喷水保持土壤湿度，在22℃

下处理17d后，土壤含油量由1000～6000mg/kg降至50～250mg/kg。Monhn等研究了北极冻原油滴污染土壤，现场接种抗寒微生物混合菌种进行生物修复处理，一年后，土壤中油浓度降到初处理浓度的1/20。杨国栋、丁克强、张海荣分别进行了石油污染土壤生物修复技术的微生物研究，研究结果表明生物修复技术大大节省能源投资，对大规模的污染土壤处理来说，是一种简单易行、便于推广的污染土壤清洁技术。

石油烃类的性质是影响微生物修复效果的主要因素，这包括石油烃类的类型及各组分含量。微生物对烷烃的分解特征为：直链烃比支链烃、环烃都容易氧化。随着碳数的增大，氧化速度减慢，当碳数大于18时，分解逐渐困难。有文献报道，高分子芳香烃物质相对低分子芳香烃难分解，沥青和胶质最难分解。另外，石油中的多环芳烃生物可降解性顺序为线性＞角性＞环性。Chaineau等用微生物处理被石油烃污染的土壤，270d后，75%的原油被降解，其中属饱和烃的正构烷烃和支链烷烃在16d内几乎全部降解；78%的环烷烃被降解； 71%的芳香烃被同化；占原油总重量10%的沥青质完全保留了下来。石油烃性质和浓度也是影响菌株生物活性的重要因素，石油烃浓度过高或太低，都会对微生物产生毒害作用或根本不足以维持一定数量的微生物生长，这样一来生物修复也起不到效果。有研究者从辽河油田和大庆油田石油污染土壤中分离筛选出芽孢杆菌属中的枯草芽孢杆菌和地衣芽孢杆菌，对不同性质石油烃中的烷烃、芳烃和胶质沥青质的去除率分别为62.96%～78.67%、16.76%～33.92%、3.78%～15.22%。当石油烃含量为0.5%～2.0%时，石油烃的去除率随着浓度的增加而升高；当石油烃含量为2.0%～10.0%时，石油烃的去除率随着浓度的增加而降低。

一般情况下，土壤中降解烃的微生物只占微生物群落的1%，而当有石油污染物存在时，降解者的比率由于自然选择可提高到10%。微生物的种类、数量及其酶活性都是石油烃类生物降解速率的制约因素。徐金兰等以石油烃为唯一碳源的原油培养基，从陕北石油污染土壤中优选出7株菌株，菌株鉴定结果表明，7株菌均为革兰氏阴性菌，其中包括不动细菌属、奈瑟氏球菌属、邻单胞菌属、黄单胞菌属、动胶菌属、黄杆菌属、假单胞菌属。7株菌的降油试验结果表明，降解8d后，加菌试样的石油烃降解率均达到80%左右，接种量越大，石油菌数量越多，石油烃降解率随接种量的增加而提高。采用黄单胞菌属和邻单胞菌属的菌株对土壤进行生物修复，去除率可达88.4%和73.4%。Mishra等采用存在于载体上的微生物联合体和营养物质对4000$m^2$的石油污染土地进行处理，结果表明石油烃等有机污染物的降解依赖于微生物群落的共同作用。

2. 影响有机污染土壤微生物修复的因素

影响微生物修复石油污染土壤效果的因素很多，除有机污染物自身的特性外，还包括土壤中微生物的种类、数量以及生态结构、土壤中的环境因子等。另外，由于表面活性剂在有机污染物的微生物修复中所扮演的重要角色，本节也将简单进行介绍。

（1）有机污染物的理化性质

有机污染物的生物降解程度取决于它的化学组成、官能团的性质及数量、分子量大小等因素。通常来说，饱和烃最容易被降解，其次是低分子量的芳香族烃类化合物、高分子量的芳香族烃类化合物，而石油烃中的树脂和沥青等则极难被降解。不同烃类化合物的降解率高低顺序是正烷烃、分支烷烃、低分子量芳香烃、多环芳烃。官能团也影响有机物的生物可利用性，分子量大小对生物降解的影响也很大，高分子化合物的生物可降解性较低。此外，有机污染物的浓度对生物降解活性也有一定的影响。当浓度相对低时，有机污染物中的大部分组分都能被有效降解；但当有机污染物的浓度提高后，由于其自身的毒性会影响土壤微生物的活性，使得降解率相应降低。

（2）微生物种类和菌群对修复的影响

微生物在生物修复过程中既是石油降解的执行者，又是其中的核心动力。土壤中微生物的种类及构成是影响有机污染土壤微生物修复的重要因素。因此，寻找高效污染物降解菌是当前微生物修复技术的研究热点。用于生物修复的微生物有三类，即土著微生物、外来微生物和基因工程菌。当前，国内相关研究单位在寻找高效有机污染物的降解菌方面仍然以土著微生物为重点。用传统的微生物培养、纯化的方法从污染环境中筛选出目标菌。因为自然界中存在着数量巨大的各种各样的微生物，在遭受有毒的有机物污染后，可出现一个天然的驯化选择过程，使适合的微生物不断增长繁殖，数量不断增多。土著微生物降解污染物有巨大潜力，因此在生物修复工程中充分发挥土著微生物的作用，不仅必要而且有实际应用的可能。但当在天然受污染环境中合适的土著微生物生长过程慢、代谢活性不高，或者由于污染物毒性过高造成微生物数量反而下降时，可人为投加一些适宜该污染物降解的与土著微生物有很好相容性的高效菌，即外来微生物。目前用于生物修复的高效降解菌大多系多种微生物混合而成的复合菌群，其中不少已被制成商业化产品，如光合细菌。目前广泛应用的光合细菌菌剂多为红螺菌科，对有机物有很强的降解转化能力。表 5–1–4 所列为部分筛选出对有机农药具有降解作用的微生物。

分离的降解农药的微生物　　表 5-1-4

| 农药 | 微生物 | 过程 |
| --- | --- | --- |
| 氟羧草醚 | Pseudomonasfluorescens | 芳香环硝基还原 |
| 甲草胺 | Pseudomonassp | 谷胱甘肽介导的脱氯 |
| 涕灭威 | Achromobactersp | 水解 |
| 阿特拉津 | Pseudomonassp | 脱氯 |
| 阿特拉津 I | Rhodococcussp | N- 脱烷基 |
| 呋喃丹 | Achromobactersp | 水解 |
| 2-（1- 甲基 - 正丙基）-4，6- 二硝基苯酚 | Clostridiumsp | 硝基还原 |
| 2，4-D | Pseudomonassp | 脱氯 |
| DDT | Proteusvulgaris | 脱氯 |
| 伏草隆 | Rhizopusjaponicus | N- 脱甲基 |
| 林丹 | Clostridiumsp | 还原脱氯 |
| 利谷隆 | Bacillussphaericus | acylamidase |
| 甲基对硫磷 | Plesiomonassp | 水解 |
| 对硫磷 | Bacillussp | 水解和硝基还原 |
| 二甲戊乐灵 | Fusariumoxysporum Paecilomyces varioti | N- 脱烷基硝基还原 |
| 敌稗 | Foxysporum Pseudomonassp | 酰胺酶 |
| 氟乐灵 | Candidasp | N- 脱烷基 |

（3）环境因素对有机污染物生物降解的影响

微生物对有机污染物不同组分的降解能力是不同的，同时微生物对有机污染物的降解受到环境因素的影响，这种影响对有机污染物的降解往往具有决定性作用。某种石油烃在一种环境中能长期存在，而在另一种环境中，相同的烃化合物在几天甚至几小时内就可被完全降解。影响有机污染物生物降解的因素主要有 pH 值、$O_2$ 含量、温度、营养物质含量和盐浓度。

土壤的 pH 值是土壤化学性质的综合反映，在影响有机污染物微生物降解的所有土壤因素当中，土壤的 pH 值起着最关键的作用。与大多数微生物相同，能降解有机污染物的土壤微生物繁殖的适宜 pH 值为 6~8，最优一般为 7.0~7.5。由于土壤微生物在降解过程中产生的酸性物质往往在土壤中有积累效应，会导致 pH 值进一步降低，所以在偏酸性污染土壤的生物治理过程中，为了提高微生物代谢活性和降解速率，可以在土壤中添加一些农用酸碱缓冲剂，以调整土层的 pH 值。最适 pH 值既与降解菌有关，也与降解条件密切相关。

温度通过影响石油的物理性质和化学组成，进而影响其微生物的烃类代谢速率。在低温环境下，有机污染物的黏度增加，短链有毒烷烃的挥发作用减弱，而水溶性增加，对微生物的毒性也随之增大，这将间接影响烃类物质的生物降解。温度低时，酶活力降低，进而导致降解速率也降低；而较高的温度可使烃代谢速率升至最大，一般为 30～40℃，高于 40℃时，烃的毒性增大，微生物自身的活性也会降低，进而减缓有机污染物的微生物降解。

环境中的氧气对微生物而言是一个极其重要的限制因子。微生物对有机污染物的生化降解过程随烃类的不同而不同，但与好氧微生物降解的起始反应却是相似的，在降解的过程中需要大量的电子受体，主要是溶解氧和 $NO^{3-}$，据统计每分解 1g 石油需 $O_2$3～4g。而在石油污染区域，石油烃在土壤孔隙水表面容易形成油膜，导致氧的传递非常缓慢。因而，在许多石油污染区的微生物修复过程中，供氧不足成为石油降解的制约因素。

微生物的生长离不开碳、氮、磷、硫、镁等无机元素，而环境中的营养物质是有限的，有机污染物是微生物可以利用的大量碳底物，但它只能提供比较容易得到的有机碳，而不能提供氮、磷等无机养料，因此氮、磷、钾等无机营养物是限制微生物活性的重要因素。为了使污染物达到完全降解，要适当地添加营养物。氮源和磷源是常见的烃类生物降解限制因素，适量地添加可以促进烃类生物降解。

一般细菌等微生物只能在低盐浓度环境中繁殖，低浓度的盐类（NaCl、KCl、$MgSO_4$ 等）对微生物的生长是有益的。当土壤盐浓度过高时，会影响微生物对水分的吸收，进而抑制或杀死微生物；同时溶液中 NaCl 浓度对细胞膜上的 $Na^+$-$K^+$ 泵有很大的影响，而 $Na^+$-$K^+$ 泵维持细胞内外离子梯度具有重要的生理学意义，它不仅维持细胞的膜电位，也调节细胞的体积和驱动某些细胞中的糖与氨基酸的运输，从而影响细胞的生长。

（4）表面活性剂在土壤有机污染物微生物修复中的作用

由于有机污染物特别是石油烃中含有大量的疏水性有机物，它们具有黏性高、稳定性好、生物可利用性低的特点。这些高分子有机物、多环芳烃类，严重限制了生物修复的效果和速度。因此，目前关于微生物修复技术的研究和应用几乎都要采用一些强化措施提高生物修复的效率。所谓生物强化修复是指在生物修复系统中通过投加具有特定功能的微生物、营养物或采取其他措施，以期达到提高修复效果、缩短修复时间、减少修复费用的目的。在污染土壤中添加适量的表面活性剂则是有机污染物微生物修复中经常用到的生物强化手段之一。表面活性剂（surfactant）是指加入少量能使其溶液体系的界面状态发生明显变化的物质，具有固定的亲水亲油基团，在溶液的表面能定向排列。表面活性剂的分子结构具有两亲性：一端为亲水基团，另一端为疏水基团；亲水基团常为极性基团，如羧酸、磺酸、硫酸、氨基或胺基及其盐，羟基、酰胺基、醚键等也可作为极性亲水基团；而疏水基团常为非极性烃链，如 8 个碳原子以上烃链。表面活性剂分为离子型表面活性剂（包括阳离子表面活性剂与阴离子表面活性剂）、非离子型表面活性剂、两性表面活性剂、复配表面活性剂、其他表面活性剂等。大量研究表明，疏水的有机污染物从土壤表面到细胞内部的传递效率是生物降解的主要限速步骤。而表面活性剂的加入可增加有机污染物在水相中的传递速率，是一种行之有效的油污土壤修复强化手段。

表面活性剂能够降低界面的表面张力，并可通过形成胶束的形式将疏水性有机污染物包裹在胶束内部而脱附进入水相，增加了有机污染物的流动性。这一特性已经被应用到改善疏水性有机污染物污染土壤生物修复的研究中，取得了一定的成效，但也存在一些问题。表面活性剂对土壤微生物的作用主要体现在细胞膜对表面活性剂的吸附作用和对微生物在土壤中存在状态的改变。由于生物膜由大量磷脂分子组成，磷脂与表面活性剂有类似的结构和性能，所以细胞膜对表面活性剂具有较强的吸附作用。这种吸附作用会在细胞膜和污染物之间起到架桥作用，进而可能影响污染物的脱附速率，同时改变了细胞膜的通透性，使 HOCs 和中间代谢物的跨膜速率加快，有助于提高降解速率。

采用表面活性剂对有机污染场地的生物修复强化方面，国内外展开了大量的研究，一致表明表面活性剂可促进石油类污染物的降解，特别是针对菲、芘等多环芳烃、多氯联苯类的降解都有明显的加强作用。练湘津等在研究表面活性剂对加油站地下油污土壤修复的影响时发现腐殖酸钠、SDS 等对石油类物质的降解均有明显的促进作用。也有研究对土壤中的菲和柴油污染土壤进行表面活性剂淋洗，结果发现污染物的解吸速率得到了增强。Niu 等研究了 Tween–80 对沥青质等原油污染物生物降解的强化作用，并在模拟试验中使得沥青质等原油中高黏度组分的微生物降解效果大为增强，该研究证明了表面活性剂在稠油污染土壤修复中具有强大的应用潜力。目前在污染土壤生物修复中添加表面活性剂的研究大多是在实验室内模拟来提高污染物生物可利用性，还没有应用到区域放大试验中的实例。

3. 存在的问题及研究趋势

由于有机污染物潜在的致癌性和致畸性，其降解的研究在国际上被广泛关注。有机污染土壤的微生物修复相对于其他修复方法具有天然优势。对于降解菌的筛选、降解机制、降解基因的分离、降解相关酶的研究较多，但作为生物修复的一种，目前多数研究尚处于试验阶段，没有成熟运用到实际污染土壤的修复中。加之由于微生物只能降解特定的有机污染物，且微生物活性易受环境条件的影响，使其在有机污染土壤修复过程中降解能力不稳定。目前，有机污染土壤的微生物修复主要集中在以下几个方面。

由于大多数降解菌只能针对一种或几种特定污染物进行降解，不具有广谱性。所以较多研究倾向于筛选多功能降解菌，针对性研究降解途径、机理与生物分解代谢流程，提高复杂多变的土壤环境，并密切关注微生物修复土壤中污染物的中间产物、结构、性质及表征，对修复过程中污染物的次生污染问题要及时发现和防止，以免造成二次污染。

由于土壤复合污染的普遍性、复杂性和特殊性，单独依靠微生物修复措施较难彻底解决复合污染土壤的修复问题，往往需要多途径、多方式的修复手段进行互补，以及开发生物强化手段，加强对复合污染土壤的修复能力；同时，针对单一污染土壤，采用多途径、多方式强化微生物修复效果，以达到彻底修复的目的。目前，基于微生物的共代谢修复思路主要有：添加共代谢底物、好氧－厌氧联合修复、高环降解菌－低缓降解菌联合修复、微生物－植物系统组合，其中好氧菌和厌氧降解菌（特别是多氯联苯修复）的联合修复备受研究者关注。

重点研究典型降解菌降解途径、机理与生物降解代谢通路；进一步解析典型污染物降解基因的结构、功能与调控机制，阐明降解过程的分子生物学机理。未来的研究方向主要是结合现代分析手段提高特定菌株降解污染物的能力，建立高效降解微生物的基因库，应用系统生物学方法，开展典型污染物微生物降解的基因组研究，以揭示其微生物遗传多样性与功能基因；采取基因诱导变异的方法，通过改造其他繁殖力强、活性强的微生物使其具有降解土壤污染物的能力，提高降解效率。

### 5.1.3 植物修复

植物修复（phytoremediation）旨在以植物忍耐、分解或超量积累某种或某些化学元素的生理功能为基础，利用植物及其共存微生物体系来吸收、降解、挥发和富集土壤中的污染物，是一种绿色、低成本的土壤修复技术。相对于传统的物理化学土壤修复技术，污染土壤的植物修复对土壤扰动小，对环境也更加友好，显示出良好的应用前景。植物修复的概念是由美国科学家 Chaney 于 1983 年提出的，主要包括植物提取（phytoextraction，又译作植物萃取或植物吸取）、植物稳定（phytostabilization）、植物挥发（phytovolatilization）和植物降解（phytodegredation）等。植物提取修复是指利用植物将土壤中的污染物提取出来，富集于植物根部可收割部位和植物根上部位，最后通过收割的方式带走土壤中的污染物。植物稳定修复是指利用植物提取和植物根际作用，将土壤中的污染物转化为相对无害或者低毒物质，从而达到减轻污染的效果。植物挥发则是植物将污染物吸收到体内后并将其转化为气态物质，释放到大气中的一种植物修复方法，经常应用于有机污染物及甲基汞的土壤修复治理。植物降解修复指的是利用植物吸收、富集有机物后对其进行降解，达到修复有机污染土壤的目的，如图 5-1-1 所示。

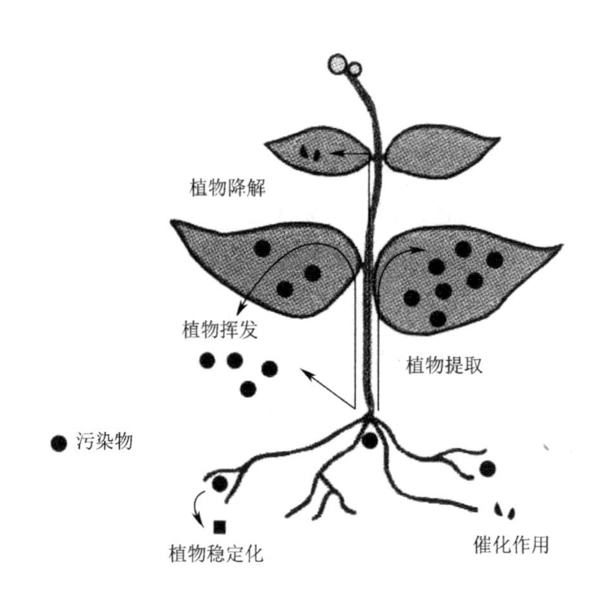


图 5-1-1　植物修复机制简图

植物修复可用于有机污染土壤和重金属污染土壤的修复及治理。目前，国内侧重于研究重金属污染土壤的植物修复，而有机污染土壤的植物修复技术近年来也慢慢受到关注。20 世纪 50 年代，有机（氯）杀虫剂的大量使用，一方面提高了农业生产效益，另一方面也造成土壤有机污染；研究者发现某些植物可以从污染土壤中积累这些有机物，从而植物被尝试用作土壤有机污染的修复过程，植物修复被看作最具潜力的土壤污染治理措施。目前，有关植物修复的研究主要集中于重金属超积累植物，多与植物提取土壤重金属有关。

植物修复是以植物积累、代谢、转化某些有机物的理论为基础，通过有目的的优选种植植物，利用植物及其共存土壤环境体系去除、转移、降解或固定土壤有机污染物，使之不再威胁人类健康和生存环境，以恢复土壤系统正常功能的污染环境治理措施。实际上，植物修复是利用土壤 – 植物 –（土著）微生物组成的复合体系来共同降解有机污染物；该体系是一个强大的“活净化器”，包括以太阳能为动力的“水泵（pump）”“植物反应器”及与之相连的“微生物转化器”和“土壤过滤器”。该系统中活性有机体的密度高，生命活性旺盛；由于植物、土壤胶体、土壤微生物和酶的多样性，该系统可通过一系列的物理、化学和生物过程去除污染物，达到净化土壤的目的。植物修复是颇有潜力的土壤有机污染治理技术。与其他土壤有机污染修复措施相比，植物修复经济、有效、实用、美观，且作为土壤原位处理方法其对环境扰动少；修复过程中常伴随着土壤有机质的积累和土壤肥力的提高，净化后的土壤更适合于作物生长；植物修复中的植物固定措施对于稳定土表、防止水土流失具有积极的生态意义；与微生物修复相比，植物修复更适用于现场修复且操作简单，能够处理大面积面源污染的土壤；另外，植物修复土壤有机污染的成本远低于物理、化学和微生物修复措施（表 5–1–5），这为植物修复的工程应用奠定了基础。

重金属污染土壤的植物修复技术一直是植物修复的前沿课题。植物挥发是利用植物使土壤中的重金属转化为可挥发的、毒性小的物质，但应用范围小，且可能产生二次污染，因此该方面研究基本处于次要地位。植物提取是利用重金属超富积植物从污染土壤中超量吸收、积累一种或几种重金属元素，并将它们输送、储存在植物的地上部分，最终通过收获并集中处理植物地上部（可能包括部分的根），反复种植、连续收获，以使土壤重金属含量达到可接受水平。植物提取目前研究最多、最有发展前景，通常所说的植物修复就是指植物提取。相对于传统的物理化学方面的土壤修复技术，植物修复不需要土壤的转移、淋洗和热处理等过程，因而经济性较高，对土壤的扰动小，对环境也更加友好，在重金属污染土壤修复中显示出了良好的应用前景。当前，在欧洲和北美地区，采用植物修复技术治理重金属污染土壤的年均市场价值高达 40 亿美元。前期我国由于粗放型的经济发展模式和相对落后的技术手段，造成了严重的重金属污染，并且污染面广、难以治理。因此，采用植物修复来治理重金属污染土壤尤其是矿山尾矿等在我国拥有巨大的应用前景。我国学者在锌、砷和铜等超富集植物的研究中也取得了一定的进展，但是受限于技术和研究水平，我国在植物修复领域的总体研究水平与发达国家仍有差距，主要体现在：研究面狭窄，研究对象集中于超富集植物种类；理论性基础研究少，创新少，很多研究都在照搬国外的研究方法；研究队伍结构单一，缺乏跨学科的合作与交流；研究成果实用性和可推广性不够，限制了研究成果的应用。

土壤有机污染的修复成本见表 5–1–5。

土壤有机污染的修复成本　　表 5-1-5

| 土壤有机污染修复方法 | 成本（美元/t） |
| --- | --- |
| 植物修复（phytoremediation） | 10～35 |
| 原位生物修复（insitubioremediation） | 50～150 |
| 间接热解吸（indirect thermal） | 120～300 |
| 土壤冲洗（soil washing） | 80～200 |
| 固定/稳定化（solidification/stabilization） | 240～340 |
| 溶剂萃取（solvent extration） | 360～440 |
| 焚烧（incineration） | 200～1500 |

#### 5.1.3.1　重金属污染土壤的植物修复

重金属污染土壤的植物修复是一种利用自然生长植物或者遗传工程培育植物修复金属污染土壤环境的技术总称。它通过植物系统及其根际微生物群落来移去、挥发或稳定土壤环境污染物，已成为一种修复金属污染土地的经济、有效的方法。植物修复的成本仅为常规技术的一小部分，而且能达到美化环境的目的。正因其技术和经济上优于常规方法和技术，植物修复被当今世界广泛接受和应用。

1. 修复机制

根据其作用过程和修复机制，金属污染土壤的植物修复技术可归成三种类型，即植物稳定、植物挥发和植物提取。以下对这三种植物修复技术的国际研究和发展态势作进一步描述，特别是植物提取方面。

（1）植物稳定

植物稳定是利用植物吸收和沉淀来固定土壤中的大量有毒金属，以降低其有效性和防止其进入地下水和食物链，从而减少其对环境和人类健康的污染风险。植物在植物稳定中有两种主要功能：保护污染土壤不受侵蚀，减少土壤渗漏来防止重金属污染物的淋移；通过根部累积和沉淀或通过根表吸收金属来加强对污染物的固定。此外，植物还可以通过改变根际环境（pH 值，氧化还原电位）来改变污染物的化学形态。在这个过程中根际微生物（细菌和真菌）也可能发挥重要作用。已有研究表明，植物根可有效地固定土壤中的铅，从而减少其对环境的风险。金属污染土壤的植物稳定是一项正在发展的技术，这种技术与原位化学钝化技术相结合将会显示出更大的应用潜力。Vangronsveld 等对金属污染土壤的植物稳定和原位钝化及其长期效应的优点、限制和评价作了综述。植物稳定，不管是否与原位钝化（无效化）相结合，来改变土壤环境中的有害金属污染物的化学和物理形态，进而降低其化学和生物毒性的能力，都是很有前途的。一个值得探讨的课题是对污染土壤的植物稳定的效应及其持久性的系统评价方法。这种评价应该结合物理、化学和生物的方法。植物稳定技术可以成为对那些昂贵而复杂的工程技术的有效替代方法。植物稳定研究方向应该是促进植物发育，使根系发达，键合和持留有毒金属于根－土中，将转移到地上部分的金属控制在最小范围。

（2）植物挥发

植物挥发是与植物提取相连的。它是利用植物的吸取、积累、挥发而减少土壤污染物。目前在这方面研究最多的是类金属元素汞和非金属元素硒，但尚未见有植物挥发砷的报道。通过植物或与微生物复合代谢，形成甲基砷化物或砷气体是可能的。在过去的半个世纪中汞污染被认为是一种危害很大的环境灾害，在一些发展中国家的很多地方，存在严重的汞污染，含汞废弃物还在不断产生。工业产生的典型含汞废弃物都具有生物毒性，例如，离子态汞（$Hg^{2+}$）在厌氧细菌的作用下可以转化成对环境危害最大的甲基汞（$CH_3Hg$）。利用细菌先在污染位点存活繁衍，然后通过酶的作用将甲基汞和离子态汞转化成毒性小得多、可挥发的单质汞（Hg），已被作为一种降低汞毒性的生物途径之一。当今的研究目标是利用转基因植物降解生物毒性汞，即运用分子生物学技术将细菌体内对汞的抗性基因（汞还原酶基因）转导到植物（如烟草和郁金香）中，进行汞污染的植物修复。研究证明，将来源于细菌中的汞的抗性基因转导入植物中，可以使其具有在通常生物中毒的汞浓度条件下生长的能力，而且还能将从土壤中吸取的汞还原成挥发性的单质汞。植物挥发为土壤及水体环境中具有生物毒性汞的去除提供了一种潜在可能性。植物对汞的脱毒和活化机制如果能做进一步调控，使单质汞变成离子态汞滞留在植物组织内，然后集中处理，不失为汞的植物修复的另一种思路。

从硒的植物吸取－挥发研究中可以进一步看到这种技术的修复潜力和研究与发展的态势。许多植物可从污染土壤中吸收硒并将其转化成可挥发状态（二甲基硒和二甲基二硒），从而降低硒对土壤生态系统的毒性。在美国加州 Corcoran 的一个人工构建的二级湿地功能区中，种植的不同湿地植物品种显著降低了该区农田灌溉水中硒的含量（在一些场地硒含量从 25mg/kg 降低到 5mg/kg 以下），这证明含硒的工业和农业废水可以通过构建人工湿地进行净化。因硒的生物化学特性在许多方面与硫类似，所以常常从研究硫的角度研究硒。对植物硒吸收、同化和挥发的生物化学途径的研究结果表明，硒酸根以一种与硫类似的方式被植物吸收和同化。在植物组织内，硫是通过 ATP 硫化酶的作用还原为硫化物。运用分子生物学技术在印度芥末体外证明硒的还原作用也是由该酶催化的，而且在硒酸根被植物同化成有机态硒过程中该酶是主要的转化速率限制酶。印度芥末中硒酸根的代谢转化是ATP硫化酶表达基因的过量表达所致，其转基因植物比野生品种对硒具有更强的吸收能力、忍受力和挥发作用。根际细菌在植物挥发硒的过程中也能起作用，不仅能增强植物对硒的吸收，而且还能提高硒的挥发率。这种刺激作用部分应归功于细菌对根须发育的促进作用，从而使根表有效吸收面积增加。更重要的是，根际细菌能刺激产生一种热稳定化合物，使硒酸根通过质膜进入根内；当将这种热稳定化合物加入植物根际后，植物体内出现硒盐的显著积累。进一步试验表明，对灭菌的植株接种根际细菌后，其根内硒浓度增加了5倍。而且，经接种的植株硒的挥发作用也增强了4倍，这可能是因为由微生物引起的对硒吸收量增加。可见，植物挥发修复的生物化学、分子生物学和根际微生物学基础研究是一个国际前沿研究的热点。

（3）植物提取

植物稳定和植物挥发这两种植物修复途径有其局限性，植物稳定只是一种原位降低污染元素生物有效性的途径，而不是一种永久性的去除土壤中污染元素的方法；植物挥发仅是去除土壤中一些可挥发的污染物，并且其向大气挥发的速度应以不构成生态危害为限。相对地，植物提取是一种具永久性和广域性于一体的植物修复途径，已成为众人瞩目、风靡全球的一种植物去除环境污染元素（特别是重金属）的方法。植物提取是利用专性植物根系吸收一种或几种污染物特别是有毒金属并将其转移、储存到植物茎叶，然后收割，离地处理。专性植物，通常指超积累植物，可以从土壤中吸取和积累超寻常水平的有毒金属，例如镍浓度可高达3.8%以上。英国Sheffield大学Baker博士是介绍植物修复概念的首批科学家之一，提出超积累植物具有清洁金属污染土壤和实现金属生物回收的实际可能性。这种植物具有与一般植物不同的生理特性。在工业废物或污泥使用而引起的重金属污染土壤上，连续种植几次超积累植物，就有可能去除有毒金属，特别是生物有效性部分，从而复垦和利用被金属污染的土壤。

植物修复概念的早期验证是在英国小规模田间试验中进行的，将多种超积累植物种植在曾多年施用富含重金属的工业污泥试验地上。示范性试验表明十字花科遏蓝菜属植物（Thlaspi caerulescens）具有很大的吸取锌和镉的潜力。这种植物是一种可在富锌、铅、镉和镍土壤上生长的野生草本植物。这些年来，各国科学家们对利用这种植物修复锌、铅、镉和镍污染土壤表现出浓厚的研究和开发兴趣。在欧洲、美国、澳大利亚和东南亚国家都启动了包括这种植物在内的超积累植物积累金属生理生化机理、金属吸收效率和农艺管理等方面的研究项目。Thlaspi caerulescens已成为当前国际上开展重大相关研究项目时经常被选择的研究对象。

越来越多的金属积累植物被发现，据报道，现已发现Cd、Co、Cu、Pb、Ni、

Se、Mn、Zn 超积累植物 400 余种，其中 73% 为 Ni- 超积累植物。可能有更多的分布于世界各地的超积累植物尚待发现，要注意对一些稀有的超积累植物种子资源的保护。从事植物修复研究与发展的国际著名美籍科学家 Chaney 博士预言，总有一天这些很有价值的植物会被用来清洁重金属（Cd、Pb、Ni、Zn）或放射性核素（U、Cs、Sr、Co）污染的农地和矿区，其成本可能不到各种物理化学处理技术的 1/10，并且通过回收和出售植物中的金属（phytomining）还可进一步降低植物修复的成本。

除加强超积累植物种质资源的发现和开发利用外，还亟须研究和发展能提高超积累植物的金属浓度水平和产量的方法与技术。一种使超积累植物高产的途径是寻找负责金属积累植物的基因或基因组，并将其导入一般高产植物；另一种选择是运用传统育种办法促进植物快生快长。目前，除原始性筛选工作外，分子生物学研究植物新变种正在欧美国家研究实验室进行，这些实验室试图通过金属积累基因的转导培育多元素高效修复植物。以调控有毒金属吸收为目标的植物基因操纵和高效型修复植物培育已成为现代研究的前沿课题。将金属积累植物与新型土壤改良剂相结合使植物高产和植物对金属积累速率和水平的提高是另一种研究趋势。多个田间试验证明这种化学与植物综合技术是可行的。

土壤改良剂 EDTA 可络合铅、锌、铜、镉，保持其在土壤中处于溶解状态，以提高植物利用的效率，从而大幅度增加植物茎叶重金属积累量，使污染土壤金属浓度降低。进一步研究的重点将是超积累植物的生理需求（温度、土壤、水分、肥料及土壤管理）和络合剂、肥料或植物根分泌物对金属移动性的影响。不过，对这些综合技术的环境风险（如地下水金属污染）需要系统评价。开展金属污染土壤的植物提取技术的食物链和生态效应的研究也很重要，特别是在专性植物的根际金属化学行为及其调控技术方面。植物提取修复的首要目标应是减少土壤生物有效态金属浓度而不是土壤金属总量，这就是所谓的“土壤生物有效态元素吸蚀概念”。近年来，对重金属超积累植物及其修复重金属污染土壤机理已有较系统的综述，这些综述反映了国外的最新研究进展，对国内在相关领域开展研究工作有很好的指导意义。

2. 影响重金属植物修复的因素

影响植物修复重金属污染土壤效果的因素很多，主要有重金属在土壤中的赋存形态，植物品种和环境因素等。

（1）重金属土壤赋存形态对植物修复的影响

重金属的形态也可影响植物对重金属离子的吸收。土壤污染物中常见的重金属形态有可交换态、碳酸盐结合态、铁锰氧化物结合态、有机态、硫化物结合态、残渣态等。改变重金属的形态对于重金离子由植物根部转运到地上部有很大影响。

碳酸盐结合态重金属受土壤条件影响，对 pH 值敏感，pH 值升高会使游离态重金属形成碳酸盐共沉淀，不易为植物所吸收，相反地，当 pH 值下降时易重新释放出来而进入环境中，易为植物所吸收。植物根系分泌物能够影响根际微域土壤 pH 值，进而影响修复植物对重金属的吸收。Tessier 等学者认为，铁锰氧化物具有较大的比表面积，对于金属离子有很强的吸附能力，水环境一旦形成某种适于其絮凝沉淀的条件，其中的铁锰氧化物便载带金属离子一同沉淀下来，由于属于较强的离子键结合的化学形态，因此不易释放，若土壤中重金属的铁锰氧化物占有效态比例较大，正常情况下可利用性不高。有机结合态是以重金属离子为中心离子，以有机质活性基团为配位体的结合或是硫离子与重金属生成难溶于水的物质。这类重金属在氧化条件下，部分有机物分子会发生降解作用，导致部分金属元素溶出，有益于植物对重金属离子的吸收。残渣态金属一般存在于硅酸盐、原生和次生矿物等土壤晶格中，它们来源于土壤矿物，性质稳定，在自然界正常条件下不易释放，能长期稳定在土壤中，不易为植物吸收。

（2）植物修复品种对重金属修复的影响

目前，应用于植物修复的植物材料多为超富集植物（hyper accumulator，亦称超积累植物）。超富集植物是指能够超量吸收重金属并将其运移到地上部的植物。由于各种重金属在地壳中的丰度及在土壤和植物中的背景值存在较大差异，因此，对不同重金属，其超富集植物富集质量分数界限也有所不同。目前采用较多的是 Baker 和 Brooks 提出的参考值，即把植物叶片或地上部（干重）中含 Cd 达到 100μg/g，含 Co，Cu，Ni，Pb 达到 1000μg/g，Mn，Zn 达到 10000μg/g 以上的植物称为超富集植物。为了反映植物对重金属的富集能力，Chamberlain 曾定义过富集因子（concentration factor）的概念，并得到了不少学者的认可，即：富集因子 = 植物中的金属含量 / 基质中的金属含量。

显然，富集因子越高，植物对该金属的吸收能力越强。

国外重金属超富集植物筛选工作开始较早，成果比较丰富。Brooks 等对 Ni 超富集植物从地理学特性和分布方面进行大量研究。Brooks 对葡萄牙、土耳其和亚美尼亚地区 Alyssum 属 150 种植物进行综合考察，发现 48 种 Ni 超富集植物，它们多数生长在蛇纹岩地区，分布区域很小。目前发现的 Ni 超富集植物有 329 种，隶属于 Acanthaceae（6 种）、As-teraceae（27 种）、Brassicaceae（82 种）、Busaceae（17 种）、Euphorbiaceae（83 种）、Flacour-tiaceae（19 种）、Myrtaceae（6 种）、Rubiaceae（12 种）、Tiliaceae（6 种）、Violaceae（5 种）等 38 个科，在世界各大洲均有分布。如此众多 Ni 超富集植物的发现，得益于富 Ni 超基性土壤在全球的广泛分布。可能还有许多 Ni

超富集植物尚未被发现，包括尚未分析的或尚未报道的植物样品，特别是对西非、印度尼西亚的几个岛屿和中美洲的超基性土壤地区还没进行充分研究，那里可能也生长着大量超富集植物。

Zn 超富集植物的研究起源于 Thlaspi 属植物的研究。Rascio 发现，生长在意大利和奥地利边界 Zn 污染土壤上的 Thlaspirotundifolium 是 Zn 超富集植物。Reeves 发现，生长在蛇纹岩地区的许多 Thlaspi 属的 Ni 超富集植物中 Zn 含量都在 1000mg/kg 以上，而且不一定分布在 Zn 污染区域。通过对美国西北部、土耳其、塞浦路斯和日本的 Thlaspi 属植物进行研究，筛选出一批新的 Zn 超富集植物。目前发现的 Zn 超富集植物有 21 种，分布在 Brassicaceae、Caryophyllaceae、Lamiaceae 和 Violaceae 这 4 个科。ThlaspicaerulescensAr–abidopsishalleri 和 Violacalaminaria 等 Zn 超富集植物 Zn 含量都超过 l0000mg/kg，其中 Thlaspicaerulescens 是目前研究较多的植物，已经成为研究超富集植物的模式植物。自从 Reeves 正式确定 T.CaerulescensZn 的超富集植物以来，国内外学者对其吸收、富集机制、解毒机制、根系分布和实际修复能力等方面进行了广泛研究，取得了许多有价值的成果，对理解超富集植物独特的富集能力和如何提高富集植物的效能等方面具有重要意义。

目前发现的 Pb 超富集植物有 16 种，分布在 Brassicaceae、Caryophyllaceae、Poaceae 和 Polygonaceae 4 科。其中 Minuartiaverna Agrostistenuis 和 Festucaovin 野外样品的最高 Pb 含量均超过 1000mg/kg，但这些植物都未经过验证实验，还需进一步确认其富集能力。Baker 等则发现，T.Caerulescens 在 20mg/L Pb 水培条件下，地上部 Pb 含量高达 7000mg/kg，表明 T.Caerulescens 也具有超富集 Pb 的能力。Brassicajuncea 生物量大，虽然不是 Pb 超富集植物，但是在 EDTA 螯合条件下，地上部 Pb 含量高达 15000mg/kg，而且对 Cd、Ni、Cu 和 Zn 都有一定的富集能力，目前是植物修复领域研究较为广泛的一种材料，在修复重金属污染土壤方面取得较好的效果。

我国在超富集植物筛选方面的研究起步较晚，但是近年来也取得了一系列成果。目前，我国对植物富集重金属 Cd 的研究较多。黄会一报道了一种旱柳品系可富集大量的 Cd，最高富集量可达 47.19mg/kg。魏树和等对铅锌矿各主要坑口的杂草进行富集特性研究发现，全叶马兰、蒲公英和鬼针草地上部对 Cd 的富集系数均大于 1，且地上部 Cd 含量大于根部含量；他们还首次发现龙葵是 Cd 超富集植物，在 Cd 浓度为 25mg/kg 的条件下，龙葵茎和叶片中 Cd 含量分别达到 103.8mg/kg 和 124.6mg/kg，其地上部 Cd 的富集系数为 2.68。苏德纯等对多个芥菜品种进行了耐 Cd 毒和富集 Cd 能力的试验，初步筛选出 2 个具有较高吸收能力的品种。在相同的土壤 Cd 浓度和生长条件下，芥菜型油菜溪口花籽的地上部生物量、地上部吸收 Cd 量和对污染物的净化率均明显高于目前公认的参比植物印度芥菜。刘威等发现，宝山堇菜是一种新的 Cd 超富集植物，在自然条件下地上部分 Cd 平均含量可达 1168mg/kg，最高可达 2310mg/kg，而在温室条件下平均可达 4825mg/kg。

除了对植物富集重金属 Cd 的研究较深入外，陈同斌等在我国境内发现 As 超富集植物蜈蚣草（图 5–1–2）。蜈蚣草对 As 具有很强的富集作用，其叶片含 As 高达 5070mg/kg，在含 9mg/kg As 的正常土壤中，蜈蚣草地下部和地上部对 As 的生物富集系数分别达 71 和 80。韦朝阳等发现了另一种 As 的超富集植物大叶井口边草，其地上部平均 As 含量为 418mg/kg，最高 As 含量可达 694mg/kg，其富集系数为 1.3～4.8。鸭跎草是 Cu 的超富集植物。李华等研究了 Cu 对耐性植物海洲香薷的生长、Cu 富集、叶绿素含量和根系活力的影响，指出虽然地上部分 Cu 的富集水平未达到超富集植物的要求，但由于其生物量大，植株 Cu 总富集量较高，仍可用于 Cu 污染土壤的修复。杨肖娥等通过野外调查和温室栽培发现了一种新的 Zn 超富集植物东南景天，天然条件下东南景天的地上部 Zn 的平均含量为 4515mg/kg，营养液培养试验表明其地上部最高 Zn 含量可达 19674mg/kg。薛生国等通过野外调查和室内分析发现，商陆对 Mn 具有明显的富集特性，叶片 Mn 含量最高可达 19299mg/kg，填补了我国 Mn 超富集植物的空白。

图 5–1–2　As 超富集植物蜈蚣草

（3）环境因素对重金属植物修复的影响

土壤环境中影响土壤重金属形态的因素往往在重金属的植物修复中扮演重要的角色。土壤中植物对重金属的固定及吸收，主要取决于它的不同形态在土壤中的比例。因此，研究是哪些因素影响土壤中重金属的形态，就可以通过控制这些因素以达到提高植物修复效果的目的。

pH 值是影响土壤中重金属形态的一个重要因素。以镉的植物固定为例，许多研究发现，在镉污染程度不等的各种土壤上，pH 值对植物吸收、迁移镉的影响非常大。莴苣、芹菜各部位的 Cd、Zn 的浓度基本遵循随土壤 pH 值升高而呈下降趋势的规律。国外许多研究者也发现随着土壤 pH 值的降低，植物体内的镉含量也增加，Tudoreanu 和 Phillips 发现这二者之间呈线性关系。我国南方的稻田多半是酸性土壤，这种土壤有利于水稻对镉的吸收。因此我们可以通过往土壤里施加石灰以提高土壤 pH 值的方式，改变土壤的 pH 值以降低镉在土壤里的活性，减少植物对镉的吸收，这也是解决镉大米问题的一个有效思路。

氧化还原电位是影响土壤中重金属形态的重要因子。土壤中重金属的形态、化合价和离子浓度都会随土壤氧化还原状况的变化而变化。如在淹水土壤中，往往形成还原环境。在这种状态下，一些重金属离子就容易转化成难溶性的硫化物存在于土壤中，使土壤溶液中游离的重金属离子浓度大大降低，进而影响植物修复。而当土壤风干时，土壤中氧的含量较高，氧化环境明显，则难溶的重金属硫化物中的硫易被氧化成可溶性的硫酸根，提高游离重金属的含量。因此，通过调节土壤氧化还原电位（$E_h$）来改变土壤中重金属的存在形式可以有效提高植物修复的效率。

许多研究表明，土壤中的有机质含量也是影响重金属形态的重要因素。进入环境中的重金属离子会同土壤中的有机质发生物理或化学作用而被固定、富集，从而影响了它们在环境中的形态、迁移和转化。Sauv 等发现加拿大的有机森林土壤对镉的吸附能力是矿物土壤的 30 倍。华珞等的研究表明，施入有机肥后土壤中有效态镉的含量明显降低，因而能显著减轻镉对植物的毒害，故在镉污染的土壤上增施有机肥是一种十分有效的改良方法。

营养物质浓度也同样影响重金属的植物修复。用 Hoagland 营养液做试验证明，重金属在植物体内的迁移与营养液的浓度有关。在镉污染的溶液里，营养液浓度越小，富集在植物各部分的镉浓度就越高，这是由于很多重金属离子与诸如铁离子、铜离子等营养元素使用着共同的离子通道进入植物细胞内。当植物体内富余或者缺乏这些营养元素时，这些离子通道的开关将影响植物对重金属离子的吸收。因此在镉污染的土壤中，适当增加土壤溶液中的营养物质浓度能够影响植物对镉离子的吸收。同时也有学者对其中的重要营养元素分别作了研究，证明营养元素的施用可以缓解重金属对植物的毒害作用。

3. 存在的问题与研究趋势

（1）存在的问题

植物修复技术具有常规土壤物理化学等方法所不及或没有的技术和经济上的双重优势，正是这驱动着植物修复技术在全球范围的研究和应用。然而，利用植物修复土壤重金属污染仍存在不足之处。

①修复过程相对而言较为缓慢

土壤环境对植物的修复效率有着较大的影响，植物修复技术需要植物生理学、土壤学、生态学等多个学科知识的综合应用才能更好发挥其作用。重金属污染土壤的植物修复的主要问题是如何提高植物的修复速率和效率。现在植物修复方面的研究主要着重于野生超积累植物的筛选上，但因大多数野生植物生物量较小、生长缓慢、修复效率低，在今后的研究中，除了从基因技术的角度研究把积累植物中的基因转入生物量大的植物外，还应该从土壤化学的角度出发，研究相应的科学措施增加植物对重金属的吸收量，从而提高植物修复的效率。

②植物提取所用的超富集植物往往生物量较小

植物提取修复技术的应用有两个前提，一是植物组织能积累高浓度的某种元素，二是植物的生物量高。但现在发现的许多超富集植物生长缓慢、植株矮小、地上部生物量小，成为实际应用中最大的限制。因而在植物提取的研究中，提高超富集植物的生物量或者提高富集植物对重金属的吸收都是植物修复研究中的重要课题。

③重金属的植物修复选择性和复杂性

在植物修复过程中不同植物对于重金属的吸收、富集作用是不同的。采取的各种土壤化学及土壤生物学的措施，在不同的情况下它们对植物修复的作用也可能不同，有时甚至相反。例如，调节土壤 pH 值对于植物固定和植物提取而言，目的是不同的，前者往往需要降低重金属的生物有效性，而后者需要提高游离重金属离子的浓度。土壤由于自身是个极其复杂的系统，相同类型的土壤开展相同的研究时往往获得的结果亦可能有较大出入。这些因素导致在植物修复过程中设置了较高的门槛，往往需要很高的科研水平及充分的前期准备才能获得较为理想的修复效果。

（2）研究趋势

随着人们对良好环境的要求和高效农业发展的需要，植物修复技术将会越来越受到重视。植物修复技术本身还有待进一步的发展，将植物修复应用到实际中还存在许多问题，需要生物学、土壤学、植物学、基因技术、环境化学等多门交叉学科的研究。

下面简单介绍植物修复未来主要的研究方向。

①植物修复与传统修复技术相结合

将电化学、土壤淋洗法等传统土壤物理化学修复技术和植物修复综合应用到土壤修复中，比使用任何单一方法效果要好。电化学修复中的电流能有效地将吸附的重金属从土壤颗粒中释放出来，而含配体的溶液能提高土壤溶液中重金属的浓度，再利用植物根系巨大的表面积将溶液中金属离子或金属配位离子进行吸附、吸收和进一步转运。这些物理化学修复技术与植物修复的联合修复，往往能有效克服各自修复技术中的缺陷，达到理想的土壤修复目的。

②超富集植物发掘及富集重金属的机理研究

目前发现的400多种超累积植物主要集中在北美洲、大洋洲和欧洲等，我国物种资源丰富，但发现的超累积植物比较少。超累积植物鉴别的一个简单而有效的方法是到矿区采集各种植物进行分析，如在稀土矿区、铜矿区发现了各自的超累积植物，但这样做的缺点是工作量大，并且可能失去许多潜在有价值的超累积植物。正在建立利用根毛（hairy root）在实验室内确定植物对重金属的生物吸收能力和长期累积能力的新方法，该方法的意义是能克服自然条件的限制，加快对超累积植物的筛选速度。多种重金属超累积植物的寻找是一项有意义的基础性工作，是超累积机理研究的前提并能提供丰富的基因资源。

③基因工程

目前，将基因技术应用于植物修复的研究才刚刚起步，但已有令人鼓舞的研究成果。基因技术的研究将是植物修复研究中的一个重要并很有价值的方向，包括有价值基因的筛选、基因技术、基因工程立法等研究。转基因技术在植物修复中的应用前景为土壤重金属污染的植物修复提供了更大的发展空间，虽然进行基因导入可能会对当地生物群落产生威胁，或使杂交后代失去转基因植物的某些特征，但总的来说转基因技术在植物修复方面有着广阔的前景，在今后的研究中，还应加强以下方面的研究。

首先，目前采用的基因大多数是增强植物对某些重金属的抗性，或改变重金属的形态，而促进植物吸收重金属的基因发现的很少，由于重金属抗性和积累是非常独立的特性，因此应加大对利于植物吸收、富集重金属的基因的开发。其次，采用现代遗传学方法，将高生物量的植物与重金属超富集植物进行杂交，使后代兼具高生物量和高富集能力，这种可行性还有待进一步研究。最后，加大对受重金属胁迫影响的突变体的遗传分析，有助于理解植物对重金属的积累机制。转基因技术与环境土壤学（特别是根际环境重金属行为）、遗传育种学、植物学等多门学科结合进行土壤重金属污染的植物修复，将成为今后该领域研究的重要发展方向。

④植物－微生物联合修复

自然界中，与许多植物共生的微生物尤其是真菌类紧靠着植物根系，它们发达的菌丝提高了植物根系吸收营养的范围，能促进植物对营养物质和重金属的吸收；同时，许多真菌对重金属有很高的耐性和积累性，真菌的活动能降低重金属对植物的毒性，提供了对植物根系的保护，有利于修复植物的生长。将适合某种污染的真菌接种在超累积植物的根部，有可能促进植物修复。丛枝菌根广泛分布于各陆地生态系统中，它们能在植物根系的表面形成大量菌丝，吸收更多的营养元素，并通过寄生在植物根系内部的丛枝状结构域输送给植物；而植物根系则将光合作用形成的碳水化合物输送给菌根，维持它的生长和发育。菌根与其宿主植物形成了世界上最古老的互利共生关系。应用丛枝菌根和植物一起联合修复污染土壤的方法称为菌根修复，其核心仍然是植物修复。菌根修复作为植物修复的延伸，其主要研究内容包括：菌根真菌的筛选、土壤性质对菌根修复的影响和植物－微生物相互作用机理等。

#### 5.1.3.2 有机污染土壤的植物修复

由于农药施用、化工污染等问题引起的土壤有机污染，使有机污染土壤的清洁与安全利用成为一个亟待解决的问题。目前，修复有机污染土壤环境的技术主要有物理修复、化学修复、电化学修复、生物修复技术等。植物修复是颇有潜力的土壤有机污染治理技术。与其他土壤有机污染修复措施相比，植物修复经济、有效、实用、美观，且作为土壤原位处理方法其对环境扰动少；修复过程中常伴随着土壤有机质的积累和土壤肥力的提高，净化后的土壤更适合于作物生长；植物修复中的植物根系的生长发育对于稳定土表、防止水土流失具有积极生态意义；与微生物修复相比，植物修复更适用于现场修复且操作简单，能够处理大面积面源污染的土壤；另外，植物修复土壤有机污染的成本远低于物理、化学和微生物修复措施，这为植物修复的工程应用奠定了基础。由于植物修复技术是一种绿色、廉价的污染治理方法，已成为近年来修复土壤非常有效的途径之一。

植物修复同时也有一定的局限性。植物对污染物的耐受能力或积累性不同，且往往某种植物仅能修复某种类型的有机污染物，而有机污染土壤中的有机污染物往往成分较为复杂，这会影响植物修复的效率；植物修复周期长，过程缓慢，且必须满足植物生长所必需的环境条件，因而对土壤肥力、含水量、质地、盐度、酸碱度及气候条件等有较高的要求；另外，植物修复效果易受自然因素如病虫害、洪涝等的影响；而且，植物收获部分的不当处置也可能会在一定程度上产生二次污染。

1. 修复机制

植物修复根据有机污染物修复发生的区域可以分为植物提取（包括根吸收和体内

降解）和根际降解两大方面。有机污染物的根际降解根据其修复机制又可分为根系分泌物促进有机污染物降解和植物强化根际微生物的降解作用。植物修复功能主要有植物根系的吸收、转化作用以及分泌物调节和分解有机污染物的作用，而且植物的根系腐烂物和分泌物可以为微生物提供营养来源，有调控共代谢作用，一部分植物还决定着微生物的种群。植物提取就是植物将有机污染物吸收到体内储存、降解或通过蒸腾作用将污染物从叶子表面挥发到大气中，从而清除或降低土壤污染物。植物可在体内转化有机污染物达到解毒效果，其中有些污染物可被植物完全降解为二氧化碳。

（1）植物吸收转运机制

土壤中有机污染物的植物吸收一直受到学者们的关注。20 世纪 60—70 年代，主要研究作物内有机污染物的来源及其在作物不同组织间的分配和影响，指出植物根系可以吸收土壤中的有机污染物，并将其吸收的一部分转移、积累到地上部分。20 世纪 80 年代，在研究有机污染物对作物危害的同时，研究了其在作物不同组织间的分配。20 世纪 90 年代后，主要研究有机污染物的超富集植物及在植物体内的归宿，期间关注的污染物主要有 PCBs、PAHS、有机溶剂（TCE 等）、总石油烃类（TPH）、杀虫剂和爆炸物（TNT 等）等有机污染物。这些污染物都能被特定植物不同程度地吸收、转运和分配。植物吸收有机物后在组织间分配或挥发的同时，某些植物能在体内代谢或矿化有机物，使其毒性降低。但当前研究大多只是证明植物能通过酶催化氧化降解有机污染物，对其降解产物（主要是低分子量物质）的进一步转化过程（深度氧化）研究较少。Shang 等的研究发现，经三氯乙烯（TCE）水培液培养一段时间后，植物体内检出其降解产物三氯乙醇（TCOH），但离开水培液后，TCOH 逐渐消失，说明 TCOH 在植物体内被进一步降解，但其降解产物尚未确定。之后，他们通过悬液细胞（suspension cells）的矿化试验，证实了杂交杨树通过植物酶的催化氧化将 TCE 并入植物组织，成为其不可挥发和不可萃取的组分。

植物对有机污染物的吸收主要有两种途径：一是植物根部吸收并通过植物蒸腾流沿木质部向地上部分迁移转运；二是以气态扩散或者大气颗粒物沉降等方式被植物叶面吸收。研究表明，对于低挥发性有机污染物，植物对其吸收积累主要是通过根部吸收的方式，而对于高挥发性有机污染物则主要是通过植物叶片的吸收富集。Aslund 等用南瓜、莎草、高羊茅来修复 PCBs 污染土壤，研究结果表明，3 种植物都表现出对 PCBs 的直接吸收作用，且离根越远的枝叶中 PCBs 的浓度越低。植物酶对各种外来持久性有机污染物在植物细胞中的降解起到很重要的作用。植物对 POPs 的代谢作用主要通过植物体内的各种过氧化物酶、羟化酶、糖化酶、脱氢酶以及植物细胞色素酶 P450 等来实现。大量研究结果也证明了植物过氧化物酶参与植物对 PCBs 的生物代谢作用。例如，植物中提取得到的硝酸还原酶溶液和商用纯硝酸还原酶制剂也能促进2，2'，4，4'，5，5'－六氯联苯的脱氯降解。

植物提取有机污染物的效果与植物的种类、部位和特性的不同而有差异。Parrish等的研究表明高酥油草、意大利黑麦草、黄花草木樨对PAHs污染降解率分别为23.9%，15.3%和9.1%；Ying的研究发现，白杨树提取土壤的二噁英，累积在植株体内的浓度表现为叶子＞茎＞根，在7d内土壤的二噁英减少了30%。Gao等的研究则表明，12种不同植物对土壤菲、芘的吸收累积与有机污染物的浓度和植物特性有关，根的污染物浓度或根富集系数与根的脂含量呈正相关。植物提取污染物的效果也与有机污染物性质、土壤性质、修复时间等因素有关。Sung等的研究表明，植物去除有机污染物与土壤有机质含量、污染物的辛醇与水分配系数比值等有关。试验表明，在120d内，种植黑麦草可加快土壤中苯并芘可提取态浓度的降低，苯并芘可提取态浓度随着时间的推移而逐渐减少。

（2）根际降解

根际降解包括植物根系分泌物、根际微生物、根际微生物与植物相互作用对有机污染物的降解作用。有机污染物的根际修复主要是植物－微生物的协同修复。根系分泌物是植物根系释放到周围环境（包括土壤、水体和大气）中的各种物质的总称。根系分泌物营造了特殊的根际微域环境，影响了根际环境的微生物活性和有机污染物生物可利用性。根系分泌物通过为根际的微生物提供了丰富的营养和能源，使植物根际的微生物数量、群落结构和代谢活力比非根际区高，增强了微生物对有机污染物的降解能力；而且植物根系分泌到根际的酶可直接参与有机污染物降解的生化过程，提高降解效率。Godsy等的研究表明氯乙烯的降解与棉白杨根系分泌物有关。Yoshitomi等的研究则表明，玉米根系分泌物可以明显提高土壤中芘的降解率，根际微生物在分泌物作用下也促进了芘的降解。

根际微生物对土壤中有机污染物的降解有重要作用。Chekola等的研究表明，土壤中多氯联苯的降解与紫苜蓿、柳枝稷、酥油草、芦苇等植物根际微生物的作用有关。Corgie和Johnson等研究了黑麦草根际微生物的种群特征及其对PAHs的降解情况，他们的研究发现异养细菌数量和菲降解量呈正相关，并在根际周围形成梯度特征。不同植物种类根际微生物的活性、种群特征以及不同生长阶段对有机污染物的降解效率均有影响。Muratova的研究表明，在苜蓿和芦苇的根际微生物对土壤中PAHs的降解中，苜蓿调控根际微生物群落和降解PAHs的效果更加明显，微生物数量和可降解PAHs的微生物种群提高更明显；Grick报道了基因修饰细菌不仅保护寄主免受甲苯的毒害，而且可以提高植物对甲苯的降解能力，降解效果更好；对苜蓿其根瘤菌降解土壤中 PCBs 的研究结果表明，在未成熟期，苜蓿与根瘤菌的联合作用对污染物的降解效果最佳，苜蓿单独作用效果最差。而在成熟期，苜蓿单独作用对污染物的降解效果最好，根瘤菌单独作用降解效果最差。

另外，土壤本源的氧化还原酶对土壤中的有机污染物有较强的去除作用。氧化还原酶如加氧酶、酚氧化酶、过氧化物酶等能够催化多种芳香族化合物如多环芳烃的氧化反应。植物来源的酶对土壤中有机污染物的降解也发挥着重要作用。众多研究表明，植物可以增加根际酶活性，而根际酶活性的提高促进了有机污染物的降解。

2. 影响有机污染土壤微生物修复的因素

影响有机污染物植物修复的因素主要有有机污染物的物理化学特性和污染物种类、浓度及滞留时间，以及用于污染修复的植物种类、植物生长的土壤类型、环境及气象条件等。

（1）有机污染物的物理化学特性

控制植物对外来污染物摄取的主要因素是化合物的物理化学特性，如辛醇 – 水分配系数（$\lg K_{ow}$）、酸化常数（$K_a$）、有机化合物的亲水性、可溶性、极性和分子量、分子结构、半衰期等。疏水性较强、蒸气压较大（$H > 10^{-4}$）的污染物主要以气态形式通过叶面气孔或角质层被植物吸收。因此，土壤中半衰期小于 10d、$H>10^{-4}$ 的有机污染物不宜采用植物修复。有机质亲水性越强，被植物吸收就越少，最可能被植物摄取的有机物是中等憎水的化合物。污染物的水溶性越强，通过植物根系内表皮硬组织带进内表皮的能力越小，但进入内表皮后，水溶性大的污染物更易随植物体内的蒸腾流或汁液向上迁移。$\lg K_{ow}$=1.0～3.5 的有机污染物较易被植物吸收、转运。$\lg K_{ow} > 3.5$ 的憎水性有机污染物被根表面或土壤颗粒强烈吸附，不易向上迁移；$\lg K_{ow} < 1.0$ 的亲水性有机污染物不易被根吸收或主动通过植物的细胞膜。有机化合物的亲水性越大，进入土壤溶液的机会越小，被植物吸收的量越少。植物根对有机物的吸收与有机物的相对亲脂性有关，某些化合物被吸收后，有的以一种很少能被生物利用的形式束缚在植物组织中。如利用胡萝卜吸收 2– 氯 –2– 苯基 –1，3– 氯乙烷，然后收获胡萝卜，晒干后完全燃烧以破坏污染物。在这一过程中，亲脂性污染物离开土壤进入胡萝卜根中。也有某些有机污染物进入植物体内后，其代谢产物可能黏附在植物的组分（如木质素）中。

污染物的分子量和分子结构会影响植物修复效率。植物根系一般容易吸收分子量小于 50 的有机化合物。分子量较大的非极性有机化合物因被根表面强烈吸附，不易被植物吸收转运，如石油污染土壤中的短链低分子量的有机物更易被植物 – 微生物体系降解。分子结构不同的污染物会因其对植物的毒害性不同而影响植物修复效率，通常多环芳烃环的数目越多越难被植物降解。不同取代基苯酚化合物在消化污泥中完全降解所需时间不同，硝基酚和甲氧酚较易消失，而氯酚和甲基酚所需时间较长。就是具有同一取代基的苯酚物，由于取代位置不同，其消失时间也不同，以氯的位置而言，苯环上间位取代的类型最难降解。苯环上取代氯的数目越多，降解越困难。如氯代苯酚对农作物的危害随苯环上氯原子个数增加而加大，在氯原子个数相同时，邻位取代毒性最大。

植物修复能力与污染物的生物可利用性有关，即在土壤中微生物或其胞外酶对有机污染物的可接近性受土壤理化性质和微生物种类等许多因素的综合影响。促进土壤中污染物和微生物的解吸附，增强非水相基质的溶解，加速土壤污染物与微生物之间的能量传递，可以增强污染物的可利用性和生物降解速率。利用表面活性剂和电动力学方法可明显增强有机污染物的水溶性与微生物的降解，有效增强污染物的生物可利用性。另外植物修复能力与土壤中微生物的活性关系密切，而土壤中微生物的活性又受多种因素影响，如农药的浓度、土壤的理化特性、有机物种类和含量、微生物区系组成等。

（2）植物修复品种的影响

植物种类是植物修复的关键因子。植物对有机污染物的吸收分为主动吸收与被动吸收。被动吸收可看作污染物在土壤固相－土壤水相，土壤水相－植物水相，植物水相－植物有机相之间一系列分配过程的组合，其动力主要来自蒸腾拉力。不同植物的蒸腾作用强度不同，对污染物的吸收转运能力不同。另外，由于组织成分不同，不同植物积累、代谢污染物的能力也不同。脂质含量高的植物对亲脂性有机污染物的吸收能力强，如花生等作物对艾氏剂和七氯的吸收能力大小顺序为：花生＞大豆＞燕麦＞玉米。植物种类不同，其对污染物的吸收机制存在差异，即使同类作物间也会有所区别。研究表明，夏南瓜对 PCDD/PCDF（$\lg K_{ow}>6$）的富集能力明显大于其同族植物南瓜、黄瓜，且它们间的吸收方式不同。夏南瓜与南瓜主要以根部吸收为主，并向地上部分迁移，而黄瓜主要通过地上部分从空气中吸收。植物不同部位累积污染物的能力不同。对多数植物来说，根系累积污染物的能力大于茎叶和籽实，如农药被植物通过根系吸收后在植物体内的分布顺序为根＞茎＞叶＞果实。此外，植物不同生长季节，由于生命代谢活动强度不同，吸收污染物的能力也不同，如水稻分蘖期以后，其根、茎、叶中 1，2，4– 三氯苯等污染物的浓度大幅度增加。

植物根系类型对污染物的吸收具有显著影响。须根比主根具有更大的比表面积，且通常处于土壤表层，而土壤表层比下层土壤含有更多的污染物，因此须根吸收污染物的量高于主根。这一区别是禾本植物比木本植物吸收和累积更多污染物的主要原因之一。另外，根系类型不同，根面积、根分泌物、酶、菌根菌等的数量和种类都不同，也会导致根际对污染物降解能力存在差异。

（3）土壤性质对修复的影响

土壤不仅是有机污染物的载体，也是植物生长的基本载体。土壤质量优劣直接影响植物生长状况，这必然会在植物修复效果中有所反映。以植物对有机污染物的直接吸收为例，其吸收作用取决于植物对污染物的吸收效率和植物生物量；吸收效率与植物、污染物固有性质有关，而生物量则取决于土壤的理化性质。

土壤理化性质对植物吸收污染物具有显著影响。土壤颗粒组成直接关系到土壤颗粒比表面积的大小，影响其对有机污染物的吸附能力，从而影响污染物的生物可利用性。土壤酸碱性不同，其吸附有机物的能力也不同。碱性条件下，土壤中部分腐殖质由螺旋态转变为线形态，提供了更丰富的结合位点，降低了有机污染物的生物可利用性；相反，当pH值小于6.0时，土壤颗粒吸附的有机污染物可重新回到土壤水溶液中，随植物根系吸收进入植物体。另外土壤性质的变化，直接影响植物的生长状况，从而影响植物修复的效率。土壤中矿物质和有机质的含量是影响植物修复有机污染物的两个重要因素。矿物质含量高的土壤对离子性有机污染物吸附能力较强，有机质含量高的土壤会吸附或固定大量的疏水性有机物，降低其生物可利用性。植物主要从土壤水溶液中吸收污染物，土壤水分能抑制土壤颗粒对污染物的表面吸附能力，促进其生物可利用性；但土壤水分过多，处于淹水状态时，会因根际氧分不足而减弱对污染物的降解能力。

## 5.2 城市污泥的生物处置

### 5.2.1 污泥的分类与性质

污泥是污水处理厂对污水进行处理过程中产生的沉淀物质以及由污水表面漂出的浮沫形成的残渣。随着工业生产的发展和城市人口的增加，工业废水与生活污水的排放量日益增多，污泥的产量迅速增加。大量积累的污泥，不仅将占用大量土地，而且其中的有害成分如重金属、病原菌、寄生虫卵、有机污染物及臭气等将成为严重影响城市环境卫生的公害。如何科学妥善地处理处置污泥是全球共同关注的课题，当今的共识是将污泥视为一种资源加以有效利用，在治理污染的同时变废为宝。

污泥的种类很多，按来源可分为给水污泥、生活污水污泥、工业废水污泥。按分离过程可分为沉淀污泥（包括初沉污泥、混凝沉淀污泥、化学沉淀污泥）、生物处理污泥（包括腐殖污泥、剩余活性污泥）。

按污泥成分及性质可分为有机污泥、无机污泥；亲水性污泥、疏水性污泥。

按不同处理阶段可分为生污泥、浓缩污泥、消化污泥、脱水干化污泥、干燥污泥、污泥。

一般说来，污泥具有以下性质。

（1）有机物含量高（一般为固体量的60%~80%），容易腐化发臭，颗粒较细，密度较小，含水率高且不易脱水，是呈胶状结构的亲水性物质。

（2）污泥中含有植物营养素、蛋白质、脂肪及腐殖质等，营养素主要包括氮、磷（如 $P_2O_5$）、钾（如 $K_2O$）。

（3）污泥的碳氮质量比（C/N）较为适宜，对消化有利。污泥中的有机物是消化处理的对象，其中一部分是易被或能被消化分解的，分解产物主要是水、甲烷和二氧化碳；另一部分是不易或不能被消化分解的，如纤维素、乙烯类、橡胶制品及其他人工合成的有机物等。

（4）污泥具有燃料价值，污泥的主要成分是有机物，可以燃烧。

（5）由于城市污水中混有医院排水及某些工业废水（如屠宰场废水），所以污泥中常含有大量的细菌和寄生虫卵。

（6）由于工业污水进入城市污水处理系统，污泥中含有多种重金属离子。在污泥的各种水溶性重金属中，镉（Cd）、铜（Cu）、铅（Pb）浓度较高，酸溶性重金属中，Cd 浓度最高，其浓度顺序为 Cd>Cu>Pb>Hg。

随着工业和城市的发展，污水处理率的提高，其产生量必然越来越大。目前，污泥处置的主要方式有填埋、焚烧和土地利用。这些方法都能容纳大量的污泥，是污泥处置的有效途径，但其中也存在诸多问题。为了充分利用污泥资源，减轻环境公害，世界上许多国家都在大力发展污泥生物处置的各种技术，取得了良好的经济效益和社会效益。目前，我国的污泥生物处置方式主要有以下两种。

### 5.2.2 污泥的农田林地利用

污泥中含有的氮、磷、钾、微量元素等是农作物生长所需的营养成分；有机腐殖质（初沉池污泥含 33%，消化污泥含 35%，活性污泥含 41%，腐殖污泥含 47%）是良好的土壤改良剂；蛋白质、脂肪、维生素是有价值的动物饲料成分。

①生产堆肥

依靠自然界广泛分布的细菌、放线菌、真菌等微生物，人为地促进可生物降解的有机物向稳定的腐殖质转化的过程叫作堆肥化，其产物称为堆肥。

将污泥与调理剂及膨胀剂在一定条件下进行好氧堆肥，即污泥的堆肥化。现代堆肥化大多指好氧快速堆肥过程。污泥堆肥过程的主要技术措施比较复杂，主要包括以下四个步骤：调整堆料的含水率和适当的 C/N 比值；选择填充料，改变污泥的物理性状；建立合适的通风系统；控制适宜的温度和 pH 值。

堆肥工艺的一般流程如图 5-2-1 所示，主要分为前处理、一次发酵、二次发酵和后处理四个阶段。

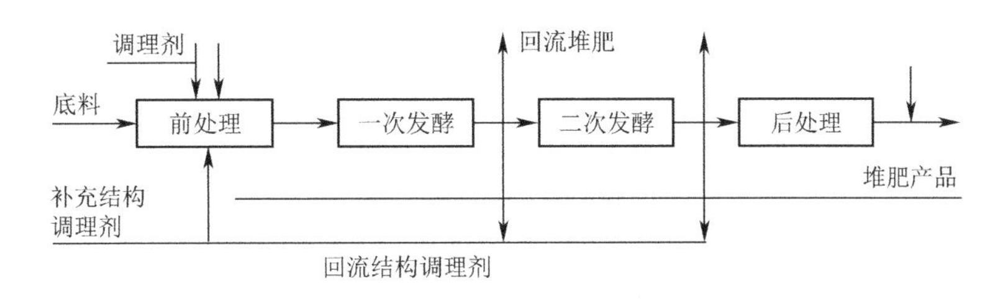


图 5-2-1　堆肥工艺一般流程

②生产复混肥

污泥堆肥产品可与市售的无机氮、磷、钾化肥配合生产有机无机复混肥。它集生物肥料的长效、化肥的速效和微量元素的增效于一体，在向农作物提供速效肥源的同时，还能向农作物根系引植有益微生物，充分利用土壤潜在肥力，并提高化肥利用率；另外，还可根据不同土地的肥力和不同作物的营养需求，合理设计复混肥各组分的比例，生产通用复混肥以及针对不同作物的专用复混肥。

## 5.2.3 回收能源

污泥的主要成分是有机物，其中部分能够被微生物分解，产物是水、甲烷（$CH_4$）和二氧化碳；另外干污泥具有热值，可以燃烧。所以可以通过直接燃烧、制沼气及制燃料等方法，回收污泥中的能量。

（1）利用污泥生产沼气

沼气是有机物在厌氧细菌的分解作用下产生的以甲烷为主的可燃性气体，是一种比较清洁的燃料。沼气中甲烷的体积分数约 50%~60%，二氧化碳的体积分数为 30% 左右，另外还有一氧化碳、氢气、氮气、硫化氢和极少量的氧气，沼气燃烧发热量相当于 1kg 煤或 0.7kg 汽油。污泥进行厌氧消化即可制得沼气。

（2）通过焚烧回收热量

污泥中含有大量的有机物和一定的木质素纤维，脱水后有一定的热值。污泥的燃烧热值与污泥的性质有关，如表 5-2-1 所示。

不同污泥的燃烧热值　　表 5-2-1

| 污泥种类 | | 燃烧热值（kJ/kg 污泥干重） | 污泥种类 | | 燃烧热值（kJ/kg 污泥干重） |
|---|---|---|---|---|---|
| 初沉污泥 | 生污泥 | 15000～18000 | 初沉污泥与活性污泥混合 | 新鲜 | 17000 |
| | 经消化 | 7200 | | 经消化 | 7400 |
| 初沉污泥与生物膜污泥混合 | 生污泥 | 14000 | 生污泥 | | 14900～15200 |
| | 经消化 | 6700～8100 | 剩余污泥 | | 13300～24000 |

由表 5-2-1 可以看出，干污泥作为燃料的开发潜力大。通过焚烧既可以达到最大限度地减容，又可以利用热交换装置回收热量用来供热发电。但在焚烧过程中会产生二次污染问题，如废气中含 $SO_x$、$NO_x$、HCl，残渣含重金属等。

脱水污泥的含水率高于 75%，如此高的含水率不能维持焚烧过程的进行，所以焚烧前应对污泥进行干燥处理，使污泥的含水率符合不同焚烧设备的要求。

最主要的焚烧设备有多膛焚烧炉、回转窑焚烧炉、流化床焚烧炉等，应用最广泛的是流化床焚烧炉。流化床焚烧炉的优点是焚烧时固体颗粒激烈运动，颗粒与气体间的传热、传质速率快，所以处理能力大；结构简单，造价便宜。缺点是废物破碎后才能入炉。

污泥焚烧的热量可以用来生产蒸汽，供暖或发电。另外还可用污泥与煤混合制成污泥煤球等混合燃料。

（3）低温热解

低温热解是目前正在发展的一种新的热能利用技术。即在 400～500℃，常压和缺氧条件下，借助污泥中所含的硅酸铝和重金属（尤其是铜）的催化作用将污泥中的脂类和蛋白质转变成碳氢化合物，最终产物为燃料油、气和炭。热解前的污泥干燥可利用这些低级燃料燃烧所产生的预热空气来进行，实现能量循环；热解生成的油还可以用来发电。

## 5.3 固体废物的生物处理技术

固体废物的生物处理是指直接或间接利用生物体的机能，对固体废物的某些组成进行转化以降低或消除污染物产生的生产工艺，或者能够高效净化环境污染，同时又生产有用物质的工程技术。采用生物处理技术，利用微生物（细菌、放线菌、真菌）、动物（蚯蚓等）或植物的新陈代谢作用，固体废物可通过各种工艺转换成有用的物质和能源（如提取各种有价金属、生产肥料、产生沼气、生产单细胞蛋白等），既能实现减量化、资源化和无害化，又能解决环境污染问题。因此，固体废物生物处理技术在废物排放量大且普遍存在的资源和能源短缺情况下，具有深远意义。

## 5.3.1 固体废物的好氧堆肥处理

堆肥化（Composting）实际上是利用微生物在一定条件下对有机物进行氧化分解的过程，因此根据微生物生长的环境可以将堆肥化分为好氧堆肥和厌氧堆肥两种。但通常所说的堆肥化一般是指好氧堆肥。

堆肥化就是在人工控制的条件下，依靠自然界中广泛分布的细菌、放线菌、真菌等微生物，人为地促进可生物降解的有机物向稳定的腐殖质转化的微生物学过程。堆肥化的产物称为堆肥（Compost），也可以说堆肥即人工腐殖质。

#### 5.3.1.1 堆肥化的基本原理与影响因素

（1）好氧堆肥的基本原理

好氧堆肥是好氧微生物在与空气充分接触的条件下，使堆肥原料中的有机物发生一系列放热分解反应，最终使有机物转化为简单而稳定的腐殖质的过程。在堆肥过程中，微生物通过同化和异化作用，把一部分有机物氧化成简单的无机物，并释放出能量，把另一部分有机物转化合成新的细胞物质，供微生物生长繁殖，图 5-3-1 可以简单地说明这个过程。

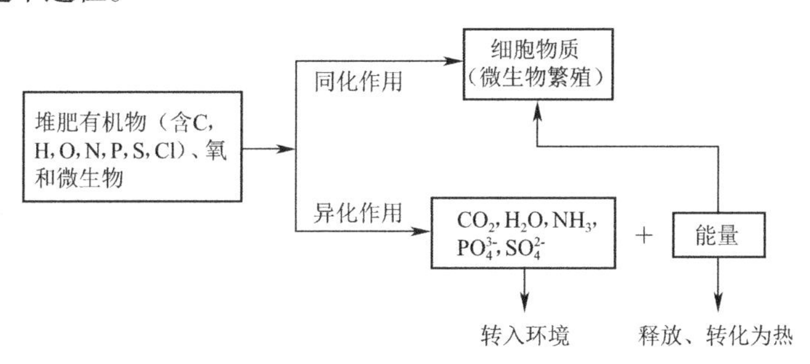


图 5-3-1 好氧堆肥基本原理示意图

堆肥过程中有机物氧化分解总的关系可用下式表示：

$$C_pH_qN_rO_t \cdot aH_2O + bO_2 \longrightarrow C_wH_xN_yO_z \cdot cH_2O + dH_2O_{(气)} + eH_2O_{(液)} + fCO_2 + gNH_3 + 能量$$

通常情况下，堆肥产品 $C_wH_xN_yO_z \cdot cH_2O$ 与堆肥原料 $C_pH_qN_rO_t \cdot aH_2O$ 的质量之比为 0.3~0.5。这是由于氧化分解后减量化的结果。一般情况可取值范围为 $w$=5～10，$x$=7～17，$y$=1，$z$=2～8。

（2）好氧堆肥过程

堆肥是一系列微生物活动的复杂过程，包含着堆肥原料的矿质化和腐殖化过程，在该过程中，堆内的有机物、无机物发生着复杂的分解与合成的变化，微生物的组成也发生着相应的变化。

好氧堆肥从废物堆积到腐熟的微生物生化过程比较复杂，可以分为如图 5-3-2 所示的几个阶段。

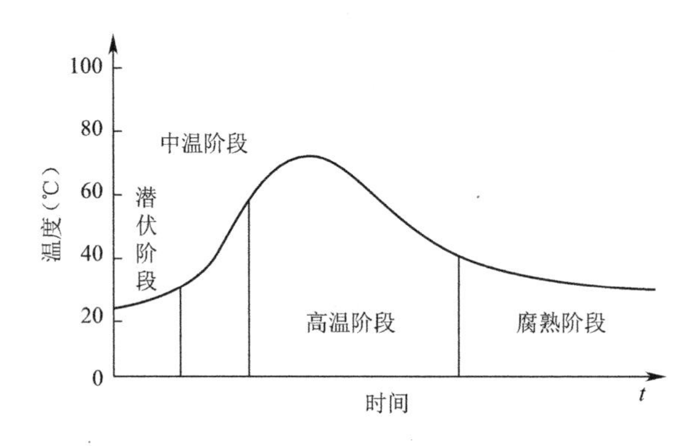


图 5-3-2　好氧堆肥过程中温度的变化

①潜伏阶段（亦称驯化阶段）

指堆肥化开始时微生物适应新环境的过程，即驯化过程。

②中温阶段（亦称产热阶段）

在此阶段，嗜温性细菌、酵母菌和放线菌等嗜温性微生物利用堆肥中最容易分解的可溶性物质，如淀粉、糖类等迅速增殖，并释放热量，使堆肥温度不断升高。当堆肥温度升到 45℃以上时，即进入高温阶段。

③高温阶段

在此阶段，嗜热性微生物逐渐代替了嗜温性微生物的活动，堆肥中残留和新形成的可溶性有机物质继续分解转化，复杂的有机化合物如半纤维素、纤维素和蛋白质等开始被强烈分解。通常，在 50℃左右进行活动的主要是嗜热性真菌和放线菌；温度上升到 60℃时，真菌几乎完全停止活动，仅有嗜热性放线菌与细菌活动；温度升到 70℃以上时，对大多数嗜热性微生物已不适宜，微生物大量死亡或进入休眠状态。

④腐熟阶段

当高温持续一段时间后，易分解的有机物（包括纤维素等）已大部分分解，只剩少部分较难分解的有机物和新形成的腐殖质，此时微生物活性下降，发热量减少，温度下降。在此阶段嗜温性微生物又占优势，对残余的较难分解的有机物作进一步分解，腐殖质不断增多且稳定化，此时堆肥即进入腐熟阶段，堆肥可施用。

（3）影响因素

①供氧量

氧气是堆肥过程有机物降解和微生物生长所必需的物质。因此，保证较好的通风条件，提供充足的氧气是好氧堆肥过程正常运行的基本保证。通风可使堆层内的水分以水蒸气的形式散失掉，达到调节堆温和堆内水分含量的双重目的，可避免后期堆肥温度过高。但在高温堆肥后期，主发酵排出的废气温度较高，会从堆肥中带走大量水分，从而使物料干化，因此需考虑通风与干化间的关系。

②含水率

水分是维持微生物生长代谢活动的基本条件之一，水分适当与否直接影响堆肥发酵速率和腐熟程度，是影响好氧堆肥的关键因素之一。堆肥的最适含水率为50%～60%（质量分数），此时有机物分解速率最快。当含水率为40%～50%时，微生物的活性开始下降，堆肥温度随之降低。当含水率小于20%时，微生物的活动就基本停止。当含水率超过70%时，温度难以上升，有机物分解速率降低，由于堆肥物料之间充满水有碍于通风，从而造成厌氧状态，不利于好氧微生物生长，还会产生$H_2S$等恶臭气体。

③温度和有机物含量

温度是堆肥得以顺利进行的重要因素。堆肥初期，堆体温度一般与环境温度相一致，经过中温菌的作用，堆体温度逐渐上升。随着堆体温度的升高，一方面加速分解消化过程；另一方面也可杀灭虫卵、致病菌以及杂草籽等，使堆肥产品可以安全地用于农田。堆体最佳温度为55～60℃。

有机物含量过低，分解产生的热量不足以维持堆肥所需要的温度，会影响无害化处理，且产生的堆肥成品由于肥效低而影响其使用价值。如果有机物含量过高，则给通风供氧带来困难，有可能产生厌氧状态。

④颗粒度

堆肥过程中供给的氧气是通过颗粒间的空隙分布到物料内部的，因此颗粒度的大小对通风供氧有重要影响。从理论上说，堆肥物颗粒应尽可能小，才能使空气有较大的接触面积，并使好氧微生物更易更快将其分解。如果太小，易造成厌氧条件，不利于好氧微生物的生长繁殖。因此堆肥前需要通过破碎、分选等方法去除不可堆肥的物质，使堆肥物料粒度达到一定程度的均匀化。

⑤碳氮比（C/N）和碳磷比（C/P）

堆肥原料中的C/N比值是影响堆肥微生物对有机物分解的最重要因子之一。碳是堆肥化反应的能量来源，是生物发酵过程中的动力和热源；氮是微生物的营养来源，主要用于合成微生物体，是控制生物合成的重要因素，也是反应速率的控制因素。如果 *C/N* 比值过小，容易引起菌体衰老和自溶，造成氮源浪费和酶产量下降；如果 *C/N* 比值过高，容易引起杂菌感染，同时由于没有足够量的微生物来产酶，会造成碳源浪费和酶产量下降，也会导致成品堆肥的碳氮比过高，这样堆肥施入土壤后，将夺取土壤中的氮素，使土壤陷入“氮饥饿”状态，影响作物生长。因此，应根据各种微生物的特性，恰当地选择适宜的 *C/N* 比值。调整的方法是加入人粪尿、牲畜粪尿以及城市污泥等。常见有机废物的 *C/N* 比值见表 5-3-1。

**常见有机废物的 *C/N* 比值** **表 5-3-1**

| 有机废物 | *C/N* 比值 | 有机废物 | *C/N* 比值 |
|---|---|---|---|
| 稻草、麦秆 | 70～100 | 猪粪 | 7～15 |
| 木屑 | 200～1700 | 鸡粪 | 5～10 |
| 稻壳 | 70～100 | 污泥 | 6—12 |
| 树皮 | 100～350 | 杂草 | 12～19 |
| 牛粪 | 8～26 | 厨余 | 20～25 |
| 水果废物 | 34.8 | 活性污泥 | 6.3 |

除碳和氮之外，磷也是微生物必需的营养元素之一，它是磷酸和细胞核的重要组成元素，也是生物能 ATP 的重要组成部分，对微生物的生长也有重要影响。有时，在垃圾中会添加一些污泥进行混合堆肥，就是利用污泥中丰富的磷来调整堆肥原料的 *C/P* 比值。一般要求堆肥原料的 *C/P* 比值为 75～150。

⑥ pH 值

pH 值是微生物生长的一个重要环境条件，一般情况下，在堆肥过程中，pH 值有足够的缓冲作用，能使 pH 值稳定在可以保证好氧分解的酸碱度水平。适宜的 pH 值可使微生物发挥有效作用，一般来说，pH 值在 7.5～8.5，可获得最佳的堆肥效果。

#### 5.3.1.2 好氧堆肥工艺

传统的堆肥化技术采用厌氧野外堆肥法，这种方法占地面积大、时间长。现代化的堆肥生产一般采用好氧堆肥工艺，通常由前（预）处理、主发酵（亦称一级发酵或初级发酵）、后发酵（亦称二级发酵或次级发酵）、后处理、脱臭及贮存等工序组成。

（1）前处理

前处理往往包括分选、破碎、筛分和混合等预处理工序。主要是去除大块和非堆肥化物料如石块、金属物等。这些物质的存在会影响堆肥处理机械的正常运行，并降低发酵仓的有效容积，使堆肥温度不易达到无害化的要求，从而影响堆肥产品的质量。此外，前处理还应包括养分和水分的调节，如添加氮、磷以调节碳氮比和碳磷比。

在前处理时应注意：①在调节堆肥物料颗粒度时，颗粒不能太小，否则会影响通气性。一般适宜的粒径范围是2～60mm，最佳粒径随垃圾物理特性的变化而变化，如果堆肥物质坚固，不易挤压，则粒径应小些，否则粒径应大些。②用含水率较高的固体废物（如污水污泥、人畜粪便等）为主要原料时，前处理的主要任务是调整水分和C/N比值，有时需要添加菌种和酶制剂，以使发酵过程正常进行。

（2）主发酵

主发酵主要在发酵仓内进行，也可露天堆积，靠强制通风或翻堆搅拌来供给氧气。在堆肥时，由于原料和土壤中存在微生物的作用开始发酵，易分解的物质分解，产生二氧化碳和水，同时产生热量，使堆温上升。微生物吸收有机物的碳氮营养成分，在细菌自身繁殖的同时，将细胞中吸收的物质分解而产生热量。

发酵初期物质的分解作用是靠中温菌（也称嗜温菌）进行的。随着堆温的升高，最适宜温度为45～60℃的高温菌（也称嗜热菌）代替了中温菌，在60～70℃或更高温度下能进行高效率的分解（高温分解比低温分解快得多）。然后将进入降温阶段，通常将温度升高到开始降低的阶段，称为主发酵期。以城市生活垃圾和家禽粪尿为主体的好氧堆肥，主发酵期约4～12d。

（3）后发酵

后发酵是将主发酵工序尚未分解的易分解有机物和较难分解的有机物进一步分解，使之变成腐殖酸、氨基酸等比较稳定的有机物，得到完全腐熟的堆肥制品。后发酵可在封闭的反应器内进行，但在敞开的场地、料仓内进行得较多。此时，通常采用条堆或静态堆肥的方式，物料堆积高度一般为1～2m。有时还需要翻堆或通气，但通常每周进行一次翻堆。后发酵时间的长短取决于堆肥的使用情况，通常在20～30d。

（4）后处理

经过后发酵的物料中，几乎所有的有机物都被稳定化和减量化。但在前处理工序中还没有完全去除的塑料、玻璃、金属、小石块等杂物还要经过一道分选工序去除。可以用回转式振动筛、磁选机、风选机等预处理设备分离去除上述杂质，并根据需要进行再破碎（如生产精肥也可根据土壤的情况，在散装堆肥中加入N、P、K等添加剂后生产复合肥）。

（5）脱臭

在堆肥化工艺过程中，因微生物的分解，会有臭味产生，必须进行脱臭。常见的产生臭味的物质有氨、硫化氢、甲基硫醇、胺类等。去除臭气的方法主要有化学除臭剂除臭；碱水和水溶液过滤；熟堆肥或活性炭、沸石等吸附剂吸附法等。其中，经济而实用的方法是熟堆肥吸附的生物除臭法。

（6）贮存

堆肥一般在春秋两季使用，在夏冬两季就需贮存，所以一般的堆肥化工厂有必要设置至少能容纳6个月产量的贮存设备。贮存方式可直接堆存在发酵池中或装袋，要求干燥透气，闭气和受潮会影响堆肥产品的质量。

#### 5.3.1.3 堆肥腐熟度评价

腐熟度是衡量堆肥进行程度的指标。堆肥腐熟度是指堆肥中的有机质经过矿化、腐殖化过程最后达到稳定的程度。由于堆肥的腐熟度评价是一个很复杂的问题，迄今为止，还未形成一个完整的评价指标体系。评价指标一般可分为物理学指标、化学指标、生物学指标以及工艺指标。

（1）物理学指标

物理学指标随堆肥过程的变化比较直观，易于监测，常用于定性描述堆肥过程所处的状态，但不能定量说明堆肥的腐熟度。常用的物理学指标有以下几种。

①气味：在堆肥进行过程中，臭味逐渐减弱并在堆肥结束后消失，此时也就不再吸引蚊虫。

②粒度：腐熟后的堆肥产品呈现疏松的团粒结构。

③色度：堆肥的色度受其原料成分的影响很大，很难建立统一的色度标准以判别各种堆肥的腐熟程度。一般堆肥过程中堆料逐渐变黑，腐熟后的堆肥产品呈深褐色或黑色。

由于物理指标只能直观反映堆肥过程，所以常通过分析堆肥过程中堆料的化学成分或性质的变化以评价腐熟度。

（2）常用的化学指标

① pH 值

pH 值随堆肥的进行而变化，可作为评价腐熟度的一个指标。

②有机质变化指标

反映有机质变化的参数有化学需氧量（COD）、生化需氧量（BOD）、挥发性固体（VS）。在堆肥过程中，由于有机物的降解，物料中的含量会有所变化，因而可用 BOD、COD、VS 来反映堆肥有机物降解和稳定化的程度。

③碳氮比

碳氮比（$C/N$）是最常用的堆肥腐熟度评估方法之一。当 $C/N$ 比值降至（10~20）：1时，可认为堆肥达到腐熟。

④氮化合物

由于堆肥中含有大量的有机氮化合物，而在堆肥中伴随着明显的硝化反应过程，在堆肥后期，部分氨态氮可被氧化成硝态氮或亚硝态氮。因此，氨态氮、硝态氮及亚硝态氮的浓度变化也是堆肥腐熟度评价的常用参数。

⑤腐殖酸

随着堆肥腐熟化过程的进行，腐殖酸的含量上升。因此，腐殖酸含量是一个相对有效的反映堆肥质量的参数。另外，不同腐熟度的堆肥耗氧速率、释放二氧化碳的速率、堆温、肥效等皆有区别，利用这些特征也可对堆肥的腐熟度作出判断。

## 5.3.2 固体废物的厌氧消化处理

厌氧消化或称厌氧发酵是一种普遍存在于自然界的微生物过程。凡是存在有机物和一定水分的地方，只要供氧条件差和有机物含量多，都会发生厌氧消化现象，有机物经厌氧分解产生 $CH_4$、$CO_2$ 和 $H_2S$ 等气体。因此，厌氧消化处理是指在厌氧状态下利用厌氧微生物使固体废物中的有机物转化为 $CH_4$ 和 $CO_2$ 的过程。由于厌氧消化可以产生以 $CH_4$ 为主要成分的沼气，故又称之为甲烷发酵。厌氧消化可以去除废物中30%~50% 的有机物并使之稳定化。20 世纪 70 年代初，由于能源危机和石油价格的上涨，许多国家开始寻找新的替代能源，使厌氧消化技术显示出优势。

厌氧消化技术具有以下特点：（1）过程可控、降解快、生产过程全封闭。（2）资源化效果好，可将潜在于废弃有机物中的低品位生物能转化为可以直接利用的高品位沼气。（3）易操作，与好氧处理相比，厌氧消化处理不需要通风动力，设施简单，运行成本低。（4）产物可再利用，经厌氧消化后的废物基本得到稳定，可做农肥、饲料或堆肥化原料。（5）可杀死传染性病原菌，有利于防疫。（6）厌氧过程中会产生 $H_2S$ 等恶臭气体。（7）厌氧微生物的生长速率低，常规方法的处理效率低，设备体积大。

#### 5.3.2.1 厌氧消化原理

参与厌氧分解的微生物可以分为两类，一类是由一个十分复杂的混合发酵细菌群将复杂的有机物水解，并进一步分解为以有机酸为主的简单产物，通常称之为水解菌。在中温沼气发酵中，水解菌主要属于厌氧细菌，包括梭菌属、拟杆菌属、真细菌属、双歧杆菌属等。在高温厌氧发酵中，有梭菌属、无芽孢的革兰氏阴性杆菌、链球菌和肠道菌等兼性厌氧细菌。另一类是微生物为绝对厌氧细菌，其功能是将有机酸转变为甲烷，被称为产甲烷细菌。产甲烷细菌的繁殖相当缓慢，且对于温度、抑制物的存在等外界条件的变化相当敏感。产甲烷阶段在厌氧消化过程中是十分重要的环节，产甲烷细菌除了产生甲烷外，还起到分解脂肪酸调节 pH 值的作用。同时，通过将氢气转化为甲烷，可以减少氢的分压，有利于产酸菌的活动。

有机物厌氧消化的生物化学反应过程与堆肥过程同样都是非常复杂的，中间反应及中间产物有数百种，每种反应都是在酶或其他物质的催化下进行的。

有机物厌氧发酵的工艺原理如图 5–3–3 所示。

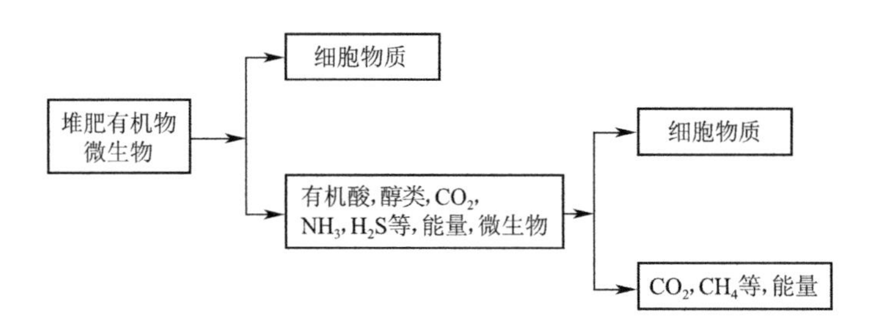


图 5–3–3　有机物的厌氧发酵

厌氧发酵是有机物在无氧条件下被微生物分解、转化成甲烷和二氧化碳等，并合成自身细胞物质的生物学过程。由于厌氧发酵的原料来源复杂，参加反应的微生物种类繁多，使厌氧发酵过程变得非常复杂。一些学者对厌氧发酵过程中物质的代谢、转化和各种菌群的作用等进行了大量的研究，但仍有许多问题有待进一步地探讨。目前，对厌氧发酵的生化过程有两段理论、三段理论和四段理论。我们这里主要介绍两段理论和三段理论。

（1）三段理论

厌氧发酵一般可以分为三个阶段，即水解阶段、产酸阶段和产甲烷阶段，每一阶段各有其独特的微生物类群起作用。水解阶段起作用的细菌称为发酵细菌，包括纤维素分解菌、蛋白质水解菌。产酸阶段起作用的细菌是醋酸分解菌。这两个阶段起作用的细菌统称为不产甲烷细菌。产甲烷阶段起作用的细菌是产甲烷细菌。有机物分解三阶段过程如图 5–3–4 所示。

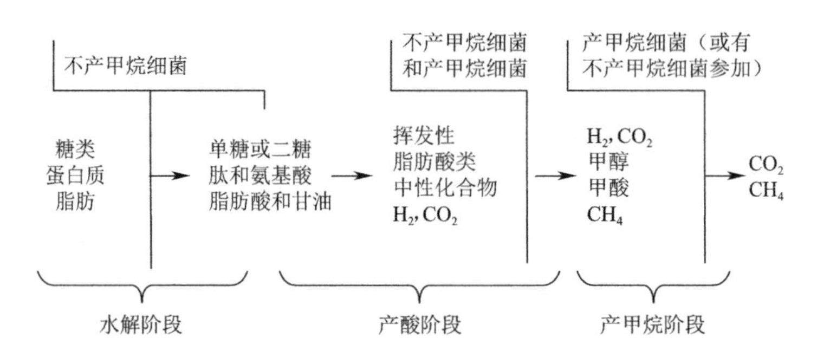


图 5–3–4　有机物的厌氧发酵过程（三段理论）

①水解阶段

发酵细菌利用胞外酶对有机物进行体外酶解，使同体物质变成可溶于水的物质，然后细菌再吸收可溶于水的物质，并将其分解成为不同产物。高分子有机物的水解速率很低，取决于物料的性质、微生物的浓度，以及温度、pH 值等环境条件。纤维素、淀粉等水解成单糖类，蛋白质水解成氨基酸，再经脱氨基作用形成有机酸和氨，脂肪水解后形成甘油和脂肪酸。

②产酸阶段

水解阶段产生的简单的可溶性有机物在产氢和产酸细菌的作用下，进一步分解成挥发性脂肪酸（如丙酸、乙酸、丁酸、长链脂肪酸）、醇、酮、醛、$CO_2$ 和 $H_2$ 等。

③产甲烷阶段

产甲烷细菌将第二阶段的产物进一步降解成 $CH_4$ 和 $CO_2$，同时利用产酸阶段所产生的 $H_2$ 将部分 $CO_2$ 再转变为 $CH_4$。产甲烷阶段的生化反应相当复杂，其中 72% 的 $CH_4$ 来自乙酸，目前已经得到验证的主要反应有：

$$CH_3COOH \longrightarrow CH_4\uparrow + CO_2\uparrow$$

$$4H_2 + CO_2 \longrightarrow CH_4\uparrow + 2H_2O$$

$$4HCOOH \longrightarrow CH_4\uparrow + 3CO_2\uparrow + 2H_2O$$

$$4CH_3OH \longrightarrow 3CH_4\uparrow + CO_2\uparrow + 2H_2O$$

$$4(CH_3)_3N + 6H_2O \longrightarrow 9CH_4\uparrow + 3CO_2\uparrow + 4NH_3\uparrow$$

$$4CO + 2H_2O \longrightarrow CH_4\uparrow + 3CO_2\uparrow$$

由上述化学式可见，除乙酸外，$CO_2$ 和 $H_2$ 的反应也能产生一部分 $CH_4$，少量 $CH_4$ 来自其他一些物质的转化。产甲烷细菌的活性大小取决于在水解和产酸阶段所提供的营养物质。对于以可溶性有机物为主的有机废水来说，由于产甲烷细菌的生长速率低，对环境和底物要求苛刻，产甲烷阶段是整个反应过程的控制步骤；而对于以不溶性高分子有机物为主的污泥、垃圾等废物，水解阶段是整个厌氧消化过程的控制步骤。

（2）两段理论

厌氧发酵的两段理论也较为简单、清楚，被人们所普遍接受。

两段理论将厌氧消化过程分成两个阶段，即酸性发酵阶段和碱性发酵阶段（图 5–3–5）。在分解初期，产酸菌的活动占主导地位，有机物被分解成有机酸、醇、二氧化碳、氨、硫化氢等，由于有机酸大量积累，pH 值随之下降，故把这一阶段称作酸性发酵阶段。在分解后期，产甲烷细菌占主导作用，在酸性发酵阶段产生的有机酸和醇等被产甲烷细菌进一步分解产生 $CH_4$ 和 $CO_2$ 等。由于有机酸的分解和所产生的氨的中和作用，使得 pH 值迅速上升，发酵从而进入第二个阶段——碱性发酵阶段。

到碱性发酵后期，可降解有机物大多已经被分解，消化过程也就趋于完成。厌氧消化利用的是厌氧微生物的活动，可产生生物气体，生产可再生能源，且无需氧气的供给，动力消耗低；但缺点是发酵效率低、消化速率低、稳定化时间长。

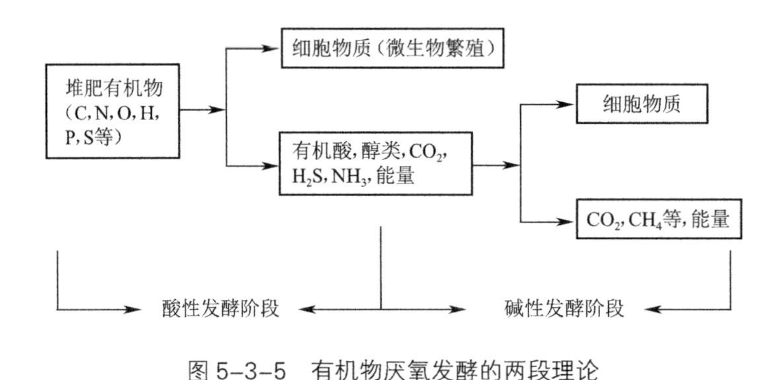


图 5-3-5　有机物厌氧发酵的两段理论

5.3.2.2　厌氧消化的影响因素

（1）厌氧条件

厌氧消化最显著的一个特点是有机物在无氧的条件下被某些微生物分解，最终转化成 $CH_4$ 和 $CO_2$。产酸阶段微生物大多数是厌氧菌，需要在厌氧的条件下才能把复杂的有机质分解成简单的有机酸等。而产气阶段的细菌是专性厌氧菌，氧对产甲烷细菌有毒害作用，因而需要严格的厌氧环境。

（2）原料配比

厌氧消化原料的碳氮比以（20～30）：1 为宜。碳氮比过小，细菌增殖量降低，氮不能被充分利用，过剩的氮变成游离 $NH_3$，抑制了产甲烷细菌的活动，厌氧消化不易进行。但碳氮比过高，反应速率降低，产气量明显下降。磷含量（以磷酸盐计）一般为有机物含量的 1/1000 为宜。

（3）温度

温度是影响产气量的重要因素，厌氧消化可在较为广泛的温度范围内进行（40～65℃）。温度过低，厌氧消化的速率低，产气量低，不易达到卫生要求上杀灭病原菌的目的；温度过高，微生物处于休眠状态，不利于消化。研究发现，厌氧微生物的代谢速率在 35～38℃和 50～65℃时各有一个高峰。因此，一般厌氧消化常把温度控制在这两个范围内，以获得尽可能高的消化效率和降解速率。

（4）pH 值

产甲烷微生物细胞内的细胞质 pH 值一般呈中性。但对于产甲烷细菌来说，维持弱碱性环境是十分必要的，当 pH 值低于 6.2 时，它就会失去活性。因此，在产酸菌和产甲烷细菌共存的厌氧消化过程中，系统的pH值应控制在6.5～7.5，最佳pH值范围是7.0～7.2。为提高系统对pH值的缓冲能力，需要维持一定的碱度，可通过投加石灰或含氮物料的办法进行调节。

（5）添加物和抑制物

在发酵液中添加少量的硫酸锌、磷矿粉、炼钢渣、碳酸钙、炉灰等，有助于促进厌氧发酵，提高产气量和原料利用率，其中以添加磷矿粉的效果最佳。同时添加少量钾、钠、镁、锌、磷等元素也能提高产气率。但是也有些化学物质能抑制发酵微生物的生命活力，当原料中含氮化合物过多，如蛋白质、氨基酸、尿素等被分解成铵盐，从而抑制甲烷发酵。

因此，当原料中氮化合物比较高时，应适当添加碳源，调节碳氮比在（20～30）：1范围内。此外，如铜、锌、铬等重金属及铬化物等含量过高时，也会不同程度地抑制厌氧消化。因此，在厌氧消化过程中应尽量避免这些物质的混入。

（6）接种物

厌氧消化中细菌数量和种群会直接影响甲烷的生成。不同来源的厌氧发酵接种物，对产气量有不同的影响。添加接种物可有效提高消化液中微生物的种类和数量，从而提高反应器的消化处理能力，加快有机物的分解速率，提高产气量，还可使开始产气的时间提前。用添加接种物的方法开始发酵时，一般要求菌种量达到料液量的5%以上。

（7）搅拌

搅拌可使消化原料分布均匀，增加微生物与消化基质的接触，使消化产物及时分离，也可防止局部出现酸积累和排除抑制厌氧菌活动的气体，从而提高产气量。

#### 5.3.2.3 厌氧消化工艺

一个完整的厌氧消化系统包括预处理、厌氧消化反应器、消化气净化与贮存、消化液与污泥的分离、处理和利用。厌氧消化工艺类型较多，按消化温度、消化方式、消化级差的不同划分成几种类型。通常是按消化温度划分厌氧消化工艺类型。

（1）根据消化温度划分的工艺类型

根据消化温度，厌氧消化工艺可分为高温消化工艺和自然消化工艺两种。

①高温消化工艺

高温消化工艺的最佳温度范围是47～55℃，此时有机物分解旺盛，消化快，物料在厌氧池内停留时间短，非常适用于城市生活垃圾、粪便和有机污泥的处理。其程序如下：

高温消化菌的培养：高温消化菌种的来源一般是将污水池或地下水道有气泡产生

的中性偏碱的污泥加到备好的培养基上，进行逐级扩大培养，直到消化稳定后即可作为接种用的菌种。

高温的维持：通常是在消化池内布设盘管，通入蒸汽加热料浆。我国有城市利用余热和废热作为高温消化的热源，是一种十分经济的方法。

原料投入与排出：在高温消化过程中，原料的消化速率快，要求连续投入新料与排出消化液。

消化物料的搅拌：高温厌氧消化过程要求对物料进行搅拌，以迅速消除邻近蒸汽管道区域的高温状态和保持全池温度的均一。

②自然消化工艺

自然温度厌氧消化是指在自然温度影响下消化温度发生变化的厌氧消化。目前我国农村基本上都采用这种消化类型，其工艺流程如图 5-3-6 所示。

这种工艺的消化池结构简单、成本低廉、施工容易、便于推广。但该工艺的消化温度不受人为控制，基本上是随气温变化而不断变化，通常夏季产气率较高，冬季产气率较低，故其消化周期需视季节和地区的不同加以控制。

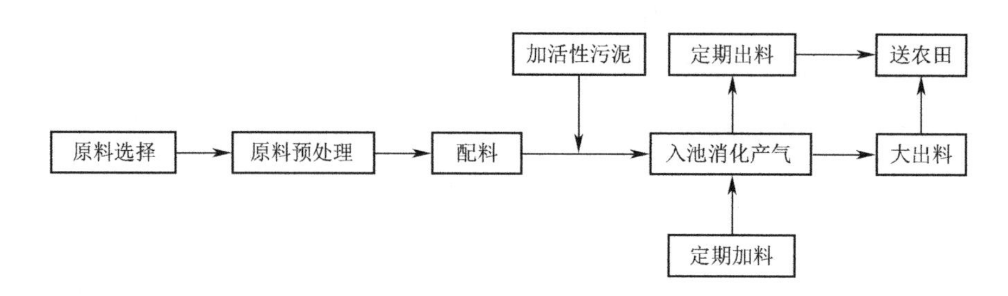


图 5-3-6　自然温度厌氧消化工艺流程

（2）根据投料运转方式划分的工艺类型

根据投料运转方式，厌氧消化可分为连续消化、半连续消化、两步消化等。

①连续消化工艺

该工艺是从投料启动后，经过一段时间的消化产气，随时连续定量地添加消化原料和排出旧料，其消化时间能够长期连续进行。此消化工艺易于控制，能保持稳定的有机物消化速率和产气率，但该工艺要求较低的原料固体废物浓度。其工艺流程见图 5-3-7。

②半连续消化工艺

半连续消化工艺的特点是：启动时一次性投入较多的消化原料，当产气量趋于下降时，开始定期或不定期添加新料和排出旧料，以维持比较稳定的产气率。由于我国广大农村的原料特点和农村用肥集中等原因，该工艺在农村沼气池的应用已比较成熟。半连续消化工艺是固体有机原料沼气消化最常采用的消化工艺。如图 5-3-8 所示为半连续消化工艺处理有机原料的工艺流程。

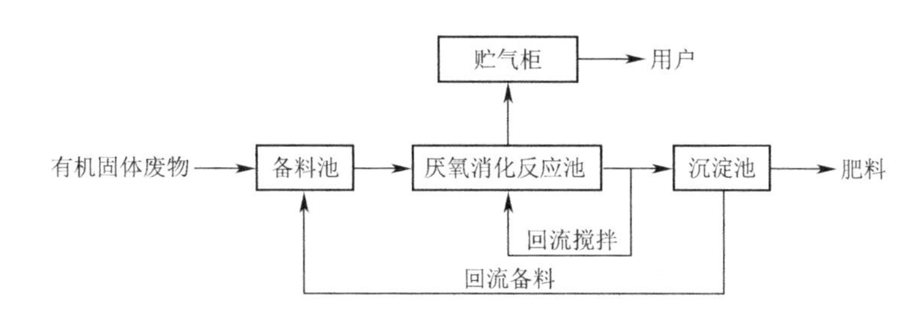


图 5-3-7　固体废物连续消化工艺流程

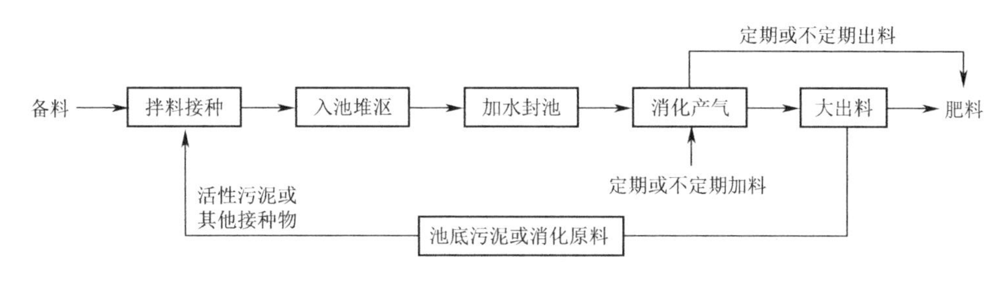


图 5-3-8　固体废物半连续消化工艺流程

③两步消化工艺

两步消化工艺是根据沼气消化过程分为产酸和产甲烷两个阶段的原理开发的。两步消化工艺特点是将沼气消化全过程分成两个阶段，在两个反应器中进行。第一个反应器的功能是：水解和液化固态有机物为有机酸；缓冲和稀释负荷冲击与有害物质，并截留难降解的固体物质。第二个反应器的功能是：保持严格的厌氧条件和 pH 值，以利于产甲烷细菌的生长；消化、降解来自前段反应器的产物，把它们转化成甲烷含量较高的消化气，并截留悬浮固体、改善出料性质。因此，两步消化工艺可大幅度地提高产气率，气体中甲烷含量也有所提高。同时实现了渣和液的分离，使得在固体有机物的处理中，引入高效厌氧处理器成为可能。

5.3.2.4　厌氧消化装置

厌氧消化池亦称厌氧消化器。消化罐是整套装置的核心部分，附属设备有气压表、导气管、出料机、预处理设备（粉碎、升温、预处理池等）、搅拌器等。附属设备可以进行原料的处理，产气的控制、监测，以提高沼气的质量。

厌氧消化池的种类很多，按消化间的结构形式，有圆形池、长方形池；按贮气方式有气袋式、水压式和浮罩式。

（1）水压式沼气池

水压式沼气池产气时，沼气将消化料液压向水压箱，使水压箱内液面升高；用气时，料液压沼气供气。产气、用气循环工作，依靠水压箱内料液的自动提升使气室内的水压自动调节。水压式沼气池的结构与工作原理如图 5–3–9 所示。水压式沼气池结构简单、造价低、施工方便，但由于其温度不稳定、产气量不稳定，因此原料的利用率低。

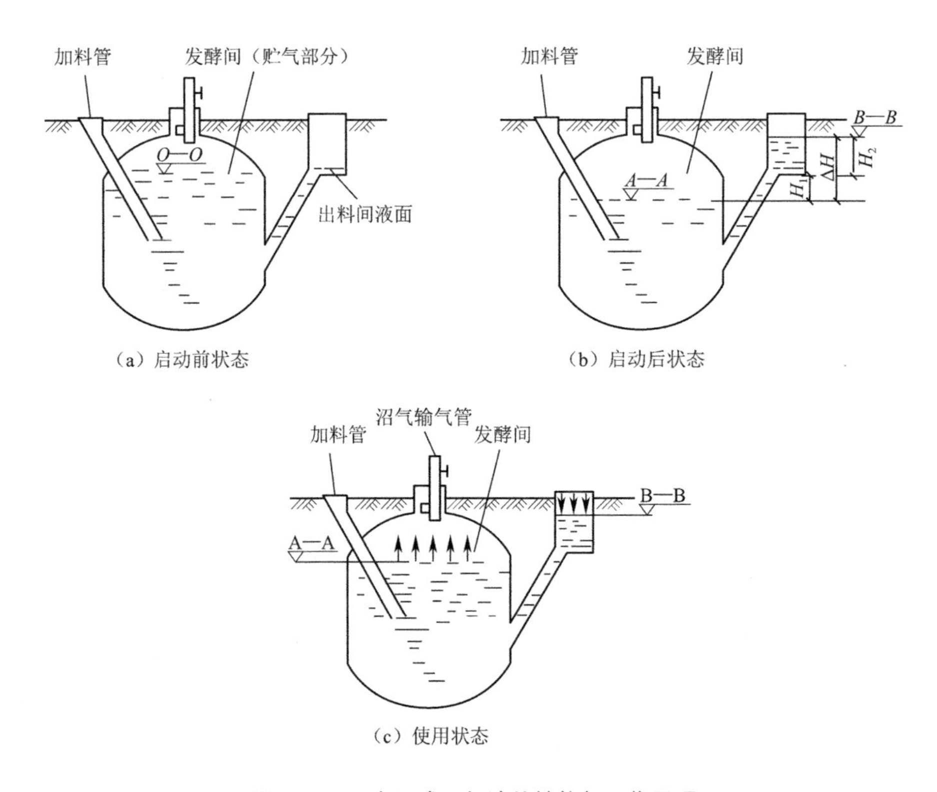


图 5–3–9　水压式沼气池的结构与工作原理

长方形（或方形）甲烷消化池由消化室、气体储藏室、贮水库、进料口和出料口、搅拌器、导气喇叭口等部分组成，结构如图 5–3–10 所示。其主要特点是：气体储藏室与消化室相通，位于消化室的上方，设一贮水库来调节气体储藏室的压力。若室内气压很高时，可将消化室内经消化的废液通过进料间的通水穴压入贮水库内。相反，若气体储藏室内压力不足时，贮水库内的水由于自重便流入消化室，这样通过水量调节气体储藏室的空间，使气压相对稳定。搅拌器的搅拌可加速消化，产生的气体通过导气喇叭口输送到外面的导气管。

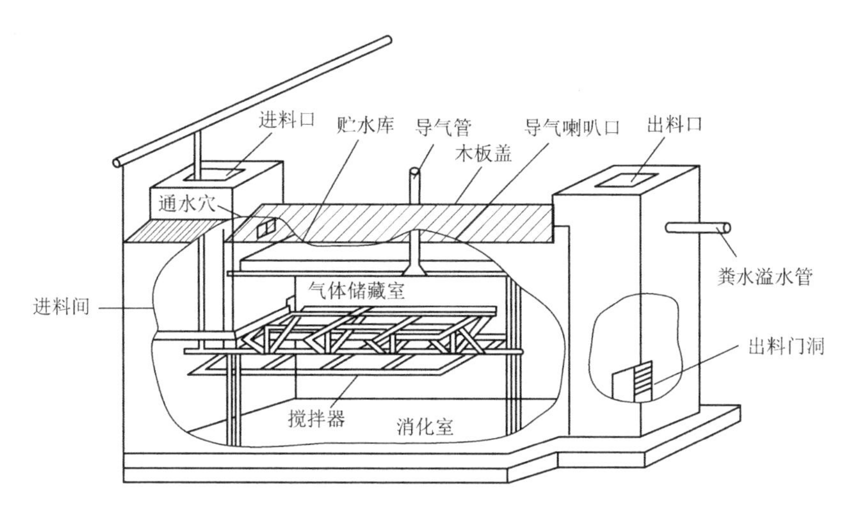


图 5-3-10 长方形消化池结构

（2）红泥塑料沼气池

红泥塑料沼气池采用红泥塑料（红泥－聚氯乙烯复合材料）制作池盖或池体材料，该工艺多采用批量进料方式。红泥塑料沼气池有半塑式、两模全塑式、袋式全塑式和干湿交替式等。

①半塑式沼气池

半塑式沼气池由水泥料池和红泥塑料气罩两大部分组成，如图 5-3-11 所示。料池上沿部设有水封池，用来密封气罩与料池的结合处。这种消化池适于高浓度料液或干发酵，成批量进料，可以不设进出料间。

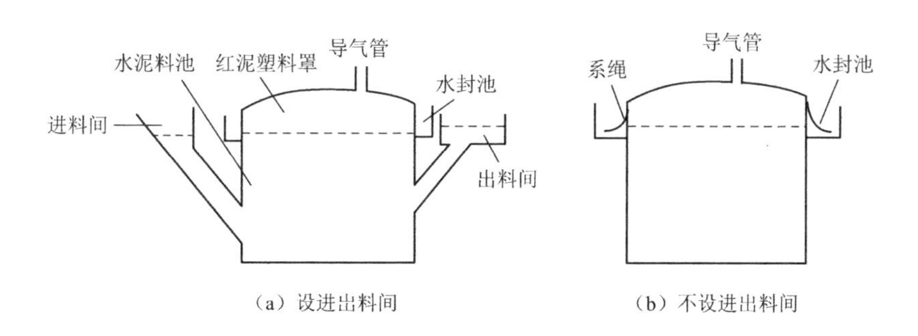


（a）设进出料间　　（b）不设进出料间

图 5-3-11 半塑式沼气池

②两模全塑式沼气池

两模全塑式沼气池的池体与池盖由两块红泥塑料膜组成。它仅需挖一个浅土坑，压平整成形后即可安装。安装时，先铺上池底膜，然后装料，再将池盖膜覆上，把池盖膜的边沿和池底膜的边沿对齐，以便粘合紧密。待合拢后向上翻折数卷，卷紧后用砖或泥把卷紧处压在池边沿上，其加料液面应高于两块膜粘合处，这样可以防止漏气，如图 5-3-12 所示。

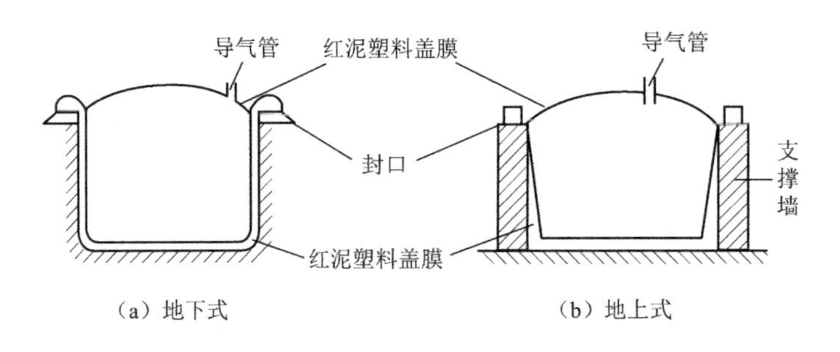


图 5-3-12　两模全塑式沼气池

③袋式全塑式沼气池

袋式全塑式沼气池的整个池体由红泥塑料膜热合加工制成，设进料口和出料口，安装时需建槽，主要用于处理牲畜粪便的沼气发酵，是半连续进料，如图 5-3-13 所示。

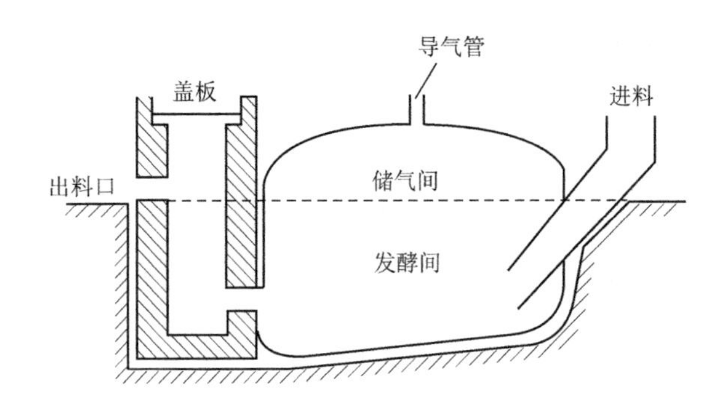


图 5-3-13　袋式全塑式沼气池

④干湿交替式沼气池

干湿交替式沼气池设有两个消化室，上消化室用来进行批量投料、干消化，所产沼气由红泥塑料罩收集，如图 5-3-14 所示。下消化室用来半连续进料、湿消化，所产沼气储存在消化室的气室内。下消化室中的气室是处在上消化室料液的覆盖下，密封性好。上、下消化室之间有连通管连通，在产气和用气过程中，两个消化室的

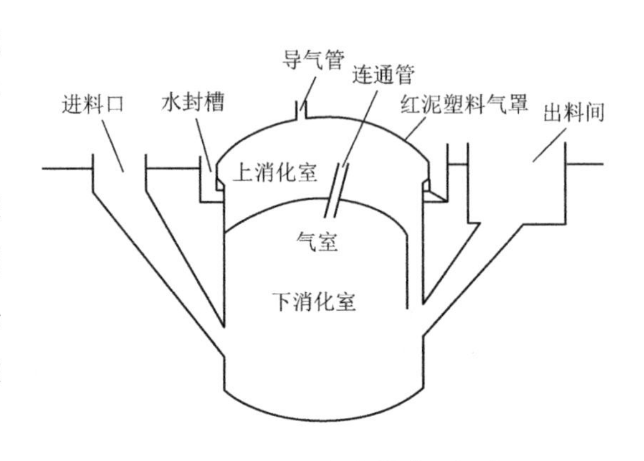


图 5-3-14　干湿交替式沼气池

料液可随着压力的变化而上、下流动。下消化室产气时，一部分料液通过连通管压入上消化室浸泡干消化原料。用气时，进入上消化室的浸泡液又流入下消化室。

（3）现代化大型工业化消化设备

为了能用消化技术处理大量污泥和有机废物，满足城市污水处理厂以及城市生活垃圾的处理与处置要求，提高沼气的产量与质量，扩大沼气的利用途径和效率，缩短消化周期，实现沼气消化系统化、自动化管理。近年来，国内外逐步开发了现代化大型工业化消化设备，目前常用的集中消化罐有欧美型、经典型、蛋型以及欧洲平底型，这些消化罐用钢筋混凝土浇筑，并配备循环装置，使反应物处于不断的循环状态（图 5-3-15）。

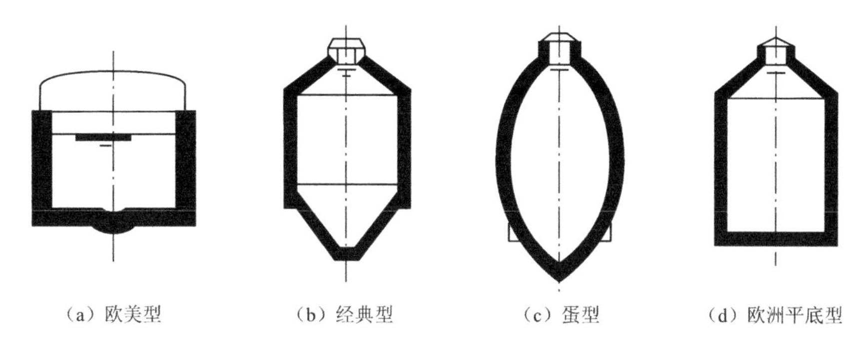


图 5-3-15 现代化大型工业化消化设备

为了实现循环，一般消化罐的外部设动力泵。循环用的混合器是一种专门制作的一级或二级螺旋转轮，既可起到混合作用，又可借以形成物料的环流。在污泥的厌氧消化中，利用产生的沼气在气体压缩条的作用下进入消化罐底部并形成气泡，气泡在上升的过程中带动消化液向上运动，完成循环和搅拌。

# 6　危险废物（含危废类污染土壤）的处置技术

## 6.1　危险废物的来源与分类

### 6.1.1　危险废物的概念

危险废物又称为“有害废物”“有毒废渣”等。对危险废物的定义不同的国家和组织各有不同的表述，联合国环境规划署（UNEP）把危险废物定义为：“危险废物是指除放射性以外的那些废物（固体、污泥、液体和装在容器内的气体），由于它的化学反应性、毒性、易爆性、腐蚀性和其他特性引起或可能造成对人体健康或环境的危害，不管它是单独的或与其他废物混在一起，还是产生的或是被处置的或正在运输中的，在法律上都称危险废物。”而世界卫生组织（WHO）的定义是：“危险废物是一种具有物理、化学或生物特性的需要特殊的管理与处置以免引起健康危害或产生其他环境危害的废物。”

我国在 1995 年颁布并于 2020 年修订的《中华人民共和国固体废物污染环境防治法》中将危险废物规定为：“列入国家危险废物名录或者根据国家规定的危险废物鉴别标准和鉴别方法认定的具有危险特性的固体废物”。

### 6.1.2　危险废物的来源

危险废物包括工业危险废物、医疗废物和其他社会源危险废物。危险废物的来源主要为石油化学工业、化学工业、钢铁工业、有色金属冶金工业等行业（表 6-1-1）。

危险废物的主要来源　　表 6-1-1

| 废物产生行业 | 可能产生的废物类别 |
| --- | --- |
| 机械加工及电镀 | 废矿物油、废乳化液、废油漆、表面处理废物、含铜废物、含锌废物、含铅废物、含汞废物、无机氰化物废物、废碱、石棉废物、含镍废物等 |
| 金属冶炼、铸造及热处理 | 含氰热处理废物、废矿物油、废乳化液、含铜废物、含锌废物、含镉废物、含锑废物、含铅废物、含汞废物、含砣废物、废碱、废酸、石棉废物、含镍废物、含钡废物等 |

续表

| 废物产生行业 | 可能产生的废物类别 |
| --- | --- |
| 塑料、橡胶、树脂、油脂等化学生产及加工 | 废乳化液、精（蒸）馏残渣、有机树脂类废物、新化学品废物、感光材料废物、焚烧处理残渣、含酸类废物、含醚废物、废卤化有机溶剂、废有机溶剂、废有机物废物、含重金属废物、废油漆等 |
| 建材生产及建材使用 | 含木材防腐剂废物、废矿物油、废乳化液、废油漆、有机树脂类废物、废碱、废酸、石棉废物等 |
| 印刷纸浆生产及纸加工 | 废油漆、废乳化液、废碱、废酸、废卤化有机溶剂、废有机溶剂、含重金属的废涂液等 |
| 纺织印染及皮革加工 | 废油漆、废乳化液、含铬废物、废碱、废酸、废卤化有机溶剂、废有机溶剂等 |
| 化工原料及石油产品生产 | 含木材防腐剂废物、含有机溶剂废物、废矿物油、废乳化液、含多氯联苯废物、精（蒸）馏残渣、有机树脂类废物、废油漆、易燃性废物、感光材料废物、含铍废物、含铬废物、含铜废物、含锌废物、含硒废物、含砣废物、含铅废物、含汞废物、含硒废物、有机铅化物废物、无机氧化物废物、废碱、废酸、石棉废物、有机磷化物废物、含醚类废物、废卤化有机溶剂、废有机溶剂、含有氯苯并呋喃类废物、多氯联苯二噁英类废物、有机卤化物废物、含镍废物、含钡废物等 |
| 电力、煤气厂及废水处理 | 废乳化液、含多氯联苯废物、精（蒸）馏残渣、焚烧处理残渣等 |
| 医药及农药生产 | 医药废物、废药品、农药及除草剂废物、废乳化液、精（蒸）馏残渣、新化学品废物、废碱、废酸、有机磷化物废物、有机氧化物废物、含酚废物、含醚类废物、废卤化有机溶剂、废有机溶剂、含有机卤化物废物等 |
| 食品及饮料制造生产容器清洗 | 废碱、废酸、废非卤化有机溶剂等 |
| 制鞋行业的黏合剂涂敷 | 废易燃粘合剂 |
| 印刷、出版及相关工业定影显影设备清洗、制版等工艺 | 废碱、废酸、含汞废液，含铬废物 / 液，含铜废液、废卤化有机溶剂、废有机溶剂、易燃油墨废物等 |
| 化工及化学制造 | 废碱、废酸、废卤化溶剂、废非卤化溶剂、含农药废物、重金属废物、含氧废物、含重金属催化剂、含重金属废物、蒸馏残渣、石棉废物等 |
| 石油及煤产品制造 | 废卤化溶剂、废非卤化溶剂等 |
| 玻璃及玻璃制品生产 | 废矿物油、废卤化溶剂、废非卤化溶剂、废酸、重金属废液、废油漆等 |
| 钢铁生产与加工 | 重金属废物、废碱、废酸、废矿物油、含锌废液等 |
| 有色金属生产与加工 | 含重金属废物、废碱、废酸、废矿物油、含锌废物、废卤化溶剂、废非卤化溶剂等 |
| 金属制品与制造 | 废碱、废酸、含氧废液、废卤化溶剂、废非卤化溶剂、废矿物油、废油漆、易燃废物、含铬废液、含重金属废物 / 液等 |
| 办公及家电机械和电子设备制造、电子及通信设备制造 | 废碱、废酸、废卤化溶剂、废非卤化溶剂、废矿物油、含重金属废液、含氧废液、废易燃有机物等 |

续表

| 废物产生行业 | 可能产生的废物类别 |
| --- | --- |
| 运输部门作业及车辆保养修理 | 废易燃有机物、废油漆、废卤化溶剂、废矿物油、含多氯联苯废物、废酸、含重金属的废电池等 |
| 医疗部门 | 医院废物、医药废物、废药品等 |
| 实训室、商业和贸易部门、服务行业 | 废碱，废酸，废卤化溶剂，废非卤化溶剂，废矿物油，含重金属废物/液，废油漆等，损坏、过期、不合格、废弃及无机的化学药品等 |
| 废物处理工艺 | 废碱、废酸、废卤化溶剂、废非卤化溶剂、废矿物油、含重金属废物/液、含有机卤化物废物、废油漆、有机树脂类废物等 |
| 机械、设备、仪器、运输工具、器材、用品、产品及零件制造 | 废碱、废酸、废卤化溶剂、废非卤化溶剂、废矿物油、含重金属废液、含氧废液、废易燃有机物、石棉废物、废催化剂等 |

## 6.1.3 危险废物的分类

### 6.1.3.1 目录式分类

目录式分类是根据经验和实际分析鉴定的结果，将危险废物的品名列成一览表，用以表明某种废物是否属于危险废物，再由国家管理部门以立法形式予以公布。由于国情的不同，每个国家的名录分类依据有所差异。

我国是《巴赛尔公约》的第一批缔约国，几乎参与了《巴塞尔公约》的全部起草过程，并在1990年批准了该公约。我国的《国家危险废物名录》（2021年版）依据《巴塞尔公约》将危险废物分为46个类别，共467种。主要是根据废物的成分、来源、特性来进行分类的。

### 6.1.3.2 按特性分类

我国危险废物按照危险特性可以大体分为易燃性废物、腐蚀性废物、反应性废物，见表6–1–2。

部分危险废物按其特性分类及来源　　表6–1–2

| 危险特性 | 废物名称 | 废物来源 |
| --- | --- | --- |
| 易燃性废物 | 废卤化溶剂 | 回收这些溶剂的蒸馏釜底物，废弃的工业化学产品、不合格产品、容器残留物和泄漏残留物 |
| 腐蚀性废物 | 废酸 | 冷轧带钢、糠醛生产过程、炼焦工艺、酸洗过程、集成电路处理过程、电解工艺、半导体部件制造过程、印刷制版过程、热处理、轴承生产过程等 |
|  | 废碱 | 原油裂解、集成电路热处理、轴承生产过程、碱洗过程、中温淬火、电镀过程等 |

续表

| 危险特性 | 废物名称 | 废物来源 |
|---|---|---|
| 腐蚀性废物 | 废铬酸 | 皮革鞣制 |
| | 废对苯二甲酸 | 涤纶树脂生产过程，苯酐制造过程 |
| | 电石渣 | 乙炔生产过程 |
| | 硼泥 | 制硼酸、硼砂工艺 |
| | 锰泥 | 制高锰酸钾工艺 |
| | 白泥 | 造纸厂 |
| | 钠渣 | 制钠过程 |
| 反应性废物 | 含氰电镀废液 | 电镀过程产生的含氰的电镀槽废液 |
| | 含氰电镀污泥 | 使用氰化物的电镀过程，由镀槽底部产生 |
| | 含氰清洗槽废液 | 使用氰化物的电镀过程清洗槽的废液 |
| | 含氰的油浴淬火槽的残渣 | 使用氰化物的金属热处理过程油浴淬火槽产生 |
| | 含氰清洗废液 | 金属热处理过程清洗盐浴锅产生 |
| | 含丙烯腈的塔底馏出物 | 丙烯腈生产中废水汽提塔的底部馏出物 |
| | 含乙腈的塔底馏出物 | 丙烯腈生产中乙腈塔的底部馏出物 |
| | 离心和蒸馏残渣 | 甲苯二异氰酸盐生产过程产生的离子和蒸馏残渣 |
| | 废水处理污泥 | 制造和加工爆炸品产生的废水处理污泥 |
| | 粉红水 / 红水 | TNT（三硝基甲苯）生产操作产生的粉红水 / 红水 |
| | 含氰化物废液 | 矿石金属回收过程氰化槽废液 |
| | 废炭 | 含爆炸品的废水在处理时产生的废炭 |
| | 其他反应性废物 | 废弃的工业化学产品、不合格产品、容器残留物和泄漏残留物 |

6.1.3.3　按物理和化学性质分类

按物理和化学性质分类，可把危险废物分为无机危险废物、有机危险废物、油类危险废物、污泥危险废物等，见表 6–1–3。

**按物理和化学性质分类的危险废物**　　表 6–1–3

| 分类名 | 废物名 |
|---|---|
| 无机危险废物 | 酸、碱、重金属、氰化物、电镀废水 |
| 有机危险废物 | 杀虫剂、石油类的烷烃和芳香烃，卤代物的卤代烃、卤代脂肪酸、卤代芳香烃化合物和多环芳香烃化合物 |

续表

| 分类名 | 废物名 |
| --- | --- |
| 油类危险废物 | 润滑液、液压传动装置的液体、受污染的燃料油 |
| 污泥危险废物 | 金属工艺、油漆、废水处理等方面的污染物 |

6.1.3.4　危险废物的污染现状

近年来，危险废物对环境和健康的影响日益受到公众和法律的关注。危险废物中的有害物质不仅能造成直接的危害，还会在土壤、水体、大气等自然环境中迁移、滞留、转化，污染土壤、水体、大气等人类赖以生存的生态环境，最终影响人体健康。随着经济的迅速发展，我国危险废物的产生量越来越大，种类繁多、性质复杂，且产生源数量分布广泛，管理难度较大。据有关数据，我国每年产生危险废物超过 5000 万 t，虽有约 60% 的危险废物得到利用，但利用还不尽合理，有些还造成二次污染。

# 6.2　危险废物的分析与鉴别

## 6.2.1　危险废物的分析

6.2.1.1　危险废物的危害

危险废物的危害概括起来有如下几点：

（1）短期急性危害

这指的是通过摄食、吸入或皮肤吸收引起急性毒性、腐蚀性，其他皮肤或眼睛接触危害性，易燃易爆的危险性等，通常是事故性危险废物。

（2）长期环境危害

它的起因是反复暴露的慢性毒性、致癌性（某种情况下由于急性暴露而产生致癌作用，但潜伏期很长）、解毒过程受阻、对地下或地表水的潜在污染或美学上难以接受的特性（如恶臭）。如湖南衡阳一乡镇企业随意堆置炼砷废矿渣，造成当地地下饮用水水源的水质恶化，使附近居民饮用水水源受污染。

（3）难以处理

对危险废物的治理需要花费巨额费用。根据发达国家经验，在长期内消除“过去的过失”费用相当昂贵。据统计，要多花费 10～1000 倍费用消除过去遗留的危险废物。

6.2.1.2　危险废物的表现形态

危险废物可能作为副产品、过程残渣、用过的反应介质、生产过程中被污染的设施或装置，以及废弃的制成品出现。

### 6.2.2 危险废物的鉴别

危险废物的鉴别是有效管理和处理处置危险废物的首要前提。目前，世界各国的危险废物鉴别方法因其危险废物性质和国内立法的不同而存在差异。通常的鉴别方法有两种，一种是名录法，另一种是特性法。

#### 6.2.2.1 名录法

危险废物的鉴别是采用名录法和特性法相结合的方法。未知废物首先必须确定其是否属于《危险废物名录》中所列的种类。如果在名录之列，则必须根据《危险废物鉴别标准》来检测其危险特性，按照标准来判定具有哪类危险特性；如果不在名录之列，也必须按《危险废物鉴别标准》来判定该类废物是否属于危险废物和相应的危险特性。《危险废物鉴别标准》要求检测的危险废物特性为易燃性、腐蚀性、反应性、浸出毒性、急性毒性、传染疾病性、放射性。

#### 6.2.2.2 特性法

（1）易燃性

易燃性是指易于着火和维持燃烧的性质。但像木材和纸等废物不属于易燃性危险废物。只有废物具有以下特性之一，才称其为易燃性危险废物：

①酒精含量低于24%（体积分数）的液体，或闪点低于60℃。

②在标准温度和压力下，通过摩擦、吸收水分或自发性化学变化引起着火的非液体，着火后会剧烈地持续燃烧，造成危害。

③易燃的压缩气体。

④氧化剂。

（2）腐蚀性

腐蚀性是指易于腐蚀或溶解组织、金属等物质，且具有酸或碱的性质。当废物具有以下特性之一，则称其为腐蚀性危险废物：

①水溶液的pH值小于2或大于12.5。

②在55℃下，其溶液腐蚀钢的速率大于等于6.35mm/a。

（3）反应性

反应性是指易于发生爆炸或剧烈反应，或反应时会挥发有毒气体或烟雾的性质。废物具有以下特性之一，则称其为反应性危险废物：

①通常不稳定，随时可能发生激烈变化。

②与水发生激烈反应。

③与水混合后有爆炸的可能。

④与水混合后会产生大量的有毒气体、蒸气或烟，对人体健康或环境构成危害。

⑤含氧化物或硫化物的废物，当其 pH 值为 2～12.5 时，会产生危害人体健康或对环境有危害性的毒性气体、蒸气或烟。

⑥密闭加热时，可能引发或发生爆炸反应。

⑦标准温度压力下，可能引发或发生爆炸或分解反应。

⑧运输部门法规中禁止的爆炸物。

（4）毒害性

毒害性是指废物产生可以污染地下水等饮用水水源的有害物质的性质。美国环境保护署（EPA）规定了废物中各种污染物的极限浓度（表 6-2-1），如果废物中任意一种污染物的实测浓度高于表中规定的浓度则该废物认定具有毒性。

**毒性特征组分及其规定水平值** 表 6-2-1

| 危险废物编号① | 组分 | 规定水平（mg/L） | 危险废物编号① | 组分 | 规定水平（mg/L） |
|---|---|---|---|---|---|
| D004 | 砷 | 5.0 | D032 | 六氯苯 | 0.13③ |
| D005 |  | 100.0 | D033 | 六氯 T，3- 丁三烯 | 0.5 |
| D018 | 苯 | 0.5 | D034 | 六氯乙烷 | 3.0 |
| D006 | 镉 | 1.0 | D008 | 铅 | 5.0 |
| D019 | 四氯化碳 | 0.5 | D013 | 高丙体六六六 | 0.4 |
| D020 | 氯丹 | 0.03 | D009 | 汞 | 0.2 |
| D021 | 氯化苯 | 100.0 | D014 | 甲氧基 DDT | 10.0 |
| D022 | 氯仿 | 6.0 | D032 | 甲基乙基酮 | 200.0 |
| D007 | 铬 | 5.0 | D036 | 硝基苯 | 2.0 |
| D023 | 邻 - 甲酚 | 200.0② | D035 | 五氯酚 | 100.0 |
| D024 | 间 - 甲酚 | 200.0② | D038 | — | 5.0③ |
| D025 | 对 - 甲酚 | 200.0② | D010 | 硒 | 1.0 |
| D026 | 甲酚 | 200.0② | D011 | 银 | 5.0 |
| D016 | 1，4-D | 10.0 | D039 | 四氯乙烯 | 0.7 |
| D027 | 1，4 二氯苯 | 7.5 | D015 | 毒杀酚 | 0.5 |
| D028 | 1，2- 二氯乙烷 | 0.5 | D040 | 三氯乙烯 | 0.5 |
| D029 | 1，2- 二氯乙烯 | 0.7 | D041 | 2，4，5- 三氯酚 | 400.0 |
| D030 | 2，4- 二硝基甲苯 | 0.13 | D042 | 2，4，6- 三氯酚 | 2.0 |
| D012 | 氯甲桥萘 | 0.008 | D017 | 2，4，5-TP | 1.0 |

续表

| 危险废物编号[①] | 组分 | 规定水平（mg/L） | 危险废物编号[①] | 组分 | 规定水平（mg/L） |
|---|---|---|---|---|---|
| D031 | 七氯 | 0.008 | D043 | 氯乙烯 | 0.2 |

注：①危险废物编码；②如果不能区分邻、间和对甲酚的浓度，则用总甲酚D026。总甲酚的规定水平为200mg/L；③定量限制大于计算的规定水平值，因此定量限制为规定水平值。

# 6.3 危险废物的收集与贮存

## 6.3.1 危险废物的收集

危险废物的收集指持有危险废物经营许可证，专门从事危险废物收集的单位，将其他企事业单位产生的危险废物收集后暂存在其所设的防扬散、防流失、防渗漏的贮存场所，并适时转移至持有危险废物经营许可证的单位进行利用、处置的行为。

危险废物要根据其成分，用符合国家标准的专门容器分类收集，所谓分类收集是指根据废物的特点、数量、处理和处置的要求分别收集。居民生活、办公和第三产业产生的危险废物（如部分废电池、废日光灯管等）应与城市生活垃圾分类收集，通过分类收集提高其回收利用和无害化处理处置率，逐步建立和完善社会源危险废物的回收网络。

## 6.3.2 危险废物的标志

### 6.3.2.1 危险废物标志的设置要求

（1）危险废物贮存场所的危险废物警告标志的设置

危险废物贮存场所是指危险废物产生、临时存放、暂时存放、贮存等有危险废物短期或长期存在的场所，该场所应当设置危险废物警告标志。具体设置要求如下：

危险废物贮存设施为房屋的，应将危险废物警告标志悬挂于房屋外面门的一侧，靠近门口适当的高度上；当门的两侧不便于悬挂时，则悬挂于门上水平居中、高度适当的位置上。

危险废物贮存设施建有围墙或防护栅栏，且高度高于150cm的，应将危险废物警告标志挂于围墙或防护栅栏比较醒目、便于观察的位置上；当围墙或防护栅栏的高度为100～150cm时，危险废物警告标志则应靠近上沿悬挂；围墙或防护栅栏的高度不足100cm时，应当设立独立的危险废物警告标志。

危险废物贮存设施为其他箱、柜等独立贮存设施的，可将危险废物警告标志悬挂在该贮存设施上，或在该贮存设施附近设立独立的危险废物警告标志。

危险废物贮存于库房一隅的，将危险废物警告标志悬挂在对应的墙壁上，或设立独立的危险废物警告标志。

所产生的危险废物密封不外排存放的，可将危险废物警告标志悬挂于该贮存设施适当的位置上，也可在该贮存设施附近设立单独的危险废物警告标志。

（2）危险废物利用、处置场所的危险废物警告标志的设置

危险废物利用、处置场所是指危险废物再利用、无害化处理和最终处置的场所，该场所应当设置危险废物警告标志。具体设置要求是：

危险废物处置设施外建有厂房的，危险废物警告标志设置要求同危险废物贮存设施。

危险废物处置设施外未建厂房或不便于悬挂的，应当设立独立的危险废物警告标志。

（3）危险废物贮存场所的危险废物标签的设置和盛装危险废物的容器的危险废物标签的粘贴

①危险废物贮存场所的危险废物标签的设置

危险废物贮存设施指按规定设计、建造或改建的用于专门存放危险废物的设施，其内必须设置危险废物标签，具体设置要求是：

危险废物贮存在库房内或建有围墙、防护栅栏的，可将危险废物标签悬挂在内部墙壁（围墙、防护栅栏）适当的位置上；当所贮存的危险废物在两种及两种以上时，危险废物标签的悬挂应与其分类相对应；当库房内不便于悬挂危险废物标签，或只贮存单一种类危险废物时，可将危险废物标签悬挂于库房外面危险废物警告标志一侧，与危险废物警告标志相协调。

危险废物贮存设施为其他箱、柜等独立贮存设施的，可将危险废物标签悬挂于危险废物警告标志左侧，与危险废物警告标志协调居中。

危险废物贮存围墙或防护栅栏的高度不足100cm的，危险废物标签与危险废物警告标志并排设置。

②盛装危险废物的容器的危险废物标签的粘贴

盛装危险废物的容器上必须粘贴危险废物标签，当采取袋装危险废物或不便于粘贴危险废物标签时，则应在适当的位置系挂危险废物标签牌。

③危险废物标签的危险类别

应根据所产生的危险废物种类和性质，依据附件相关标准确定其危险类别，如某一种危险废物的危险废物分类为两种或两种以上的，只选择最强的或最主要的一种。

（4）危险废物转运车危险废物警告标志的设置

专用危险废物转运车应当喷涂或粘贴固定的危险废物警告标志，临时租用的危险

废物转运车应粘贴临时危险废物警告标志。

#### 6.3.2.2 医疗废物标志的设置要求

（1）医疗废物暂存、处置场所警示标志

医院医疗废物暂存库房和库房外明显处、医疗废物处置单位处置厂出入口、暂时贮存设施、处置场所的警示标志，应悬挂医疗废物警示标志和危险废物警告标志。

医院科室医疗废物收集点，应当在相应的位置上悬挂医疗废物警示标志和危险废物警告标志。

（2）医疗废物转运车医疗废物警示标志的设置

医疗废物转运车应在车厢的前部、后部及车厢两侧喷涂医疗废物警示标志。如车厢后部是双开门的，应在两扇门上分别喷涂，尺寸可适当缩小。

驾驶室两侧应标明医疗废物处置或转运单位名称，并在驾驶室明显部位标注车辆运输医疗废物的警示说明，应包括但不限于以下内容：

①本车仅适用于采用专用周转箱盛装专用塑料袋密封包装的医疗废物运输。

②本车不适用于其他方式的医疗废物运输。

③本车未经国家认可部门检验批准，禁止用于医疗废物以外的其他货物运输。

### 6.3.3 危险废物的贮存

对已产生的危险废物，若暂时不能回收利用或进行处理处置的，其产生单位须建设专门的危险废物贮存设施进行贮存，并设立危险废物标志，或委托具有专门危险废物贮存设施的单位进行贮存，贮存期限不得超过国家规定。贮存危险废物的单位需拥有相应的许可证。禁止将危险废物以任何形式转移给无许可证的单位，或转移到非危险废物贮存设施中。危险废物贮存设施应有相应的配套设施并按有关规定进行管理。

#### 6.3.3.1 危险废物的贮存基本要求

所有危险废物产生者和危险废物经营者应建造专用的危险废物贮存设施，也可利用原有构筑物改建成危险废物贮存设施。

在常温常压下易爆、易燃及排出有毒气体的危险废物必须进行预处理，使之稳定后贮存，否则按易爆、易燃危险品贮存。

在常温常压下不水解、不挥发的固体危险废物可在贮存设施内分别堆放。遇火、遇热、遇潮能引起燃烧、爆炸或发生化学反应，产生有毒气体的危险废物不得在露天或在潮湿、积水的建筑物中贮存。

受日光照射能发生化学反应引起燃烧、爆炸、分解、化合或能产生有毒气体的危险废物应贮存在一级建筑物中，其包装应采取避光措施。

无法装入常用容器的危险废物可用防漏胶袋等盛装。装载液体、半固体危险废物的容器内须留足够空间，容器顶部与液体表面之间保留100mm以上的空间。医院产生的临床废物，必须当日消毒，消毒后装入容器，常温下贮存期不得超过1d，于5℃以下冷藏的，不得超过7d。

爆炸物品不准和其他类物品同贮，必须单独隔离限量贮存，仓储不准建在城镇。

危险废物贮存设施在施工前应做环境影响评价。

盛装危险废物的容器上必须粘贴符合标准的标签。

6.3.3.2　危险废物的贮存方式和类型

危险废物贮存是指危险废物再利用或无害化处理和最终处置前的存放行为。危险废物的贮存方式可分为集中贮存、隔离贮存、隔开贮存和分离贮存。集中贮存是指为危险废物集中处理、处置而附设贮存设施或设置区域性贮存设施的贮存方式。隔离贮存是指在同一房间或同一区域内，不同的物料之间分开一定的距离，非禁忌物料间用通道保持空间的贮存方式；隔开贮存是指在同一建筑或同一区域内，用隔板或墙将其与禁忌物料隔离的贮存方式；分离贮存是指在不同的建筑物或远离所有建筑的外部区域内的贮存方式。

危险废物贮存的类型主要有贮存容器、贮罐、地表蓄水池、填埋、废物堆栈和深井灌注等。贮存容器是危险废物贮存最常用的形式之一，它指任何可移动的装置，物料在其中被贮存、运输、处理或管理。

贮罐是用于贮存或处理危险废物的固定设备，因为它可累积大量的物料，有时可达数万加仑，广泛应用于危险废物的贮存或累积。

地表蓄水池是一种天然的下沉地形结构，人造坑洞，或是主要由土质材料建造的堤防围起的区域（尽管可能有人造材料），被用于处理、贮存或处置液态危险废物。如贮水塘、贮水井和固定塘。

填埋是一种可以在土地上或土地中安置非液态危险废物的处置类型。

废物堆栈是一种处理或贮存非液态危险废物的露天堆栈。对这种装置的要求与对填埋的要求很相似，但不同的是，废物堆栈只可被用于暂时的贮存和处理，不能用于处置。

深井灌注是指把液状废物注入地下与饮用水和矿脉层隔开的可渗透性的岩层中。在某些情况下，它是处置某些有害废物的安全处置方法。

6.3.3.3　危险废物贮存容器的要求

对于危险废物的贮存容器，除了使用符合标准的容器盛装危险废物外，应注意危险废物与贮存容器的相容性。盛装危险废物的容器材质和衬里要与危险废物相容，例如塑料容器不应用于贮存废溶剂。对于反应性危险废物，如含氰化物的废物，必须装在防湿防潮的密闭容器中，否则，一旦遇水或酸就会产生氰化氢剧毒气体。对于腐蚀性危险废物，为防止容器泄漏，必须装在衬胶、衬玻璃或塑料的容器中，甚至用不锈钢容器。对于放射性危险废物，必须选择有安全防护屏蔽的包装容器。装载危险废物的容器及材质要满足相应的强度要求，而且必须完好无损，以防止泄漏。液体危险废物可注入开孔直径不超过 70mm 并有放气孔的桶中进行贮存。盛装危险废物的容器上必须按现行《危险废物贮存污染控制标准》GB 18597 的有关规定贴上相应的标签。危险废物的贮存容器也必须满足相应的强度要求，清洁、无锈、无擦伤及损坏。

### 6.3.4 危险废物贮存设施的管理

#### 6.3.4.1 危险废物贮存设施的运行与管理

从事危险废物贮存的单位，必须得到有资质单位出具的该危险废物样品的物理和化学性质的分析报告，认定可贮存后，方可接收。

危险废物贮存前必须进行检验，确保同预定接收的危险废物一致，并登记注册。

从事危险废物贮存的单位不得接收未粘贴符合现行《危险废物贮存污染控制标准》GB 18597 的有关规定的标签或标签没按规定填写的危险废物。

盛装在容器内的同类危险废物可以堆叠存放。

每堆危险废物间应留有搬运通道。

不得将不相容的危险废物混合或合并存放。

危险废物产生者和危险废物贮存设施经营者均须做好危险废物情况的记录，记录上须注明危险废物的名称、来源、数量、特性和包装容器的类别、入库日期、存放库位、危险废物出库日期及接收单位名称。危险废物的记录和货单在危险废物取回后应继续保留三年，以备核查。

贮存设施经营者必须定期对所贮存的危险废物包装容器及贮存设施进行检查，发现破损应及时采取措施清理更换。

泄漏液、清洗液、浸出液必须符合《污水综合排放标准》GB 8978—1996 的要求方可排放，气体导出口排出的气体经处理后应满足《大气污染物综合排放标准》GB 16297—1996 和《恶臭污染物排放标准》GB 14554—1993 的要求。

#### 6.3.4.2 危险废物贮存设施的安全防护与监测

危险废物贮存设施都必须按现行《环境保护图形标志 固体废物贮存（处置）场》GB 15562.2 的规定设置警示标志。

危险废物贮存设施周围应设置围墙或其他防护栅栏。

危险废物贮存设施应配备通信设备、照明设施、安全防护服装及工具，并设有应急防护设施。

危险废物贮存设施内清理出来的泄漏物，一律按危险废物处理。

危险废物管理者必须按国家污染源管理要求对危险废物贮存设施进行监测。

## 6.4　危险废物的运输

运输是指从危险废物产生地转移至处理或处置地的过程。危险废物的运输需选择合适的容器、确定装载方式、选择适宜的运输工具、确定合理的运输路线以及制定泄漏或临时事故的补救措施。

### 6.4.1　危险废物运输容器

装运危险废物的容器应根据危险废物的不同特性而设计，不易破损、变形老化，能有效地防止渗漏、扩散。装有危险废物的容器必须贴有标签，在标签上详细标明危险废物的名称、重量、成分、特性以及发生泄漏、扩散污染事故时的应急措施和补救方法。采用安全高效的危险废物运输系统及各种形式的专用车辆，运输车辆需有特殊标志。

危险废物运输者将危险废物从其产生地运输至其最终的处理处置点，在危险废物管理系统中扮演了一个十分重要的角色，是废物生产者与最终处理、贮存者之间的关键环节。对运输者的规定并不适用于从事生产现场危险废物运输的运输者，他们所运输的废物在生产现场接受处理处置。但必须注意的是，操作人员和运输者必须避免在生产现场附近的公共道路上运输危险废物。

### 6.4.2　危险废物的运输要求

《中华人民共和国固体废物污染环境防治法》规定，运输危险废物必须采取防止污染环境的措施，并遵守国家有关危险废物运输管理的规定。运输单位和个人在运输危险废物过程中，必须采取防扬散、防流失、防渗漏或其他防止污染环境的措施。禁止将危险废物与旅客在同一运输工具上载运。

危险废物的运输管理是指危险废物收集过程中的运输和收集后运送到中间贮存处理或处置厂（场）的过程所需实行的污染控制。在运输危险废物时，对装载操作人员和运输者要进行专门的培训，并进行有关危险废物的装卸技术和运输中的注意事项等方面的知识教育，同时配备必要的防护工具，以确保操作人员和运输者的安全。危险废物的运输过程中，工作人员要使用专用的工作服、手套和眼镜。对易燃或易爆炸性固体废物，应当在专用场地上操作，场地要装配防爆装置和消除静电的设备。对于毒性、生物毒性以及可能具有致癌作用的固体废物，为防止固体废物与皮肤、眼睛或呼吸道接触，操作人员必须佩戴防毒面具。对于具有刺激性或致敏性的固体废物，也必须使用呼吸道防护器具。

公路运输是危险废物的常用运输方式。运输必须是接受过专门培训并持有证明文件的司机和拥有专用或适宜运输的车辆，即运输车辆必须经过主管单位的检查，并持有有关单位签发的许可证。指定运输危险废物的车辆，应标有适当的危险符号，以引起关注。运输者必须持有有关运输材料的必要资料，并制定废物泄漏情况的应急措施，防止意外事故的发生。运输危险废物，必须采取防止污染环境的措施，并遵守国家有关危险货物运输管理的规定。经营者在运输前应认真验收运输的废物是否与运输单相符，决不允许有互不相容的危险废物混入；同时检查包装容器是否符合要求，查看标记是否清楚，尽可能熟悉产生者提供的偶然事故的应急措施。为了保证运输的安全性，运输者必须按照有关规定装载和堆积废物，若发生洒落、泄漏及其他意外事故，运输者必须立即采取应急补救措施，妥善处理，并向环境保护行政主管部门呈报。在运输完之后，经营者必须认真填写危险废物转移联单，包括日期、车辆车号、运输许可证号、所运的废物种类等，以便接受主管部门的监督管理。

## 6.5 危险废物的转移

### 6.5.1 转移危险废物的污染防治

危险废物的越境转移应遵从《巴塞尔公约》的要求，危险废物的国内转移应遵从《危险废物转移联单管理办法》及其他有关规定的要求。

各级环境保护行政主管部门应按照国家和地方制定的危险废物转移管理办法对危险废物的流向进行有效控制，禁止在转移过程中将危险废物排放至环境中。

### 6.5.2 危险废物的国内转移

危险废物的国内转移应遵从《危险废物转移联单管理办法》及其他有关规定的要求。为加强对危险废物转移的有效监督，我国于 1999 年 10 月 1 日开始实施《危险废物转移联单管理办法》。管理办法规定国务院环境保护行政主管部门对全国危险废物转移联单实施统一监督管理。各省、自治区人民政府环境保护行政主管部门对本行政区域内的联单实施监督管理。

危险废物产生单位在转移危险废物前，须按照国家有关规定报批危险废物转移计划；经批准后，产生单位应当向移出地环境保护行政主管部门申请领取联单。产生单位应当在危险废物转移前三日内报告移出地环境保护行政主管部门，并同时将预期到达时间报告接受地环境保护行政主管部门。

转移联单共分五联，第一联：白色；第二联：红色；第三联：黄色；第四联：蓝色；第五联：绿色。联单编号由十位阿拉伯数字组成。第一位、第二位数字为省级行政区划代码，第三位、第四位数字为省辖市级行政区划代码，第五位、第六位数字为危险废物类别代码，其余四位数字由发放空白联单的危险废物移出地省辖市级人民政府环境保护行政主管部门按照危险废物转移流水号依次编制。联单由直辖市人民政府环境保护行政主管部门发放的，其编号第三位、第四位数字为零。

危险废物产生单位每转移一车、船（次）同类危险废物，应当填写一份联单。危险废物产生单位应当如实填写联单中产生单位栏目，并加盖公章，经交付危险废物运输单位核实签字后，将联单第一联副联自留存档，将联单第二联副联交移出地环境保护行政主管部门，联单其余各联交付运输单位随危险废物转移运行。

危险废物运输单位应当如实填写联单的运输单位栏目，按照国家有关危险物品运输的规定，将危险废物安全运抵联单载明的接受地点，并将联单第一联副联、第二联副联、第三联、第四联、第五联随转移的危险废物交付危险废物接受单位。

危险废物接受单位应当按照联单填写的内容对危险废物核实验收，如实填写联单中接受单位栏目并加盖公章。接受单位应当将联单第一联副联、第二联副联自接受危险废物之日起十日内交付产生单位，联单第一联副联由产生单位自留存档，联单第二联副联由产生单位在两日内报送移出地环境保护行政主管部门；接受单位将联单第三联交付运输单位存档；将联单第四联自留存档；将联单第五联自接受危险废物之日起两日内报送接受地环境保护行政主管部门。

转移危险废物采用联运方式的，前一运输单位须将联单各联交付后一运输单位随危险废物转移运行，后一运输单位必须按照联单的要求核对联单产生单位栏目事项和前一运输单位填写的运输单位栏目事项，经核对无误后填写联单的运输单位栏目并签字。经后一运输单位签字的联单第三联的复印件由前一运输单位自留存档，经接受单位签字的联单第三联由最后一运输单位自留存档。

联单保存期限为五年；贮存危险废物的，其联单保存期限与危险废物贮存期限相同。

### 6.5.3 危险废物的越境转移

危险废物的越境转移应遵从《巴塞尔公约》的要求。

危险废物由一国向另一国转移的事件时有发生，危险废物及其他废物的越境迁移对人类和环境可能造成严重的损害，为了防止或减少其危害，1989 年 3 月，34 个国家签署了《巴塞尔公约》。公约的目标在于加强各国在控制危险废物越境迁移和处置方面的合作，促进其环境安全管理，保护环境和人类的健康。

6.5.3.1 《巴塞尔公约》的基本原则

首先，所有国家都应禁止输入危险废物；其次，应尽量减少危险废物的产生量；再次，对于不可避免产生的危险废物，应尽可能以对环境无害的方式处置，并应尽量在产生地处置，须帮助发展中国家建立起最有效的管理危险废物的能力；最后，只有在特殊情况下，当危险废物产生国没有合适的处置设施时，才允许将危险废物出口到其他国家，并以对人体健康和环境更为安全的方式处置。

6.5.3.2 控制危险废物越境转移的措施

为控制危险废物的越境转移，公约主要采取以下措施：

（1）缔约国有权禁止危险废物的出口。

（2）建立通知制度，即在酝酿进行危险废物的越境转移时，必须将有关危险废物的详细资料通过出口国主管部门预先通知进口国和过境国的主管部门，以便有关主管部门对转移的风险进行评价。通知制度是公约的核心内容。

（3）只有在得到进口国和过境国主管部门书面答复同意后，才能允许开始危险废物的越境转移。

（4）如果进口国没有能力对进口的危险废物以对环境无害的方式进行处理，出口国的主管当局有责任拒绝危险废物的出口。

（5）缔约国不得允许向非缔约国出口或从非缔约国进口危险废物，除非有双边、多边或区域协定，而且这些协定与公约的规定相符。

## 6.6 固体废物的固化和稳定化

### 6.6.1 固化 / 稳定化处理技术概述

固化 / 稳定化处理技术作为废物最终处置的预处理技术在国内外的应用非常广泛，尤其是处理重金属废物和其他非金属危险废物的重要手段。

（1）固化 / 稳定化处理的目的

固化 / 稳定化处理的目的在于改变废物的工程特性，即增加废物的机械强度，减少废物的可压缩性和渗透性，降低废物中有毒有害组分的毒性（危害性）、溶解性和迁移性，使有害物质转化成物理或化学特性更加稳定的物质，以便于废物的运输、处置和利用，降低废物对环境与健康的风险。

（2）固化 / 稳定化处理的定义和方法

固化 / 稳定化处理的过程是污染物经过化学转变，引入到某种稳定的固体物质的晶格中去，或者通过物理过程把污染物直接渗入到惰性基材中去。固化时所用的惰性材料叫固化剂；有害废物经过固化处理所形成的块状密实体称为固化体。

（3）固化 / 稳定化处理的基本要求

①固化体是密实的、具有一定几何形状和稳定的物理化学性质，有一定的抗压强度；

②有毒有害组分浸出量满足相应标准要求，即符合浸出毒性标准；

③固化体的体积尽可能小，即体积增加率尽可能地小于掺入的固体废物的体积；

④处理工艺过程简单、便于操作，无二次污染，固化剂来源丰富，价廉易得，处理费用或成本低廉；

⑤固化体要有较好的导热性和热稳定性，以防内热或外部环境条件改变造成固化体自融化或结构破损，污染物泄漏。尤其是放射性废物的固化体，还要有较好的耐辐射稳定性。

## 6.6.2 危险废物固化处理方法

根据固化基材及固化过程，目前常用的固化处理方法主要包括：水泥固化；石灰固化；塑性材料固化；有机聚合物固化；自胶结固化；熔融固化（玻璃固化）和陶瓷固化。这些方法已用于处理许多废物。

### 6.6.2.1 水泥固化

（1）水泥固化的基本理论

水泥是最常用的危险废物稳定剂，由于水泥是一种无机胶结材料，经过水化反应后可以生成坚硬的水泥固化体，所以在处理废物时最常用的是水泥固化技术。

水泥固化法应用实例比较多：以水泥为基础的固化 / 稳定化技术已经用来处置含不同金属的电镀污泥，诸如含 Cd、Cr、Cu、Pb、Ni、Zn 等金属的电镀污泥；水泥也用来处理复杂的污泥，如多氯联苯（氯化联苯，PCBs）、油和油泥，含有氯乙烯和二氯乙烷的废物，多种树脂，被固化 / 稳定化的塑料、石棉、硫化物以及其他物料。实践证明，用水泥进行的固化 / 稳定化处置对 As、Cd、Cu、Pb、Ni、Zn 等的稳定化是有效的。

（2）水泥固化基材及添加剂

由于废物组成的特殊性，水泥固化过程中常常会遇到混合不均、凝固过早或过晚、操作难以控制等困难，同时所得固化产品的浸出率高、强度较低。为了改善固化产品的性能，固化过程中需视废物的性质和对产品质量的要求，添加适量的必要添加剂。添加剂分为有机添加剂和无机添加剂两大类，无机添加剂有蛭石、沸石、多种黏土矿物、水玻璃、无机缓凝剂、无机速凝剂和骨料等；有机添加剂有硬脂肪酸丁酯、柠檬酸等。

（3）水泥固化的工艺过程

水泥固化工艺较为简单，通常是把有害固体废物、水泥和其他添加剂一起与水混合，经过一定的养护时间而形成坚硬的固化体。固化工艺的配方是根据水泥的种类处理要求以及废物的处理要求制定的，大多数情况下需要进行专门的试验。对于废物稳定化的最基本要求是对关键有害物质的稳定效果，它是通过低浸出速率体现的。除此之外，还需要达到一些特定的要求。影响水泥固化的因素很多，为在各种组分之间得到良好的匹配性能，在固化操作中需要严格控制以下各种条件：

① pH 值

当 pH 值较高时，许多金属离子将形成氢氧化物沉淀，且 pH 值较高时，水中的 $CO_2$ 浓度也高，有利于生成碳酸盐沉淀。

②水、水泥和废物的量比

水分过小，则无法保证水泥的充分水化作用；水分过大，则会出现泌水现象，影响固化块的强度。水泥与废物之间的量比需要由试验确定。

③凝固时间

为确保水泥废物混合浆料能够在混合以后有足够的时间进行输送、装桶或者浇筑，必须适当控制初凝时间和终凝时间。通常设置的初凝时间大于 2h，终凝时间在 48h 以内。凝结时间的控制是通过加入促凝剂（偏铝酸钠、氯化钙、氢氧化铁等无机盐）、缓凝剂（有机物、泥砂、硼酸钠等）来完成的。

④其他添加剂

为使固化体达到良好的性能，还经常加入其他成分。例如，过多的硫酸盐会由于生成水化硫铝酸钙而导致固化体的膨胀和破裂，如加入适当数量的沸石或蛭石，即可消耗一定的硫酸或硫酸盐。为减小有害物质的浸出速率，也需要加入某些添加剂，如可加入少量硫化物以有效地固定重金属离子等。

⑤固化块的成型工艺

主要目的是达到预定的机械强度，尤其是当准备利用废物处理后的固化块作为建筑材料时，达到预定强度的要求就变得十分重要，通常需要达到 10MPa 以上的指标。

（4）混合方法及设备

水泥固化混合方法的经验大部分来自核废物处理，近年来逐渐应用于危险废物。

混合方法的确定需要考虑废物的具体特性。

①外部混合法

将废物、水泥、添加剂和水单独在混合器中进行混合，经过充分搅拌后注入处置容器中。该法需要设备较少，可以充分利用处置容器的容积，但在搅拌混合以后的混合器需要洗涤，不但耗费人力，还会产生一定数量的洗涤废水。

②容器内混合法

直接在最终处置使用的容器内进行混合，然后用可移动的搅拌装置混合。其优点是不产生二次污染物，但由于处置所用的容器体积有限（通常所用的200L的桶），不但充分搅拌困难，而且势必需要留下一定的无效空间，大规模应用时，操作的控制也较为困难。该法适用于处置危害性大但数量不太多的废物，例如放射性废物。

③注入法

对于原来粒度较大或粒度十分不均匀、不便进行搅拌的固体废物，可以先把废物放入桶内，然后再将制备好的水泥浆料注入，如果需要处理液态废物，也可以同时将废液注入。为了混合均匀，可以将容器密封以后放置在以滚动或摆动方式运动的台架上。但应该注意的是，有时物料的拌合过程会产生气体或放热，导致容器的压力提升。此外，为了达到混匀的效果，容器不能完全充满。

#### 6.6.2.2 石灰/粉煤灰固化

石灰固化是指以石灰、垃圾焚烧飞灰、水泥窑灰以及熔矿炉炉渣等具有火山灰反应或波索来反应的物质为固化基材而进行的危险废物固化/稳定化的操作。常用的技术是以加入氢氧化钙（熟石灰）使污泥得到稳定。使用石灰作为稳定剂也和使用烟道灰一样具有提高pH值的作用，此种方法也基本应用于处理重金属污泥等无机污染物。

#### 6.6.2.3 塑性材料固化

塑性材料固化法属于有机性固化/稳定化处理技术，由使用材料的性能不同可以把该技术划分为热固性塑料包容和热塑性材料包容两种方法。

（1）热固性塑料包容

热固性塑料是指在加热时会从液体变成固体并硬化的材料，其与一般物质的不同之处在于，这种材料即使以后再次加热也不会重新液化或软化。它实际上是一种由小分子变成大分子的交链聚合过程。处理危险废物也常常使用热固性有机聚合物达到稳定化。它是用热固性有机单体例如脲醛和已经经过粉碎处理的废物充分地混合，在助絮剂和催化剂的作用下产生聚合以形成海绵状的聚合物质，从而在每个废物颗粒的周围形成一层不透水的保护膜。该法的主要优点是与其他方法相比，大部分引入较低密度的物质，所需要的添加剂数量也较少。热固性塑料包容法在过去曾是固化低水平有机放射性废物（如放射性离子交换树脂）的重要方法之一，同时也可用于稳定非蒸发性的、液体状态的有机危险废物。由于需要对所有废物颗粒进行包封，在适当选择包容物质的条件下，可以达到十分理想的包容效果。

此方法的缺点是操作过程复杂，热固性材料自身价格高昂。由于操作中有机物的挥发，容易引起燃烧起火，所以通常不能在现场大规模应用。可以认为该法只能处理少量、高危害性废物，例如剧毒废物、医院或研究单位产生的少量放射性废物等。不过，仍然有人认为,未来也可能在对有机物污染土地的稳定化处理方面有大规模应用的前途。

（2）热塑性材料包容

用热塑性材料包容时可以用熔融的热塑性物质在高温下与危险废物混合，以达到对其稳定化的目的。可以使用的热塑性物质如沥青、石蜡、聚乙烯、聚丙烯等。在冷却以后，废物就为固化的热塑性物质所包容，包容后的废物可以在经过一定的包装后进行处置。在20世纪60年代末期所出现的沥青固化，因为处理价格较为低廉，被大规模应用于处理放射性废物。由于沥青具有化学惰性，不溶于水，具有一定的可塑性和弹性，故对于废物具有典型的包容效果。在有些国家，该法被用来处理危险废物和放射性废物的混合废物，但处理后的废物是按照放射性废物的标准处置的。

该法的主要缺点是在高温下进行操作会带来很多不便之处，而且较耗费能量；操作时会产生大量的挥发性物质，其中有些是有害物质；另外，有时在废物中含有影响稳定剂的热塑性物质或者某些溶剂，影响最终的稳定效果。

在操作时，通常是先将废物干燥脱水，然后将聚合物与废物在适当的高温下混合，并在升温的条件下将水分蒸发掉。该法可以使用间歇式工艺，也可以使用连续操作的设备。与水泥等无机材料的固化工艺相比，除了污染物的浸出率低外，由于需要的包容材料少，又在高温下蒸发了大量的水分，它的增容率也就较低。

#### 6.6.2.4 自胶结固化

自胶结固化是利用废物自身的胶结特性来达到固化目的的方法。该技术主要用来处理含有大量硫酸钙和亚硫酸钙的废物，如磷石膏、烟道气脱硫废渣等。废物中的二水石膏含量最好高于80%。

废物中所含有的硫酸钙与亚硫酸钙均以二水化物的形式存在，其形式为$CaSO_4 \cdot 2H_2O$与$CaSO_3 \cdot 2H_2O$，将它们加热到107～170℃，即达到脱水温度，此时将逐渐生成$CaSO_4 \cdot 1/2H_2O$和$CaSO_3 \cdot 1/2H_2O$，这两种物质在遇到水以后，会重新恢复为二水化物，并迅速凝固和硬化。将含有大量硫酸钙和亚硫酸钙的废物在控制的温度下燃烧，然后与特制的添加剂和填料混合成为稀浆，经过凝结硬化过程即可形成自胶结固化体。这种固化体具有抗渗透性高、抗微生物降解和污染物浸出率低的特点。

自胶结固化法的主要优点是工艺简单，不需要加入大量添加剂，该法已经在美国大规模应用。美国泥渣固化技术公司（SFT）利用自胶结固化原理开发了一种名为Terra–Crete的技术，用以处理烟道气脱硫的泥渣。其工艺流程是：首先将泥渣送入沉降槽，进行沉淀后再将其送入真空过滤器脱水；得到的滤饼分为两路处理，一路送到混合器，另一路送到煅烧器进行燃烧，经过干燥脱水后转化为粘结剂，并被送到贮槽储藏；最后将煅烧产品、添加剂、粉煤灰一并送到混合器中混合，形成黏土状物质。添加剂与燃烧产品在物料总量中的比例应大于10%。固化产物可以送到填埋场处置。

6.6.2.5 固化 / 稳定化技术的适应性

不同种类的废物对不同固化 / 稳定化技术的适应性不同，具体情况见表6–6–1。

不同种类的废物对不同固化 / 稳定化技术的适应性　　表6–6–1

| 废物成分 | | 处理技术 | | | |
|---|---|---|---|---|---|
| | | 水泥固化 | 石灰等材料固化 | 热塑性微包容法 | 大型包容法 |
| 有机物 | 有机溶剂和油 | 影响凝固 | 有机气体挥发 | 加热时有机气体逸出 | 先用固体基料吸附 |
| 有机物 | 固态有机物（如塑料、树脂、沥青） | 可适应，能提高固化体的耐久性 | 可适应，能提高固化体的耐久性 | 有可能作为凝结剂来使用 | 可适应，可作为包容材料使用 |
| 无机物 | 酸性废物 | 水泥可中和酸 | 可适应，能中和酸 | 应先进行中和处理 | 应先进行中和处理 |
| 无机物 | 氧化剂 | 可适应 | 可适应 | 会引起基料的破坏甚至燃烧 | 会破坏包容材料 |
| 无机物 | 硫酸盐 | 影响凝固，除非使用特殊材料，否则会引起表面剥落 | 可适应 | 会发生脱水反应和再水合反应引起泄漏 | 可适应 |
| 无机物 | 卤化物 | 很容易从水泥中浸出，妨碍凝固 | 妨碍凝固，会从水泥中浸出 | 会发生脱水反应和再水合反应引起泄漏 | 可适应 |
| 无机物 | 重金属盐 | 可适应 | 可适应 | 可适应 | 可适应 |
| 无机物 | 放射性废物 | 可适应 | 可适应 | 可适应 | 可适应 |

## 6.6.3 药剂稳定化处理技术

6.6.3.1 概述

药剂稳定化是利用化学药剂通过化学反应使有毒有害物质转变为低溶解性、低迁移性及低毒性物质的过程。

用药剂稳定化方法来处理危险废物，根据废物中所含重金属的种类可以采用的稳定化药剂有石膏、漂白粉、硫代硫酸钠、硫化钠和高分子有机稳定剂。

药剂稳定化技术以处理重金属废物为主，到目前为止已发展了许多重金属稳定化技术，包括 pH 控制技术、氧化 / 还原电势控制技术、沉淀技术、吸附技术、离子交换技术及其他技术。

#### 6.6.3.2 重金属废物药剂稳定化技术

（1）pH 控制技术

这是一种最普遍、最简单的方法。其原理为：加入碱性药剂，将废物的 pH 值调整至重金属离子具有最小溶解度的范围，从而实现其稳定化。常用的 pH 调整剂有石灰、苏打、氢氧化钠等。另外，除了这些常用的强碱外，大部分固化基材如普通水泥、石灰窑灰渣、硅酸钠等也都是碱性物质，它们在固化废物的同时，也有调整 pH 值的作用。另外，石灰及一些类型的黏土可用作 pH 缓冲材料。

（2）氧化 / 还原电势控制技术

为了使某些重金属离子更易沉淀，常需将其还原为最有利的价态。最典型的是把六价铬（$Cr^{6+}$）还原为三价铬（$Cr^{3+}$）、五价砷（$As^{5+}$）还原为三价砷（$As^{3+}$）。常用的还原剂有硫酸亚铁、硫代硫酸钠、亚硫酸氢钠、二氧化硫等。

（3）沉淀技术

常用的沉淀技术包括氧化物沉淀、硫化物沉淀、硅酸盐沉淀、碳酸盐沉淀、磷酸盐沉淀、汞沉淀、无机络合物沉淀和有机络合物沉淀。

（4）吸附技术

作为处理重金属废物的常用吸附剂有：活性炭、黏土、金属氧化物（氧化铁、氧化镁、氧化铝等）、天然材料（锯末、砂、泥炭等）、人工材料（飞灰、活性氧化铝、有机聚合物等）。研究发现，一种吸附剂往往只对某一种或某几种污染物具有优良的吸附性能，而对其他污染成分则效果不佳。例如，活性炭对吸附有机物最有效，活性氧化铝对镍离子的吸附能力较强，而其他吸附剂对这种金属离子却表现出无能为力。

（5）离子交换技术

最常见的离子交换剂是有机离子交换树脂、天然或人工合成的沸石、硅胶等。用有机树脂和其他的人工合成材料去除水中的重金属离子通常是非常昂贵的，而且和吸附一样，这种方法一般只适用于给水和废水处理。另外，还需注意的是，离子交换与吸附都是可逆的过程，如果逆反应发生的条件得到满足，污染物将会重新逸出。

可以大规模应用的重金属稳定化的方法是比较有限的，但由于重金属在危险废物中存在形态的千差万别，具体到某一种废物，需根据所要达到的处理效果选择适当的处理方法和实施工艺。

### 6.6.4　固化 / 稳定化处理效果的评价指标

危险废物在经过固化 / 稳定化处理以后是否真正达到了标准，需要对其进行有效的测试，以检验经过稳定化的废物是否会再次污染环境，或者固化以后的材料是否能够被用作建筑材料等。为了评价废物稳定化的效果，各国环保部门都制定了一系列的测试方法。

很明显，人们不可能找到一个理想的、适用于一切废物的测试技术。每种测试得到的结果都只能说明某种技术对于特定废物的某一些污染特性的稳定效果。固化 / 稳定化处理效果的评价指标主要有浸出率、增容比、抗压强度等。

（1）浸出率

浸出率指固化体浸于水中或其他溶液中时，其中有害物质的浸出速度。因为固化体中的有害物质对环境和水源的污染，主要是由于有害物质溶于水所造成的，所以，浸出率是评价无害化程度的指标。其数学表达式为：

$$R_{in}=\frac{\alpha_r / A_0}{(F/M)t} \tag{6-6-1}$$

式中 $R_{in}$——浸出率；

$\alpha_r$——浸出时间内浸出的有害物质的量；

$A_0$——样品中含有的有害物质的量；

$t$——浸出时间；

$F$——样品暴露的表面积；

$M$——样品的质量。

（2）增容比

增容比指所形成的固化体体积与被固化有害废物体积的比值。增容比是评价减量化程度的指标，其数学表达式为：

$$C_i=\frac{V_2}{V_1} \tag{6-6-2}$$

式中 $C_i$——增容比；

$V_2$——固化体体积；

$V_1$——固化前有害废物的体积。

（3）抗压强度

抗压强度指固化体在静压作用下破碎时的负荷值。由于废物经过固化后，通常都要将得到的固化体进行填埋处置或用作填料。为避免出现因破碎和散裂从而增加暴露的表面积和污染环境的可能性，就要求固化体具有一定的结构强度。

对于最终进行填埋处置或装桶贮存的固化体，抗压强度要求较低，一般控制在1～5MPa；对于准备作建筑材料使用的固化体，抗压强度要求在10MPa以上，浸出率也要尽可能低。抗压强度是评价无害化和可资源化程度的指标。

### 6.6.5 固化/稳定化处理案例

以某危险废物处置中心固化处理工段设计为例，采用水泥固化为主、药剂稳定化为辅的工艺技术路线，并分别从废物种类和规模、配比方案、固化工艺流程和主体设备参数及主要技术经济指标等方面进行分析和探讨，为同类项目建设提供借鉴和参考。

#### 6.6.5.1 废物种类、规模和配比方案

根据对项目建设区域有关废物进行毒性浸出试验（TCLP）的结果分析，其重金属类废物、残渣类废物等浸出浓度均高于《危险废物填埋污染控制标准》GB 18598—2019的限值。项目处理规模为8404t/a，废物种类和各项废物处理规模见表6-6-2。

废物种类和处理规模　　表6-6-2

| 废物种类 | 污染成分 | 性状 | 特性 | 处理量（t/a） |
|---|---|---|---|---|
| 焚烧飞灰 | 重金属 | 固 | T | 2584 |
| 物化残渣 | 重金属 | 固 | T | 1660 |
| 回收残渣 | 铅、酸 | 固 | T | 750 |
| 重金属废物 | 铅、铬 | 固 | T | 2995 |
| 废酸残渣 | 酸 | 固 | T | 415 |
| 合计 | | | | 8404 |

#### 6.6.5.2 固化工艺流程

将需固化的废料及其固化剂、药剂采样送实验室进行分析，并将最佳配比等参数提供给固化车间。需固化处理的含重金属、残渣类废物通过车辆运送到固化车间，倒入配料机的骨料仓，并经过卸料、计量和输送等过程进入混合搅拌机。水泥、粉煤灰药剂和水等物料按照实训所得的比例通过各自的输送系统送入搅拌机，连同废物料在混合搅拌槽内进行搅拌。其中水泥、粉煤灰和飞灰由螺旋输送机输送再称量后进入固化搅拌机拌合料槽；固化用水、药剂通过泵计量送入搅拌机料槽。物料混合搅拌均匀后，开闸卸料，通过皮带输送机输送到砌块成型机成型。成型后的砌块体放入链板机的托板上，通过叉车送入养护厂房进行养护处理。养护凝硬后取样检测，合格品用叉

车直接运至安全填埋场填埋，不合格品由养护厂房返回预处理间经破碎后重新处理。固化工艺流程见图 6–6–1。

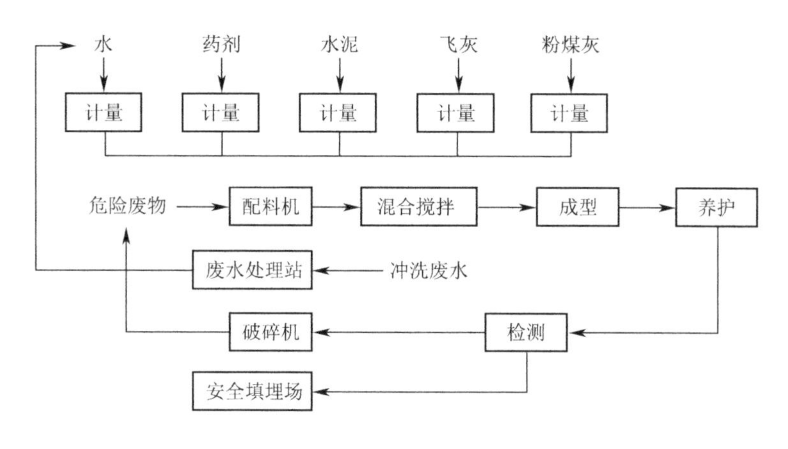


图 6–6–1　固化工艺流程

6.6.5.3　主要技术经济指标

主要技术经济指标见表 6–6–3。

主要技术经济指标　　表 6–6–3

| 处理规模（t/a） | 总占地面积（$m^2$） | 建筑面积（$m^2$） | 硫脲消耗（t/a） | 氢氧化钠消耗（t/a） | 次氯酸钠消耗（t/a） | 柴油消耗（t/a） | 总投资（万元） | 单位处理成本（元/t） |
|---|---|---|---|---|---|---|---|---|
| 8404 | 1100 | 400 | 17 | 15 | 15 | 2 | 620.04 | 289.70 |

6.6.5.4　结论和建议

该项目含重金属类废物在处置废物总量中所占比例较大，考虑部分采用药剂稳定化技术进行处理，不但能大大降低由于使用水泥或石灰而增加的体积，节省大量库容，延长填埋场使用寿命，而且经药剂稳定化处理后的重金属类废物比较容易达到危险废物填埋污染控制标准要求，减少处理后废物二次污染的风险。

由于危险废物的种类繁多、成分复杂、有害物含量变化幅度大，需要通过分析、实训来确定每一批废物的处理工艺和配方，并根据配方确定药剂品种及用量。

为了方便操作和运行管理，提高物料配比的准确度。单种类型废物物料应采用单一混合搅拌，不同的时段搅拌不同的废物，不同类型废物物料不宜同时混合搅拌。

# 6.7 危险废物的焚烧处理

## 6.7.1 概述

焚烧可以有效破坏废物中的有毒、有害、有机废物，是实现危险废物减量化、无害化的最快捷、最有效的技术。危险废物焚烧的目的是实现危险废物减量化和无害化，并可以回收利用余热。单靠焚烧不能解决问题时，还需要采取一系列其他措施，如预处理、残渣处理、气体处理等，并配备训练有素的操作人员，因设计和建造危险废物焚烧炉需要实际经验。

## 6.7.2 危险废物焚烧炉类型及性能指标

### 6.7.2.1 焚烧炉类型

目前危险废物焚烧处理设施多为石油化工、医药工业和化工企业所拥有，数量不少，但规模不大。国内目前使用的工业危险废物焚烧炉多为旋转窑焚烧炉、液体喷射焚烧炉，其次为热解焚烧炉，也有流化床焚烧炉、多层焚烧炉等。但无论哪种焚烧炉，都应具备如表 6–7–1 所示的性能指标和如表 6–7–2 所示危险废物焚烧炉大气污染排放限值。用于焚烧的技术很多，目前关于焚烧炉技术普遍认为：卧式焚烧炉优于立式，炉排型焚烧炉优于回转窑和流化床焚烧炉，往复式炉排焚烧炉优于链条式炉排焚烧炉，明火燃烧方式优于焖火燃烧方式，合金钢炉排优于球墨铸铁炉排。一般焚烧炉使用年限为 20 年，在焚烧工艺上选择焚烧炉炉型是一个关键核心。

### 6.7.2.2 性能指标

（1）焚烧炉温度

指焚烧炉燃烧室出口中心的温度。

（2）烟气停留时间

指燃烧产生的烟气从最后的空气喷射口或燃烧器出口到换热面（如余热锅炉换热器）或烟道冷风引射出口之间的停留时间。

（3）燃烧效率（CE）

指烟道排出气体中二氧化碳浓度与二氧化碳和一氧化碳浓度之和的百分比。用以下公式表示：

$$CE = \frac{[CO_2]}{[CO_2]+[CO]} \times 100\% \qquad (6\text{–}7\text{–}1)$$

（4）焚毁去除率（DRE）

指某有机物经焚烧后所减少的百分比，用以下公式表示：

$$DRE = \frac{W_i - W_o}{W_i} \times 100\% \tag{6-7-2}$$

式中 $W_i$——单位时间内被焚烧的有机化合物的质量（kg/h）；

$W_o$——单位时间内随烟气排出的与 $W_i$ 相应的特征有机化合物的质量（kg/h）。

（5）热灼减率（$P$）

指焚烧残渣经热灼减少的质量占原焚烧残渣质量的百分数。其计算方法如下：

$$P = \frac{A - B}{A} \times 100\% \tag{6-7-3}$$

式中 $P$——热灼减率（%）；

$A$——（105±25）℃干燥 1h 后的原始焚烧残渣在室温下的质量（g）；

$B$——焚烧残渣经（600±25）℃灼烧 3h 后冷却至室温的质量（g）。

**危险废物焚烧炉的技术性能指标　　表 6-7-1**

| 指标 | 焚烧炉高温段温度（℃） | 烟气停留时间（s） | 烟气含氧量（干烟气，烟囱取样口） | 烟气一氧化碳浓度（$mg/m^3$）（烟囱取样口） | | 燃烧效率 | 焚毁去除率 | 热灼减率 |
|---|---|---|---|---|---|---|---|---|
| 限值 | ≥1100 | ≥2.0 | 6%～15% | 1h 均值 | 24h 均值或日均值 | ≥99.9% | ≥99.99% | <5% |
| | | | | ≤100 | ≤80 | | | |

**危险废物焚烧设施烟气污染物排放浓度限值（单位：$mg/m^3$）　　表 6-7-2**

| 序号 | 污染物项目 | 限值 | 取值时间 |
|---|---|---|---|
| 1 | 颗粒物 | 30 | 1h 均值 |
| | | 20 | 24h 均值或日均值 |
| 2 | 一氧化碳（CO） | 100 | 1h 均值 |
| | | 80 | 24h 均值或日均值 |
| 3 | 氮氧化物（$NO_x$） | 300 | 1h 均值 |
| | | 250 | 24h 均值或日均值 |
| 4 | 二氧化硫（$SO_2$） | 100 | 1h 均值 |
| | | 80 | 24h 均值或日均值 |
| 5 | 氟化氢（HF） | 4.0 | 1h 均值 |
| | | 2.0 | 24h 均值或日均值 |
| 6 | 氯化氢（HCl） | 60 | 1h 均值 |
| | | 50 | 24h 均值或日均值 |

续表

| 序号 | 污染物项目 | 限值 | 取值时间 |
|---|---|---|---|
| 7 | 汞及其化合物（以 Hg 计） | 0.05 | 测定均值 |
| 8 | 铊及其化合物（以 Tl 计） | 0.05 | 测定均值 |
| 9 | 镉及其化合物（以 Cd 计） | 0.05 | 测定均值 |
| 10 | 铅及其化合物（以 Pb 计） | 0.5 | 测定均值 |
| 11 | 砷及其化合物（以 As 计） | 0.5 | 测定均值 |
| 12 | 铬及其化合物（以 Cr 计） | 0.5 | 测定均值 |
| 13 | 锡、锑、铜、锰、镍、钴及其化合物（以 Sn+Sb+Cu+Mn+Ni+Co 计） | 2.0 | 测定均值 |
| 14 | 二噁英类（ng TEQ/$Nm^3$） | 0.5 | 测定均值 |

注：表中污染物限值为基准氧含量排放浓度。

### 6.7.3 危险废物焚烧厂址选择条件

焚烧厂址选择须符合城市总体发展规划和环境保护专业规划，符合当地的大气污染防治、水资源保护和自然生态保护要求，并应通过环境影响和环境风险评价。同时选择应综合考虑危险废物焚烧厂的服务区域、交通、实地利用现状、基础设施状况、运输距离及公众意见等因素。

厂址条件应符合下列要求：

（1）不允许建设在《地表水环境质量标准》GB 3838—2002 中规定的地表水环境质量Ⅰ类、Ⅱ类功能区和《环境空气质量标准》GB 3095—2012 中规定的环境空气质量一类功能区，即自然保护区、风景名胜区、人口密集的居住区、商业区、文化区和其他需要特殊保护的地区。

（2）焚烧厂内危险废物处理设施距离主要居民区以及学校、医院等公共设施的距离应不小于 800m。

（3）应具备满足工程建设要求的工程地质条件和水文地质条件。不应建在受洪水、潮水或内涝威胁的地区，受条件限制，必须建在上述地区时，应具备抵御 100 年一遇洪水的防洪、排涝措施。

（4）厂址选择时，应充分考虑焚烧产生的炉渣及飞灰的处理与处置，并宜靠近危险废物安全填埋场。

（5）应有可靠的电力供应。

（6）应有可靠的供水水源和污水处理及排放系统。

（7）焚烧厂人流和物流的出入口设置应符合城市交通有关要求，实现人流和物流分离，方便危险废物运输车进出。

（8）焚烧厂生产附属设施和生活服务设施等辅助设施应根据社会化服务原则统筹考虑，避免重复建设。

（9）焚烧厂周围应设置围墙或其他防护栅栏，防止家畜和无关人员进入。

（10）焚烧厂内作业区周围应设置集水池，并且能够收集25年一遇暴雨的降水量。

### 6.7.4 危险废物焚烧工艺流程

一个管理完善的危险废物焚烧厂除了中心部分以外，还有其他一系列非常重要的装置。例如，图6–7–1显示的是一个危险废物焚烧厂的块状流程图。要焚烧处理的废物的质量和成分决定了所要采用的燃烧装置和其他装置的设计，如预处理、热量回收、废气回收等。

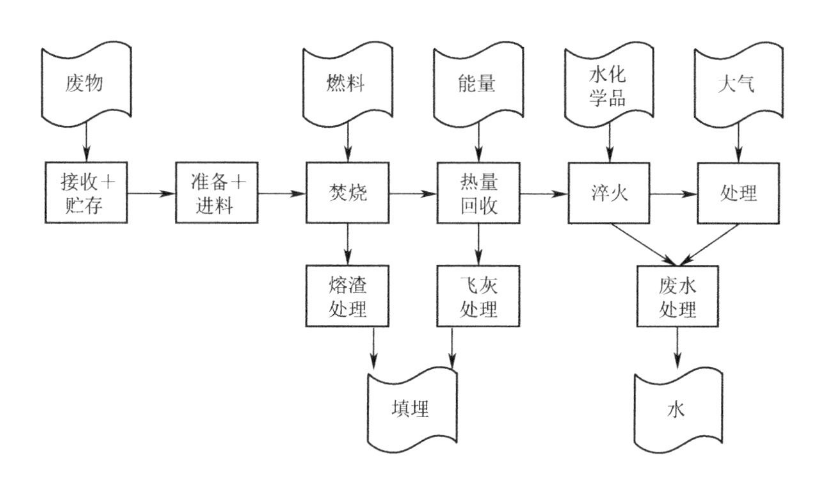


图6–7–1　危险废物焚烧工艺流程

### 6.7.5 医疗废物的焚烧处理案例

以青岛市固体废物无害化处理中心医疗废物的处理为例。

#### 6.7.5.1 工艺路线

废物收集→运输→暂存→进料→热解焚烧→烟气换热→烟气急冷→烟气过滤→酸气吸收→二噁英吸附→烟气排放。

#### 6.7.5.2 关键技术

焚烧装置主要包括以下几部分：进料系统、热解焚烧系统、烟气净化系统、自动控制系统、在线监测系统、应急管理系统等。其中采用了以下几个方面的关键技术。

（1）热解焚烧技术

热解焚烧技术对以下几个关键技术做了重大改进，做到了对焚烧的有效控制，以提高废物焚烧的效率。

①焚烧温度控制。一燃室、二燃室炉温均控制在900～1100℃。

②滞留时间控制。为保证废物及产物全部分解，装置的烟气在二燃室内停留时间大于2.0s。

③焚烧炉炉体材料。炉体采用优质高铝的耐火材料砌成，具有耐腐蚀、耐高温、高强度等优点，可以延长炉体的使用寿命，减少耐火材料的维修次数，降低运行成本。

④焚烧炉炉排结构。装置的上、下炉排均为活动炉排，并分为定排和动排，均采用耐高温不锈钢制作，耐磨、耐腐蚀性好。翻动次数、翻转角度可调。该装置运行周期长，故障少，可调性好，操作方便。

⑤有害物质销毁率。高销毁率，DRE ≥ 99.9%。

⑥空气扰动。为使废物及燃烧产物全部分解，必须加强空气与废物、空气与烟气的充分接触混合，扩大接触面积，使有害物在高温下短时间内氧化分解。焚烧炉有独特的供风系统，对废物的充分燃烧起到了有效作用。

（2）烟气净化技术

采用先干式除尘，再进行湿式酸性气体吸收的工艺路线，既能达到较高的烟气净化效果，又最大限度地减少二次废物的产生量。

烟气净化工艺流程为：

烟气急冷→袋滤器除尘→低能文丘里填料酸气吸收→活性炭吸附。

烟气净化技术在以下几个关键技术点上做到了有效控制：

①烟气急冷

装置中烟气冷却由水冷器、空冷器、喷水急冷塔组成。

水冷器和空冷器主要用于高温段烟气冷却，重点在余热利用，即一方面产生热水供淋浴使用（也可根据用户要求，选用余热锅炉供应蒸汽），另一方面将助燃空气加热到200～300℃之间送入焚烧炉，以提高焚烧效率、降低助燃油的消耗量。

采用喷水急冷的方法，即通过高效雾化喷水将少量冷却水雾化成极小的雾滴与烟气直接进行热交换而变成水蒸气，在1.0s之内快速将烟气冷却到200℃以下。在以往技术的基础之上又进行了改进，即将冷却水改为碱液（$Na_2CO_3$溶液），可同时进行酸性气体的中和净化。

②袋滤器除尘

采用可在160～200℃下工作的特殊滤材作为过滤介质，它对于微米级的粉尘粒子具有很高的过滤效率；表面光滑、耐腐蚀、耐高温，尘饼易于脱落，有利于清灰。

③低能文丘里和填料吸收

采用$Na_2CO_3$溶液作为吸收液，吸收液循环使用，待吸收液接近中性后排出，然后再补充配制的新碱液。废吸收液可外送到专业污水处理厂进行处理。

④活性炭粉吸附床

在工艺设计中采取了以下几点抑制二噁英产生及净化的措施：

a. 采用热解焚烧工艺，燃烧完全程度高，飞灰量低；

b. 燃烧炉温度维持在900～1100℃的高温范围；

c. 中温段的烟气采用喷水急冷方式，快速跨过烟气中的二噁英生成段；

d. 使用预敷活性炭的高效袋滤器进行捕集。

采取上述措施后，正常情况下应该可以满足二噁英的净化要求，但是考虑到废物组成的波动性、袋滤器反吹清灰时活性炭预敷的滞后性、焚烧系统启动及停车状态下的不稳定性，在装置的末端增设一级后备式活性炭吸附器，确保二噁英的达标排放。间隔一段时间后，更换下的废活性炭可返回焚烧炉中高温焚烧处理。

（3）辅助燃烧技术

辅助燃烧技术具有全自动管理燃烧程序、火焰检测、自动判断与提示故障等功能；出口油压稳定，燃烧均匀充分无烟；根据焚烧炉设定温度进行自动补偿；节省能源消耗，低成本运行。实现了自热式热解和燃气预燃烧，绝大部分情况下，无须外加辅助燃料助燃，较国内其他同类产品运行成本明显降低。

（4）安全防腐措施

根据物料的化学成分，物料在焚烧后的烟气中含有粉尘、HCl、$NO_x$、水蒸气等复杂组分，酸碱交替，冷热交替，干湿交替，腐蚀与磨损并存，设备必须承受多种多样的物理化学反应及温度和机械负荷，特别是其中的HCl是导致设备腐蚀的主体。因此，设备的防腐直接关系到设备的使用寿命。系统在安全防腐技术上的最大特点是根据不同温度采取了分段式防腐措施，同时采取如下防护措施：

①耐火炉衬：一燃室和二燃室用抗腐蚀耐火材料砌筑而成；

②炉排采用耐高温不锈钢，具有耐腐蚀、耐高温、耐机械磨损的性能；

③烟道：在高温段连接各设备的烟道均采用耐酸耐火浇筑材料作为烟道内衬，低温段控制烟气温度在露点以上，防止烟气结露，造成腐蚀；

④喷雾吸收设备为衬胶结构，以防止酸碱腐蚀；

⑤碱液循环冷却系统采用 ABS 和聚丙烯，有效地防止了酸碱腐蚀。

（5）装置应急系统

采取了由应急电源、应急引风机、应急控制系统等组成的应急系统。其作用主要是:

①在系统运行发生突然停电情况下应急系统自动启动，以保证装置内已投入的物料安全焚烧。

②在设备检修过程中启动应急系统可使焚烧工艺系统处于负压状态，以防有害气体的外溢，提高检修人员的安全性。

## 6.8 危险废物的填埋处置

### 6.8.1 危险废物的填埋处置技术

目前常用的危险废物填埋处置技术主要包括共处置、单组分处置、多组分处置和预处理后再处置 4 种。

（1）共处置

共处置就是将难以处置的危险废物有意识地与城市生活垃圾或同类废物一起填埋，主要的目的就是利用城市生活垃圾或同类废物的特性，以减弱所处置危险废物的组分所具有的污染性和潜在危害性，达到环境可承受的程度。但是，目前在城市生活垃圾填埋场，城市生活垃圾或同类废物与危险废物共同处置已被许多国家禁止。我国城市生活垃圾卫生填埋标准也有明确规定危险废物不能进入城市生活垃圾之中。

（2）单组分处置

单组分处置是指采用填埋场处置物理、化学形态相同的危险废物，废物处置后可以不保持原有的物理形态。

（3）多组分处置

多组分处置是指在处置混合危险废物时，应确保废物之间不发生反应，从而不会产生毒性更强的危险废物，或造成更严重的污染。其类型有如下几种：

①将被处置的混合危险废物转化成较为单一的无毒废物，一般用于化学性质相异而物理状态相似的危险废物处置。

②将难以处置的危险废物混在惰性工业固体废物中处置。

③将所接受的各种危险废物在各自区域内进行填埋处置。

（4）预处理后再处置

预处理后再处置就是将某些物理、化学性质不适于直接填埋处置的危险废物，先进行预处理，使其达到入场要求后再进行填埋处置。目前的预处理方法有脱水、固化、稳定化技术等。

## 6.8.2　危险废物安全填埋场结构

### 6.8.2.1　危险废物安全填埋场结构

填埋场按其场地特征，可分为平地形填埋场和山谷形填埋场；按其填埋场基底标高，又可分为地上填埋场和凹坑填埋场。危险废物采用安全填埋场，全封闭型危险废物安全填埋场剖面图如图 6-8-1 所示。

安全填埋场是处置危险废物的一种陆地处置设施，由若干个处置单元和构筑物组成。处置场有界限规定，主要包括废物预处理设施、废物填埋设施和渗滤液收集处理设施。它可将危险废物和渗滤液与环境隔离，将废物安全保存数十年甚至上百年的时间。

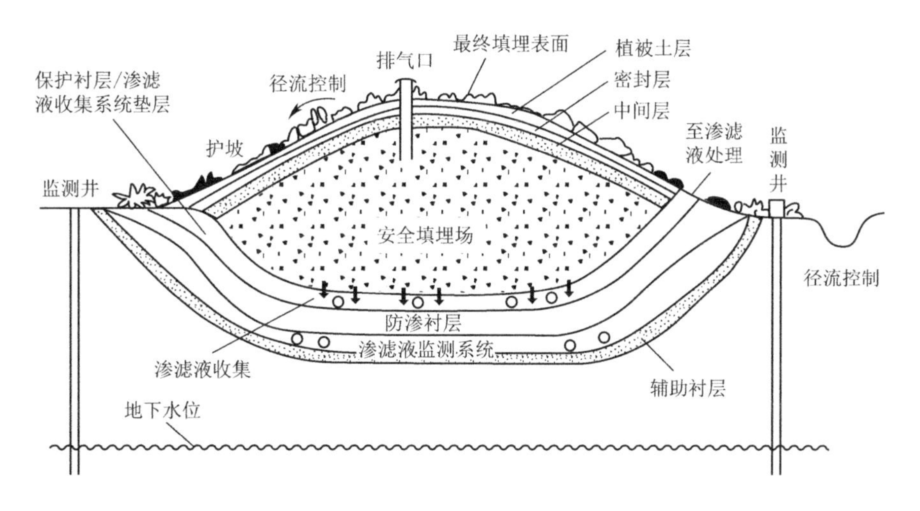


图 6-8-1　安全填埋场剖面

安全填埋场必须设置满足要求的防渗层，防止造成二次污染，一般要求防渗层最底层应高于地下水位，减少渗滤液的产生量，设置渗滤液集排水系统、监测系统和处理系统；对易产生气体的危险废物填埋场，应设置一定数量的排气孔、气体收集系统、净化系统和报警系统。填埋场运行管理单位应自行或委托其他单位对填埋场地下水、地表水、大气进行定期监测，还要认真执行封场及其管理，从而达到使处置的危险废物与环境隔绝的目的。

需要强调的是，有些国家要求安全填埋场将废物填埋于具有刚性结构的填埋场内，其目的是借助此刚性体保护所填埋的废物，以避免因地层变动、地震或水压、土压等应力作用破坏填埋场，而导致废物的失散及渗滤液的外泄。刚性结构安全填埋场构造示意见图 6–8–2。采用刚性结构的安全填埋场其刚性体的设计需遵循以下设计要求。

（1）材质。人工材料如混凝土、钢筋混凝土等结构；自然地质可资利用的天然岩磐或岩石。

（2）强度。其单轴压缩强度应在 245kg/cm$^2$ 以上。

（3）厚度。作为填埋场周围的边界墙厚度至少达 15cm；单体间的隔墙厚度至少达 10cm。

（4）面积。每一单体的填埋面积应不超过 50m$^2$。

（5）体积。每一单体的填埋容积应不超过 250m$^3$。

（6）在无遮雨设备的条件下，废物在实施安全填埋作业时，以一次完成一个填埋单体为原则；为避免产生巨大冲击力，填埋时应以抓吊方式作业，当贮存区饱和后，即实施刚性体的封顶工程。

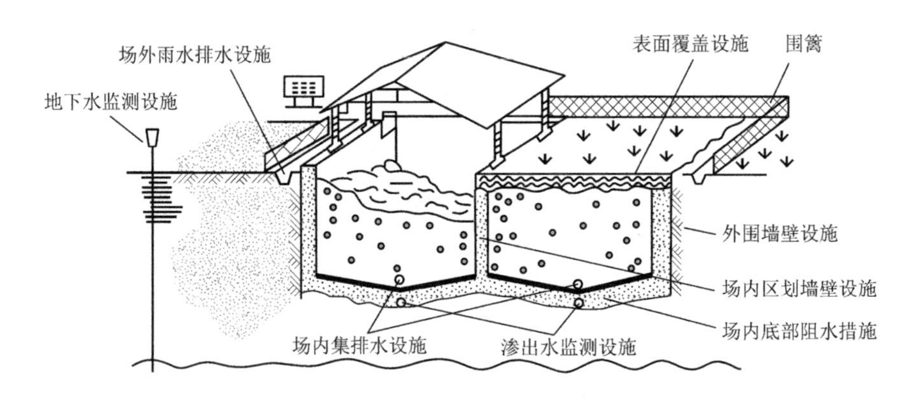


图 6–8–2　刚性结构安全填埋场构造示意图

### 6.8.2.2　危险废物安全填埋场防渗层结构

根据《危险废物填埋污染控制标准》GB 18598–2019，安全填埋场防渗层的结构设计根据现场条件分别采用双人工衬层、复合衬层或天然材料衬层等类型，其结构示意见图 6–8–3。

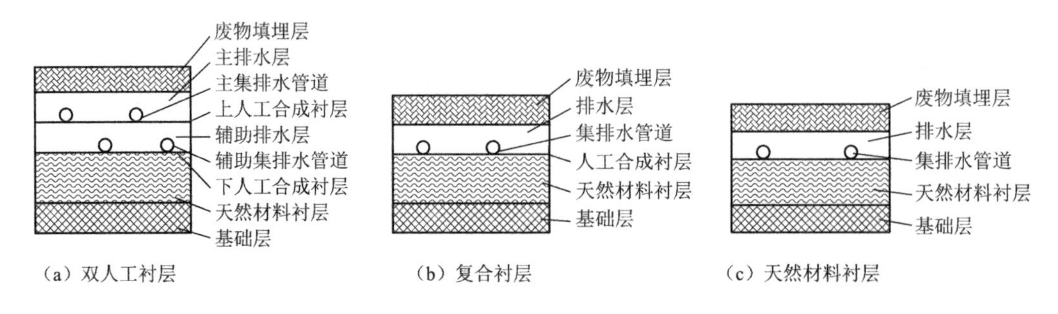


图 6–8–3　安全填埋场衬层系统结构示意

（1）安全填埋场防渗层所选用的材料应与所接触的废物相容，并考虑其抗腐蚀性。

（2）安全填埋场天然基础层的饱和渗透系数不应大于 $1.0\times10^{-5}$cm/s，且其厚度不应小于 2m。

（3）安全填埋场应根据天然基础层的地质情况分别采用天然材料衬层、复合衬层或双人工衬层作为其防渗层。

（4）如果天然基础层饱和渗透系数小于 $1.0\times10^{-7}$cm/s，且厚度大于 5m，可以选用天然材料衬层。天然材料衬层经机械压实后的饱和渗透系数不应大于 $1.0\times10^{-7}$cm/s，厚度不应小于 1m。

（5）如果天然基础层饱和渗透系数小于 $1.0\times10^{-6}$cm/s，可以选用复合衬层。复合衬层必须满足下列条件：

①天然材料衬层经机械压实后的饱和渗透系数不应大于 $1.0\times10^{-7}$cm/s，厚度应满足表 6–8–1 所列指标，坡面天然材料衬层厚度应比表 6–8–1 所列指标大 10%；

②人工合成材料衬层可以采用高密度聚乙烯（HDPE），其渗透系数不大于 $1.0\times10^{-12}$cm/s，厚度不小于 1.5mm。HDPE 材料必须是优质品，禁止使用再生产品。

（6）如果天然基础层饱和渗透系数大于 $1.0\times10^{-6}$cm/s，则必须选用双人工衬层。双人工衬层必须满足下列条件：天然材料衬层经机械压实后的渗透系数不大于 $1.0\times10^{-7}$cm/s，厚度不小于 0.5m；上人工合成衬层可以采用 HDPE 材料，厚度不小于 2.0mm；下人工合成衬层可以采用 HDPE 材料，厚度不小于 1.0mm，衬层要求的其他指标同上条。

**复合衬层下衬层厚度设计要求** **表 6–8–1**

| 基础层条件 | 下衬层厚度 |
|---|---|
| 渗透系数 $< 1.0\times10^{-7}$cm/s，厚度 $\geq$ 3m | 厚度 $\geq$ 0.5m |
| 渗透系数 $< 1.0\times10^{-6}$cm/s，厚度 $\geq$ 6m | 厚度 $\geq$ 0.5m |
| 渗透系数 $< 1.0\times10^{-6}$cm/s，厚度 $\geq$ 3m | 厚度 $\geq$ 1.0m |

## 6.8.3 安全填埋场的基本要求

### 6.8.3.1 安全填埋场场址的选择要求

安全填埋场比卫生填埋场有更高的要求。安全填埋场场址应符合的要求有：

（1）位于地下水和饮用水水源地主要补给区范围之外，且下游无集中供水井；

（2）地下水位应在不透水层3m以下；

（3）天然地层岩性相对均匀、面积广、厚度大、渗透率低；

（4）填埋场场址距飞机场、军事基地的距离应在3000m以上，距地表水域的距离应大于150m，其场界应位于居民区800m以外，并保证在当地气象条件下对附近居民区大气环境不产生影响；

（5）填埋场作为永久性的处置设施，封场后除绿化以外不能作他用。

#### 6.8.3.2 填埋废物的入场要求

（1）下列废物不得填埋：

①医疗废物；

②与衬层具有不相容性反应的废物；

③液态废物。

（2）除（1）条所列废物，满足下列条件或经预处理满足下列条件的废物，可进入柔性填埋场：

①根据HJ/T 299制备的浸出液中有害成分浓度不超过表6-8-2中允许填埋控制限值的废物；

②根据GB/T 15555.12测得浸出液pH值在7.0～12.0之间的废物；

③含水率低于60%的废物；

④水溶性盐总量小于10%的废物，测定方法按照NY/T 1121.16执行，待国家发布固体废物中水溶性盐总量的测定方法后执行新的监测方法标准；

⑤有机质含量小于5%的废物，测定方法按照HJ 761执行；

⑥不再具有反应性、易燃性的废物。

（3）除（1）条所列废物，不具有反应性、易燃性或经预处理不再具有反应性、易燃性的废物，可进入刚性填埋场。

（4）砷含量大于5%的废物，应进入刚性填埋场处置，测定方法按照表6-8-2执行。

**危险废物允许填埋的控制限值** 　　表6-8-2

| 序号 | 项目 | 稳定化控制限值(mg/L) | 检测方法 |
|---|---|---|---|
| 1 | 烷基汞 | 不得检出 | GB/T 14204 |
| 2 | 汞（以总汞计） | 0.12 | GB/T 15555.1、HJ 702 |
| 3 | 铅（以总铅计） | 1.2 | HJ 766、HJ 781、HJ 786、HJ 787 |
| 4 | 镉（以总镉计） | 0.6 | HJ 766、HJ 781、HJ 786、HJ 787 |
| 5 | 总铬 | 15 | GB/T 15555.5、HJ 749、HJ 750 |

续表

| 序号 | 项目 | 稳定化控制限值 (mg/L) | 检测方法 |
|---|---|---|---|
| 6 | 六价铬 | 6 | GB/T 15555.4、GB/T 15555.7、HJ 687 |
| 7 | 铜（以总铜计） | 120 | HJ 751、HJ 752、HJ 766、HJ 781 |
| 8 | 锌（以总锌计） | 120 | HJ 766、HJ 781、HJ 786 |
| 9 | 铍（以总铍计） | 0.2 | HJ 752、HJ 766、H 781 |
| 10 | 钡（以总钡计） | 85 | HJ 766、HJ 767、HJ 781 |
| 11 | 镍（以总镍计） | 2 | GB/T 15555.10、HJ 751、HJ 752、HJ 766、HJ 781 |
| 12 | 砷（以总砷计） | 1.2 | GB/T 15555.3、HJ 702、HJ 766 |
| 13 | 无机氟化物（不包括氟化钙） | 120 | GB/T 15555.11、HJ 999 |
| 14 | 氰化物（以 CN 计） | 6 | 暂时按照 GB 5085.3 附录 G 方法执行，待国家固体废物氰化物监测方法标准发布实施后，应采用国家监测方法标准 |

#### 6.8.3.3　填埋场运行管理要求

安全填埋场要制订一套简明的运行计划，这是确保填埋场运行成功的关键。运行计划不仅要满足常规运行，还要提出应急措施，以保证填埋场能够被有效利用和环境安全。填埋场运行应满足的基本要求包括：

（1）入场的危险废物必须符合填埋物入场要求，或须进行预处理达到填埋场入场要求；

（2）填埋场运行中应进行每日覆盖。避免在填埋场边缘倾倒废物，散状废物入场后要进行分层碾压，每层厚度视填埋容量和场地情况而定；

（3）填埋工作面应尽可能小，使其能够得到及时覆盖；

（4）废物堆填表面要维护最小坡度，一般为 1 ∶ 3（垂直：水平）；

（5）必须设有醒目的标志牌，应满足现行《环境保护图形标志　固体废物贮存（处置）场》GB 15562.2 的要求，以指示正确的交通路线；

（6）每个工作日都应有填埋场运行情况的记录，内容包括设备工艺控制参数，入场废物来源、种类、数量，废物填埋位置及环境监测数据等；

（7）填埋场运行管理人员应参加环境保护行政主管部门组织的岗位培训，合格后上岗。

#### 6.8.3.4　填埋场污染控制要求

严禁将集排水系统收集的渗滤液直接排放，必须对其进行处理并达到《污水综合排放标准》GB 8978—1996 中第一类污染物最高允许排放浓度的要求及第二类污染物最高允许排放浓度标准的要求后方可排放。渗滤液第二类污染物排放控制项目主要有pH 值、悬浮物、五日生化需氧量、化学需氧量、氨氮、磷酸盐（以 P 计），并且必须防止渗滤液对地下水造成污染，对于填埋场地下水污染评价指标及其限值按照《地下水质量标准》GB/T 14848—2017 执行。

填埋场排出的气体应按照《大气污染物综合排放标准》GB 16297—1996 中无组织排放的规定执行，监测因子应根据填埋废物特性由当地环境保护行政主管部门确定，必须是具有代表性，能表示废物特性的参数。在作业期间，噪声控制应按照《工业企业厂界环境噪声排放标准》GB 12348—2008 的规定执行。

6.8.3.5 封场及封场后的维护管理要求

当填埋场处置的废物数量达到填埋场设计容量时，无法再填入危险固体废物，应实行填埋封场，并一定要在场地铺设覆盖层。填埋场的最终覆盖层为多层结构，包括:

（1）底层（兼作导气层）：厚度不应小于 20cm，倾斜度不小于 2%，由透气性好的颗粒物质组成。

（2）防渗层：天然材料防渗层厚度不应小于 50cm，渗透系数不小于 $1.0\times10^{-7}$cm/s，若采用复合防渗层，人工合成材料层厚度不应小于 1.0mm，天然材料层厚度不应小于 30cm。

（3）排水层及排水管网：排水层和排水系数的要求与底部渗滤液集排水系统相同，设计时采用的暴雨重现期不得低于 50 年。

（4）保护层：保护层厚度不应小于 20cm，由粗砾性坚硬鹅卵石组成。

（5）植被层：植被层厚度一般不应小于 60cm，其土质应有利于植物生长和场地恢复。同时植被层的坡度不应超过 33%，在坡度超过 10% 的地方，必须建造水平台阶；坡度小于 20% 时，标高每升高 3m，建造一个台阶；坡度大于 20% 时，标高每升高 2m，建造一个台阶，台阶应有足够的宽度和坡度，要能经受暴雨的冲刷。

封场后管理主要是为了完成废物稳定化过程，防止场内发生难以预见的反应。封场后管理阶段一般规定要延续到 30 年。

封场后例行检查项目、频率和可能遇到的问题见表 6–8–3。在封场后的长时间内，填埋场运行期间建立的、封场后仍然保留的设施应得到维护。

**封场后例行检查项目、频率和可能遇到的问题　　表 6–8–3**

| 检查项目 | 检查频率 | 可能遇到的问题 |
| --- | --- | --- |
| 覆盖层 | 每年一次，每次大雨过后 | 合成膜衬层因腐蚀而裸露，塌方 |

续表

| 检查项目 | 检查频率 | 可能遇到的问题 |
|---|---|---|
| 植被 | 每年 4 次 | 植物死亡 |
| 边坡 | 每年 4 次 | 长期积水 |
| 地表水控制系统 | 每年 4 次，再次大雨之后 | 排水管破裂或垃圾堵塞 |
| 气体监测系统 | 按填埋场后期管理计划 | 出现异味，压实器故障 |
|  | 规定连续进行 | 气体浓度异常，监测井管道破裂 |
| 地下水监测系统 | 按设备要求和填埋场后期管理计划进行 | 监测井破坏，采样设施故障 |
| 渗滤液收集处理系统 | 按填埋场后期管理 | 渗滤液收集泵故障 |
|  | 计划规定的进行 | 渗滤液收集管道堵塞 |

### 6.8.4 安全填埋的意义

填埋处置的主要功能废物经适当的填埋处置后，尤其是对于卫生填埋，因废物本身的特性与土壤、微生物的物理及生化反应，形成稳定的固体（类土质、腐殖质等）、液体（有机性废水、无机性废水等）及气体（甲烷、二氧化碳、硫化氢等）等产物，其体积则逐渐减少而性质趋于稳定。因此，填埋法的最终目的是将废物妥善贮存，并利用自然界的净化能力，使废物稳定化、卫生化及减量化。因此，填埋场应具备下列功能：

（1）贮存功能：具有适当的空间以填埋、贮存废物。

（2）阻断功能：以适当的设施将填埋的废物及其产生的渗滤液、废气等与周围的环境隔绝，避免其污染环境。

（3）处理功能：具有适当的设备以有效且安全的方式使废物趋于稳定。

（4）土地利用功能：借助填埋利用低洼地、荒地或贫瘠的农地等，以增加可利用的土地。

# 参考文献


[ 1 ] 环境保护部自然生态保护司 . 土壤污染与人体健康 [M]. 北京：中国环境科学出版社，2012.

[ 2 ] 环境保护部，国土资源部 . 全国土壤污染状况调查公报 [R].2014.

[ 3 ] 聂永丰 . 三废处理工程技术手册：固体废物卷 [M]. 北京：化学工业出版社，2000.

[ 4 ] 沈华 . 固体废物资源化利用与处理处置 [M]. 北京：科学出版社，2011.

[ 5 ] 庄伟强 . 固体废物处理与处置 [M]. 北京：化学工业出版社 ,2004.

[ 6 ] 隋红，李洪，李鑫钢，等 . 有机污染土壤和地下水修复 [M]. 北京：科学出版社，2013.

[ 7 ] 杨慧芬 . 固体废物处理技术及工程应用 [M]. 北京：机械工业出版社，2004.

[ 8 ] 徐惠忠，等 . 固体废弃物资源化技术 [M]. 北京：化学工业出版社 ,2004.

[ 9 ] 黄昌勇 . 面向 21 世纪课程教材土壤学 [M]. 北京：高等教育出版社，2000.

[10] 毕润成 . 土壤污染物概论 [M]. 北京：科学出版社，2014.

[11] 郑国璋 . 农业土壤重金属污染研究的理论与实践 [M]. 北京：中国环境科学出版社，2007.

[12] 周健民，沈仁芳 . 土壤学大辞典 [M]. 北京：科学出版社，2013.

[13] 韩怀强，蒋挺大 . 粉煤灰利用技术 [M]. 北京：化学工业出版社 ,2001.

[14] 杨国清 . 固体废物处理工程 [M]. 北京：科学出版社，2000.

[15] 李秀全 . 固体废物工程 [M]. 北京 : 中国环境科学出版社 .2003.

[16] 娄性义 . 固体废物处理与利用 [M]. 北京：冶金工业出版社，1996.

[17] 赵由才 . 城市生活垃圾资源化原理与技术 [M]. 北京：化学工业出版社，2002.

[18] 张勇，余良谋 . 固体废物处理与处置技术 [M]. 武汉：武汉理工大学出版社，2014.

[19] 徐蕾 . 固体废物污染控制 [M]. 武汉：武汉理工大学出版社，1998.

[ 20 ] 宁平 . 固体废物处理与处置 [M]. 北京：高等教育出版社，2007.

[ 21 ] 张乃明 . 环境土壤学 [M]. 北京：中国农业大学出版社，2013.

[ 22 ] 陈怀满 . 环境土壤学 [M]. 北京：科学出版社，2005.

[ 23 ] 曲向荣 . 土壤环境学 [M]. 北京：清华大学出版社，2010.

[ 24 ] 张辉 . 土壤环境学 [M]. 北京：化学工业出版社，2006.

[ 25 ] 骆永明，等 . 中国土壤环境管理支撑技术体系研究 [M]. 北京：科学出版社，2015.

[ 26 ] 贾建丽 , 于妍 , 薛南冬，等 . 污染场地修复风险评价与控制 [M]. 北京：化学工业出版社，2015.

[ 27 ] 国家环境保护总局污染控制司 . 城市固体废物管理与处理处置技术 [M]. 北京：中国石化出版社 ,2001.

[ 28 ] 张宝杰， 闺立龙 , 迟晓德 . 典型土壤污染的生物修复理论与技术 [M]. 北京：电子工业出版社，2014.

[ 29 ] 环境保护部自然生态保护司 . 土壤污染与人体健康 [M]. 北京：中国环境科学出版社，2013.

[ 30 ] 崔龙哲，李社峰 . 污染土壤修复技术与应用 [M]. 北京：化学工业出版社，2016.

[ 31 ] 李发生，等 . 有机化学品泄漏场地土壤污染防治技术指南 [M]. 北京：中国环境科学出版社，2012.

[ 32 ] 唐景春 . 石油污染土壤生态修复技术与原理 [M]. 北京：科学出版社，2014.

[ 33 ] 蒋展鹏 . 环境工程学 [M]. 北京：高等教育出版社，1992.

[ 34 ] 赵由才 . 实用环境工程手册：固体废物污染控制与资源化 [M]. 北京：化学工业出版社，2002.

[ 35 ] 环境保护部科技标准司 , 中国环境科学学会 . 土壤污染防治知识问答 [M]. 北京:中国环境出版社，2014.

[ 36 ] 杨慧芬，张强 . 固体废物资源化 [M]. 北京：化学工业出版社 ,2004.

[ 37 ] 林肇信，刘天齐 , 刘逸农 . 环境保护概论（修订版）[M]. 北京：高等教育出版社，2010.

[ 38 ] 李发生 , 谷庆宝 , 桑义敏 . 有机化学品泄漏场地土壤污染防治技术指南 [M]. 北京：中国环境科学出版社，2011.

[ 39 ] 薛南冬，李发生 , 等 . 持久性有机污染物 (POPs) 污染场地风险控制与环境修复 [M]. 北京：科学出版社，2011.

[ 40 ] 龚宇阳 . 污染场地管理与修复 [M]. 北京：中国环境科学出版社，2012.

[ 41 ] 环境保护部自然生态保护司 . 土壤修复技术方法与应用 [M]. 北京：中国环境科学出版社，2012.

[ 42 ] 刘长礼 , 张云 , 王秀艳 . 垃圾卫生填埋处置的理论方法和工程技术 [M]. 北京：地质出版社 ,1999.